조성룡

건축과 풍화

SuRyuSanBang

2025.12

● 아주까리 수첩 1
조성룡 **건축과 풍화**
趙成龍 **建築.風化**
JOH Sung-yong **URBAN WEATHERING**
텍스트 © 〔구술 · 서문〕 **조성룡** + 〔정리 · 해설〕 **심세중**
편집 · 디자인 © **박상일**

● **Produced & Published by 수류산방 樹流山房 Suryusanbang**
초판 01**쇄** 2018**년** 05**월** 29**일**
초판 04**쇄** 2025**년** 12**월** 30**일**
값 24,000**원**
ISBN 978-89-915-5559-4 03610
Printed in Korea, 2025.12.

9 788991 555594 03610

SuRyuSanBang

● **수류산방 樹流山房 Suryusanbang**
등록 2004**년** 11**월** 5**일**(**제** 300-2004-173**호**)
〔03176〕 **서울 종로구 경희궁길** 47-1 〔**신문로** 2**가** 1-135〕
T. 82 02 735 1085 **F.** 82 02 735 1083
프로듀서 **박상일**
발행인 및 편집장 **심세중**
크리에이티브 디렉터 **朴宰成** + **박상일**
편집팀 **전윤혜**
디자인 · 연구팀 **김나영**
이사 **김범수, 박승희, 최문석**
인쇄 · 제본 **효성문화** 〔T. 82.(0)2.2261.0006 박판열〕

우리가 도시에서 산다는 것은 〔심세중 엮음〕

조성룡

건축과 풍화

0. 건축과 풍화

동숭동에서 백악(북악)을 뒤로 하고 낙산을 보다, 조성룡, 2017년 9월 13일. 〔**사진 박상일**〕

0. 머리말

「 빠르게 도시화가 진행되던 1970년대부터 서울의 한강 건너 지역 아파트 단지에서 살았다. 나와 우리 가족이 가장 오래 살아 온 지역이다. 아파트와 신도시 열풍이 불던 1980년대에 입주하여 이제는 단지에 같이 살던 이웃들이 많이 떠나갔지만 나는 아직 그 아파트에 30년 넘게 살고 있다. 사무실을 개설하면서 천 세대가 넘는 규모 큰 단지와 1990년대 이후의 주상 복합 건물에 이르기까지 크고 작은 도시 공동 주택을 설계하였다. 그 사이사이에 지역 미술관, 공원 같은 공공 건축, 공공적인 장소를 계획할 기회도 얻었다. 오래된 장소의 가치를 찾아내고 재활용하여 새로운 가치를 만들어 내야 하는 변환 작업이 많았다. '기억'과 '기념'의 주제들도 얽혀 있다. 지구 환경의 문제를 제대로 이해하며 자원을 보존하는 방법을 생각하고 될 수 있는 대로 '최소한' 주변 환경에 '개입'하려고 노력했다. 무턱 댄 신축이나 증축만이 아니라 오래된 건물과 장소를 재생하는 일도 중요하다고 생각했다.

⌜ 최근에 재건축 사업이 진행되고 있는 반포, 둔촌동에 살던 사람들의 이야기가 소셜 네트워크에 자주 올라온다. 단지의 아이들과 함께 나이를 먹은 키 큰 나무들, 함께 공부하던 학교의 풍경이 한 순간에 사라지는 일을 아쉬워한다. 거의 대부분의 아파트가 30여 년을 넘기면 쉽게 헐어 버릴 구실과 명분을 기어코 얻게 낸다. 아파트 단지 입구에 '경축 구조 안전 진단 통과'라는 플래카드가 걸리고 몇 년 후 재건축 공사가 끝나면 그 단지의 원래 모습은 어디에서도 찾아볼 수 없다. 단지에서 생활하던 사람들에게는 오래된 건물뿐 아니라 집으로, 학교로, 시장으로 가는 길과 아파트 모퉁이, 풀밭과 나무들 같은 일상적인 생활 경관과 중첩되는 삶의 기억과 의미가 존재한다. 그래서 어떤 사람들에게는 성장기를 대부분 보낸 고향과 같은 곳이고 어떤 사람들에게는 살아 온 삶의 마지막 장소일 수도 있다.

⌜ 건물은 지어지는 순간부터 풍화(風化, weathering : 지표를 구성하는 바위, 돌 따위가 햇빛, 공기, 물 등의 작용으로 점차 파괴되고 부서지는 현상)라는 과정을 통해 퇴화하고 소멸에 이른다. 비와 바람, 더위와 추위는 건물의 풍화작용을 재촉한다. 돌, 벽돌, 나무처럼 오랫동안 건축 재료로 쓰던 것들은 풍화되어 자연으로 돌아간다. 그러나 근대 이후 공장에서 생산된 재료들은 자연에서 쉽게 변형되거나 소멸되지 않는다. 『도시의 이미지(The Image of the City)』(1960년)라는 저작으로 유명한 케빈 린치(Kevin Lynch, 1918~1984) 교수의 마지막 작업은 『웨이스팅 어웨이(Wasting Away)』(1990년)다. 이 책은 폐기(廢棄)에 대한 성찰이 필요하다고 강하게 주

장한다. 웰빙(well-being)과 마찬가지로 웰다잉(well-dying)이 중요한 것처럼, '도시 환경과 건물을 제대로 폐기'(wasting well)할 수 있도록 근본적인 질문을 던진다. 모스타파비(Mohsen Mostafavi, 1954~)는 레더배로우(David Leatherbarrow, 1953~)와 함께 쓴 책 『온 웨더링(On Weathering : The Life of Buildings in Time)』(1993년)에서 건축의 풍화와 '시간 속의 건축'을 이야기한다. 건물은 완성되어 사용하면서부터 기후의 영향으로 천천히 낡아 가기 때문에 건축의 목표는 이 피할 수 없는 과정에서 (기술을 통하여) 가능한 한 풍화를 지연시키며 문제가 발생하더라도 노화를 자연스럽게 보이게 하는 데 있다는 것이다.

「 돌이켜보면 지난 몇십 년 동안 몰두했던 생각과 실현하고 싶었던 작업들은 대체로 이러한 사상과 닿아 있다. 다만 그 대상과 장소가 달랐을 뿐이다. 이러한 생각을 정리하여 2014년 고려대학교 민족문화연구소 『웹진 민연』의 함돈균 편집주간의 도움으로 수류산방에서 「건축가 조성룡, 서울의 시간을 말하다」라는 꼭지명의 연재를 기획했다. 건축에 깔려 있는 생각과 의미를 서울이라는 공간과 시간 속에서 풀어 보겠다는 것이었다. 인터뷰어와 함께 약 20개의 대상과 주제어를 선정하였다. 매달 또는 두 달 정도의 간격으로 구술이 진행되었다. 그 첫 번째가 '잠실의 탄생'이었고 대상은 '아시아 선수촌 아파트'였다. 오래된 기억은 많이 가물거렸고 나이 탓인지 구술은 중언부언 핵심을 비껴나기도 했다. 간극을 메우느라 부적으로 구술을 반복하는 일도 생겼다. 이야기의 전개에 따라 같은 제목의 횟수가 늘어났다. 그래서 진행은 당초 계획보다 많이 늦어지고 해가 바뀌고 시간이 흘렀다. 2017년 여름인가 『웹진 민연』이 잠시 문을 닫았다. 연재를 시작할 때부터 수류산방에서 이를 묶어 '조성룡 생애 첫 번째 책'을 내자는 기획이 나왔다. 〔10여 년 전〔조성룡은 2002년부터 2004년까지 파주출판도시 1단계 설계에 참가했고 일본 건축 사무소 사나(SANAA)와 함께 출판사 동녘 사옥의 설계를 맡은 바 있다.〕, 지금은 고인이 된 이종호 건축가(1957~2014)가 앞장서서 주변의 여러분들과 함께 출판사 동녘에서 첫 번째 책을 내려고 준비한 일이 있었다. 건축주와 계약하고 일한 작업들을, 필자가 따로 있는 것도 아닌데, 스스로 모아 펴내는 책이 무슨 의미가 있는가라는 생각이 들어 막판에 딴지를 걸었다. 당시 도와 주셨던 분들에게는 이 자리를 빌려 늦게나마 사과드린다.〕

⌐ 이 책은 작업의 배경과 연관된 이야기를 풀어 그 과정을 복기하고 바탕이 되는 생각을 가능한 한 정확하게 기록하고 전달하려는 목적으로 꾸며졌다. 사무실도 그새 세 번씩이나 이사하는 중에 많은 자료들의 소재가 불분명해지고 찾는 데 애를 먹었다. 오래된 일의 작업자들이나 도움을 준 분들을 적극적으로 밝히려 애썼으나 누락된 부분도 아마 많을 것이다.

⌐ 변변히 갖추지 못한 옛 자료들을 정리하고 편집 작업을 도와준 도시건축〔UBAC〕의 박규빈 · 홍진아 디자이너, 수류산방의 전윤혜 선임 에디터 · 장한별 편집 디자이너의 노력에 감사한다. 특히 지난 10년 동안 함께 작업해 온 성균건축도시설계

원〔SKAi〕의 김경완 실장과 연구원들, 대학원 학생들에게 미안함과 고마움을 전한다. 지루하고 울퉁불퉁한 구술 내용을 채록하고 이해하기 쉽도록 보완하여 정리해 준 인터뷰어 심세중 편집장의 헌신적인 도움에 큰 힘을 얻었다. 그리고 결코 쉽지 않은 출판을 기획한 박상일 방장이 아니었더라면 이 작업은 결코 세상 빛을 보지 못했을 것이다. 40여 년간 프로젝트를 어렵게 수행하였던 도시건축의 여러 스태프들, 그리고 응원을 아끼지 않았던 주변의 모든 분들과 출판의 의미를 함께 나누고 싶다. 그리고 언제나 힘든 일의 뒤에서 묵묵히 지켜 준 가족들에게 감사한다. 〔조성룡, 2018년〕

건축과 풍화 **차례**

1. 잠실의 탄생과 **아시아 선수촌 아파트**

2015년 10~11월 서울건축문화제의 하나로 열린 '2014 올해의 건축가'상 기념 전시는 조성룡의 〈아시아 선수촌 아파트〉만을 주제로 했다. 조성룡 전이 열린 파빌리온에서 정재은 감독의 영상이 상영되고 있다. 〔사진 김재경〕

〔1-00〕 **아파트** 〔100층의 마천루와 아래로 꺼지는 싱크홀이 나란히 손에 땀을 쥐게 하는 서울의 동쪽, 잠실은 석촌호수와 아파트들이 있는 곳이고, 올림픽 경기장과 공원이 있는 곳이다. 그 공원 너머에 〈아시아 선수촌 아파트〉도 있다. "1986년 서울에서 열린 아시아 경기 대회에 참가하는 선수, 임원의 숙식과 위락 공간을 제공하고 대회 종료 후 시설의 지속적인 활용을 고려하면서 역사적 기념물로 영구 보존할 수 있도록" 하는 목적으로 건설된 〈아시아 선수촌 아파트〉는 우리 나라 아파트로서는 최초로 국제 설계 경기를 거쳤던 단지다. '아파트'로 상징되는 주거 문화가 한편으로는 오로지 추구해야 할 삶의 지표였으면서 또 한편으로는 그건 집도 아니지 않느냐며 건축가들이 질시하는 동안 〈아시아 선수촌 아파트〉는 조용하게, 그러나 "아파트도 이렇게 다를 수 있음"을 보여 주며서 있었다. 건축가 조성룡은 무명의 젊은 시절, 이 설계 경기에 당선되었고, 40년째〔2025년 기준〕 자신이 지은 아파트에 살고 있다.〕

〔1-01〕 **잠실, 모래 위의 도시** "종합 운동장, 선수촌, 공원이 있는 곳이 옛날에는 강이었습니다. 비가 많이 오면 한강이 되고 비가 적게 올 때는 모래톱이 드러나요. 한강이 갈라지면서 모래섬이 두 개 있었어요. 하나는 '잠실섬'이고 또 하나는 '부리도(浮里島)'예요. '잠실(蠶室)'은 지명에서 알 수 있듯이 뽕나무가 울창하여 양잠(養蠶)〔sericulture, 고치를 생산하기 위해 뽕을 길러 누에를 치는 일〕, 즉 누에를 기르던 곳입니다. 예전에는 누에를 천충(天

왼쪽 위부터 시계 방향으로, 1960년 서울 지도, 1966년 서울 지도, 1973년 서울 지도(부리도와 잠실도가 보인다), 1960년 송파 잠실 지역의 항공 사진.

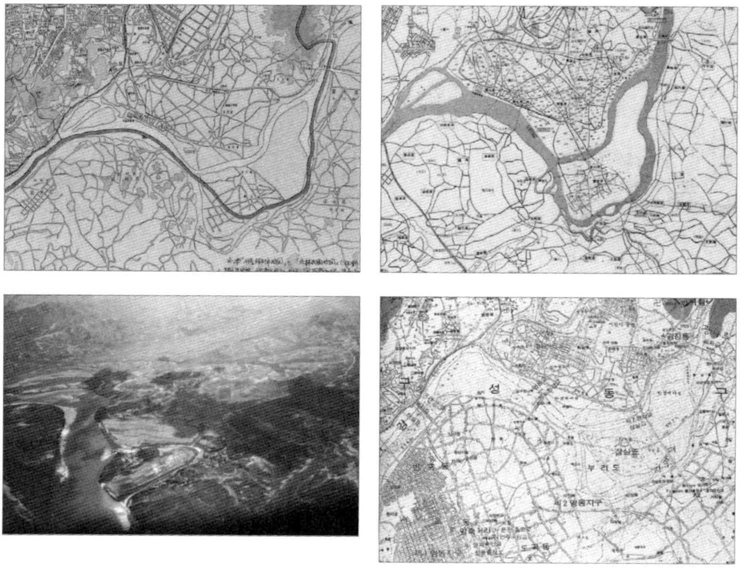

잠실 지구가 개발되기 전의 한강 지류(회색 표시)와 개발 된 후의 지류(검은색 표시)를 중첩한 그림이다. 한강이 어떻게 변했는지를 확연히 알 수 있다.

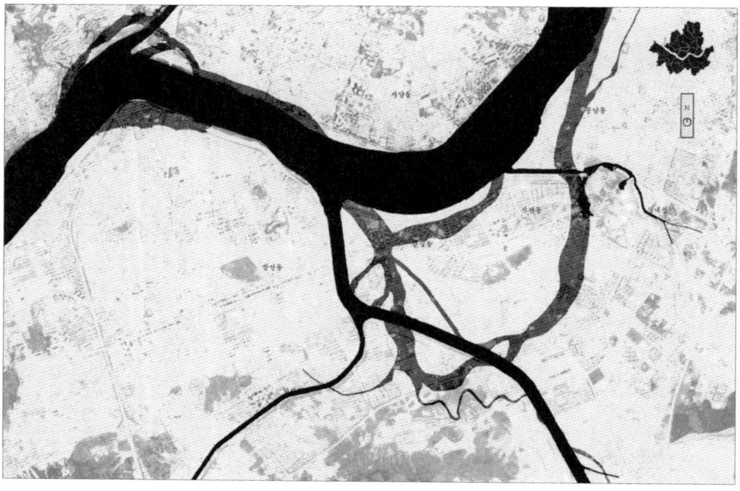

蟲)이라고 귀하게 여겼고, 조선 시대에는 왕실에서 직접 잠실을 관장했습니다. 서울에 잠실은 세 군데 있었습니다. 서대문구 연희동 일대가 '서잠실', 광진구 자양동 잠실섬 일대가 '동잠실', 그리고 서초구 잠원동 쪽이 나중에 생겨서 '신잠실'이라고 불렸습니다. 부리(浮里)는 '뜬 마을, 떠 있는 마을'이라는 뜻이지요. 보통 때는 한강 위에 떠 있는 마을이었다가 비가 오면 없어지고…, 우리 말로는 '부렴마을'입니다. 부렴마을 비석이 있어요. 지하철 종합 운동장 역에서 나오면 아파트 입구에 비석이 서 있고 그 마을에 살았던 사람들이 거기서 1년에 한 번씩 제를 지냅니다. 종합 운동장 역이 땅 경계예요. 섬 때문에 한강 줄기가 갈라지는데 한쪽은 '신천강〔新川江, 1971년까지 서울 광진구 자양동과 송파구 잠실동 사이를 흐르던 한강의 지류로, 새내, 새개천, 신천 등의 이름으로도 불렸다. 1970년대에 송파강을 매립하면서 신천강을 넓혀 한강의 본류가 되었다.〕', 또 하나는 '송파강〔松坡江, 1971년까지 한강 중류 유역의 잠실동 부근에 있던 한강의 본류다. 현재는 매립되어 사라졌다. 그 자리에 석촌호수가 남아 있다.〕'이라 했습니다. 조선 조정이 청나라 군대를 피해서 남한산성 갈 때 송파를 지나서 갑니다. 신천강이라는 이름은 지금 신천동으로 남아 있고, 송파 쪽은 석촌호수로 남아 있어요. 석촌호수는 송파강이 다 안 빠지고 남은 물이지요. 그래서 지금의 잠실이라는 곳은, 자체가 완전히 모래톱 위에 서 있는 아파트 촌이라 할 수 있지요."

〔1-02〕 1980**년대의 마약** "1973년쯤에 「잠실 지구 종합 계획」이 나옵니다. 공유 수면을 매립해서 강의 남쪽에 340만 평의 땅을 만드는 겁니다. 그 때 강을 메우면서 운동장을 짓기로 하

1975년 서울 지도. 부리도라는 지명이 남아 있다.

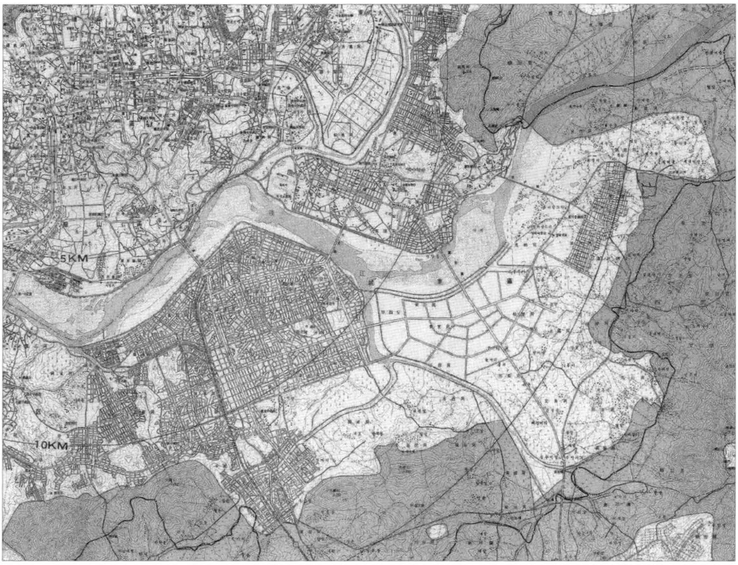

프로 야구와 1986년 아시안 게임.

고 원래 마을 사람들을 이주시킵니다. 새마을 운동의 일환이기도 했다고 해요.〔잠실7동 새마을로 이주당했다. 잠실본동 새마을시장도 이 때 형성되었다.〕 부리도 마을 주민들은 오랜 생활 터전을 떠나야 했습니다. 지금은 잠실동이나 신천동이라는 동네 이름마저, 지형과 지역의 유래를 무시한 최근의 새주소 시스템 때문에 희미해져 버렸고요. 원래 계획에서 종합 운동장은 올림픽 스타디움이 아니라 그냥 서울 운동장이었습니다. 동대문은 야구장 전용으로 하고, 잠실에는 축구장을 짓겠다는 계획이었지요. 그런데 1980년에 5.18이 터진 겁니다. 전두환(全斗煥, 1931~2021) 씨가 집권하면서 욕을 먹으니까 갑자기 올림픽 카드를 꺼냅니다. 기업인들을 내보내서 올림픽을 유치하게 하고, 올림픽을 잘 할 수 있는지 검증을 해야 한다면서 또 아시안 게임을 유치한 거지요. 1980년대에는 '86, 88'이 아예 이념이었습니다. 그리고 프로 축구, 프로 야구를 만들었죠. 10년 동안 마약을 먹인 거예요. 국민을 위로한다고 자기를 합리화시킨 거죠."

〔1-03〕 **최초의 아파트와 모던 리빙의 환상** "그 전에도 조금은 있지만 나라에서 지은 최초의 아파트가 1963년에 주택공사에서 지은 '마포 아파트'인데, 준공하는 날 당시 박정희(朴正熙, 1917~1979) 대통령이 나와서 치사를 해요. 그 내용이라는 것이 '이게 우리가 바라던 생활의 핵심이어야 되고, 앞으로 현대를 살아 가는 가장 좋은 삶이다', 뭐 그런 뜻이에요. 지금 읽어 보면 아, 대통령이라는 사람이 이런 이야기를 하는가. 요즘도 비슷하더라고요. 정치하는 사람이 물질의 표준을 정해 버리는

1963년 완공된 마포 아파트. 해방 후에 지어진 최초의 아파트로 기록되나, 처음에 보통 사람들은 생활이 불편하다며 그다지 선호하지 않았다.

거죠. 정신적인 지향이 아니라 눈으로 보이는 본보기를 드러내는 겁니다. 마포 아파트는 두 단계로 지어집니다. 처음에는 Y자 모양으로 지었다가 나중에는 그 바깥쪽에 일(一)자로 짓죠. Y자 형태는 우리 나라 기후에는 맞을 수 없는데, 아마도 유럽 근대 도시에서 등장했던 주거 형태를 그대로 따온 것 같습니다. 그 외형에 대한 일반인의 쇼크, 그리고 내부에 설비가 잘 되어 있어서 늘 따뜻하고 더운 물이 나오는 그런 생활에 대한 동경 등등, 마포 아파트는 연탄 아파트인데도 이른바 모던 리빙이라는 비전을 보여 주는 것이었습니다. 당시 사진을 보면, 아파트 주변으로 전쟁 후에 복구되고 있던 서울의 모습이 펼쳐지는데, 그런 맥락과는 전혀 닮지 않은 아파트를 지은 겁니다. 그리고 울타리를 칩니다. 칠 수밖에 없는 거지요. 이른바 게이티드 커뮤니티(gated community)의 탄생입니다."

〔1-04〕 **기형 도시, 강남의 탄생** "아파트의 발생하고 강남 개발은 맥락이 좀 다릅니다. 1968년 여의도에 윤중제(輪中提)〔일본어 '와주테이(わじゅうてい)'를 우리 한자음으로 읽은 것이다. 강섬의 둘레를 둘러쳐서 쌓은 제방을 말하며 우리말 '방죽' '섬둑'으로 바꿔 쓸 수 있다.〕를 쌓으면서 갑자기 큰 땅이 생겨난 것을 보고 김현옥(金玄玉, 1926~1997) 당시 서울시장이 강남 개발에 눈을 뜹니다. 처음에는 '영동 개발'이라고 했습니다. '영등포의 동쪽'이라 해서요. 반포 아파트 세우고 잠실도 메우고 압구정동을 만든 겁니다. 그런데 이건 도시가 아니에요. 1980년대 초까지만 해도 한강을 건너서 강남으로 오면 한남대교 하단에 가게들이 몰려 있고 그 외에는 아무것도 없었습니다. 초

한강 개발 전과 후의 비교 사진. 여의도, 뚝섬, 잠실 지역의 변화가 한눈에 들어온다.

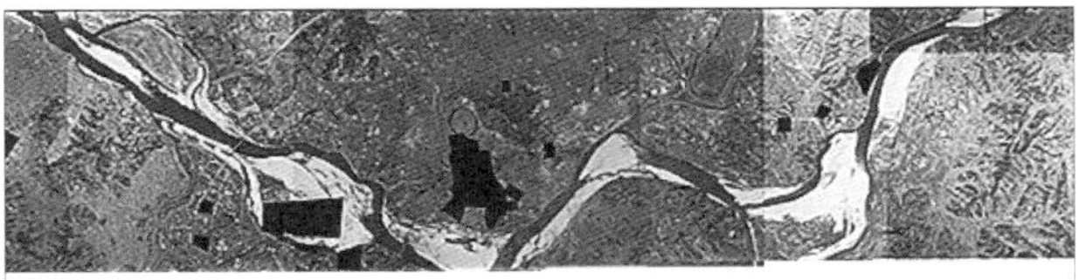

한강과 여의도 개발에 희생된 밤섬 : 아래 사진은 폭파되기 전의 밤섬. 배편이 다니는 마을이었다. 여의도를 개발하면서 한강의 흐름에 방해된다고 여겨진 밤섬은 1967년 2월 10일 폭파되어 일부가 사라진다. 밤섬 폭파는 서울시의 바닥난 시 재정 상황에서 여의도 윤중제〔둑〕의 자재를 조달하기 위한 대안이기도 했다. 바위섬이었던 밤섬은 폭파하는 대로 석재로 사용할 수 있었다. 남은 토사도 매립하는 데에 사용했다.

원에 텐트처럼 띄엄띄엄 집이 있다가 강남역 근처까지 오면 다시 바글바글해져요. 강남역에서 오른쪽으로 돌면 서초역, 왼쪽은 역삼역 쪽으로 뻗으면서 뭔가가 생겨 가요. 그 때 제일 먼저 들어온 게 모텔과 안마 시술소, 그리고 룸 살롱이었습니다. 집도 빌딩도 하나 없는데, 그런 것만 도로변에 쫙 있는 거예요. 이게 점점 이어지며 삼성역까지 오다가 탄천에서 끊어지거든요. 리니어 시티(linear city)인 겁니다. 기형적으로 발전할 수밖에 없었습니다. 그러고는 강북에 있는 학교를 이전시키지요. 8학군을 만든 게 결정적으로 사람들이 강남에 오게 된 계기가 됩니다. 경기고, 휘문고…. 그래야 사람들이 내려오니까. 한국 사람들은 이 교육열, 8학군만 잡으면 되는 거예요. 그렇게 강남이 생기고 그게 잠실까지 뻗은 겁니다. 〈아시아 선수촌 아파트〉가 개관하기 2년 전(1984년)인가, 지하철 2호선 순환이 완성됩니다. 강남의 시티 센터(city center : the central part of a city)—부도심(副都心)〔도심의 과밀화와 도시 문제를 해소하기 위해 개발된 지역〕을 잠실로 끌고 온다는 거예요. 체육관이나 운동장은 그 핑계가 되었어요."

〔1-05〕 **이벤트 도시와 '강남 3구'의 형성** "그들의 목적은 '거대한 체육 콤플렉스와 선수촌'을 하나의 세트로 해서 '이벤트 도시'를 만들려고 했던 거니까, 기념성과 상징성을 상당히 요구하는 프로젝트였습니다. 그 배경에는, 아시안 게임이 실패하면 올림픽의 성공적 개최가 어려울 것이라는 우려와, 선수나 국가가 많이 참가하지 않을 거라는 걱정이 자리하고 있었

개발이 완료된 무렵 강남3구의 풍경(위)**과 1970년 영동 개발 당시의 강남 현장**(아래).
〔사진 서울시〕

습니다. 그래서 올림픽보다 오히려 아시안 게임에 총력을 기울입니다. 운동장이야 운동 시설 기준대로 어떻게든 만들면 되는데, 선수촌은 사람이 거주하는 데니까, [독일의 뮌헨 올림픽(1972년) 때 사고가 났잖아요?] 테러라든지 안전에 대한 문제를 어떻게 보장하는가, 그것이 제일 우선하는 과제였기 때문에 고민과 관심과 감시가 많을 수밖에 없었습니다. 설계가 끝나자마자 정보부에서 설계 도면 원도를 몽땅 가지고 가 버렸어요. '테러 방지'—정보가 새어 나가면 안 된다는 거예요. 나중에 돌려줄 줄 알았는데…, 지금은 어디 있는지도 모르는 거 같아요. 선수촌의 두 번째 과제는 한국 사람들도 모던 주택에 산다는 것을 보여 주어야 한다는 것이었습니다. 선전 도구였지요. 경기 중에 참가단이 밖에 돌아다니기 어려우니까, 선수촌의 시설로 그것을 보여 주자는 것이었지요. 하지만 실제 설계할 때는 그런 맥락을 크게 신경 쓰지는 않았습니다. 〈아시아 선수촌 아파트〉를 설계할 때만 해도 '강남 3구' 같은 말이 없었어요. 처음에 탄천의 동쪽은 모조리 '강동구'였습니다. 그런데 강남을 잠실로 끌어와야 하는 거잖아요. 올림픽을 하면서 이 지역이 '송파구'로 바뀝니다. 여기 사람들은 자기가 강남에 산다고 생각해요."

[1-06] **합동 재개발과 도시 주거** "아파트가 범람하게 되는 배경과 관련해서는 1983년이라는 시기가 조금 의미가 있습니다. 앞에서 지하철 2호선 이야기도 했지만 이 무렵에 서울에서 도시의 중요한 기간 시설들이 깔리기 시작하거든요. 그것

1970년대 '제3한강교 현대아파트 2차 분양' 광고(왼쪽)와 압구정동 현대아파트 건설 당시(1978년)의 풍경(오른쪽). 〔사진 전민조〕

1979년 9월 5일자 『동아일보』에 실린 은마아파트 2차 분양 광고(당시 평당 분양가는 68만 원이었다)(위)와 『조선일보』 1984년 12월 21일자에 실린 잠실 개발 풍경(아래).

이 어떻게 깔렸느냐 하면, '합동 재개발 방식'〔가옥이나 토지의 소유자가 조합을 구성해 자율적으로 주택 재개발을 시행하는 방식이다. 자금과 시공은 자격을 갖춘 주택 건설 사업자가 제공한다.〕이라는 것이 시작됩니다. 우리 나라 아파트가 지금의 이런 형태로 고착되는 시작점이지요. 합동이라는 의미는 '민간과 합동'을 줄인 것입니다. 불량 주택지를 해체〔slum clearance〕하는 재개발 사업을 민간에서 할 수 있게 만든 겁니다. 말이야 정부에서 일방적으로 하는 게 아니라 민간이 필요로 하는 대로 자율적으로 하라는 건데, 국가에서 응당 해야 할 재개발 사업을 정부에서 손도 안 대고 해결하겠다는 꼼수에 가까운 발상입니다. 도시에는 기반 시설이 필요한 법인데, 단지 안으로 들어가는 도로나 상하수도, 전기 설비 같은 모든 인프라 건설의 비용을 민간에서 대게 만든 겁니다. 그 유지 관리도 민간의 책임으로 돌리고요. 이것이 굉장히 중요한 대목입니다. 그 때부터 아주 대대적으로 개발이 이루어집니다. 건설 회사, 아파트 회사가 비대해지고요. 우성, 우방, 한양, 현대… 등등, 우리가 아는 아파트 이름들 있잖아요, 그게 그렇게 만들어진 겁니다. 인프라를 자기들이 투자해서 만들었으니 그 주변 블록에도 자기네 단지를 어떻게든 더 확장시키려고 안간힘을 쓰게 되겠지요? 그 피해가 지금까지 오는 거고요. 이렇게 '합동 재개발 방식'이라는 건 무조건 경제적 이익만 더 극도로 남겨야 하는 방식인데, 건축가가 끼어들어서는 그게 성사가 안 되는 거야. 그러다가 올림픽이 지나고 나서는 아예 건설 회사하고 결탁해서 모든 것을 해 나가는 설계 사무소, 정치적인 설계 사무소들이 생겨나는 거죠. 그렇게 주택을

『공간』지 1983년 7월호 특집의 편집자의 말, 「한국 초유의 심사 과정 공개 및 심사 결과 발표」 전문. 원래는 한글 한자 혼용문이었으나, 한글 전용문으로 바꾸었다.

『공간』지 1983년 7월호 특집
편집자의 말 **한국 초유의 심사 과정 공개 및 심사 결과 발표**

"『공간(空間)』은 서울특별시에서 현상 공모한 「아시아 선수촌 및 공원 기본 계획」의 선정 작품 12점을 소개한다. 이번 콤페는 1986년 아시안 게임에 따른 선수 및 임원의 숙식과 위락 공간을 제공하는 데 목적을 두고 있으며 대회 종료 후 본 시설의 지속적인 활용을 고려하고 역사적 기념물로서 영구히 보존될 수 있도록 한다는 방침을 세우고 있다. 위치는 서울 강동구 잠실종합운동장 건너편, 대지 면적 약 246,180m², 숙소 1,200세대, 부대 시설 약 23,000m², 공원 시설 등의 설계 개요를 제시한 이번 공모에서 접수 작품을 33점을 두고 20명의 심사 위원들이 4차례의 심사 과정을 통해서 1단계 선정 작품으로 6점을 채택했다. 제2단계 선정은 이 6점의 선정 작품을 낸 작가들이 8월 10일까지 재응모, 이 중 당선작 1점, 가작 2점을 뽑게 된다. 그리고 당선 작가에게는 본건의 실시 설계권을 부여한다. 이번 제1단계 선정 과정에서 진행된 심사 방식은 보안이 유지되고 공정한 선정을 할 수 있었다는 점에서 주목되고 있다. 접수 번호와 고유 번호를 분리, 작가의 신원을 봉인하여 심사 완료시까지 보안을 유지한 점, 제1차로 13점을 떨어뜨리고 나머지 20점 중 12점을 선정, 그리고 이를 두고 최종 선정에 들어가기 전에 각 분야별 의견을 두고 열띤 토론을 벌이고 또 토론 내용을 차트에 기재하여 검토 끝에 과반수 이상의 득표를 얻은 6점이 선정되었다. 특히 각 위원들의 투표는 기명(記名) 투표이어서 공정성을 더하고 있고 결정 부분에서는 심사 위원들의 의견이 대체적으로 집약되어 진행 과정의 합리성을 인지케 하고 있다. 선정된 6작품은 젊은 작가의 것이 반을 차지하고 있으며 외국인의 것도 끼어 있다. 『공간』은 최종 심사표를 입수, 공개한다. 최종 심사표의 공개는 심사의 공정성과 더불어 공개한다는 서울 시청의 방침에 의한 것이다."

〈아시아 선수촌 아파트〉 국제 설계 경기(1983년) **때 제출**(2**단계**)**한 조성룡+문정일+강기효 안의 모형.**〔**사진 윤창진**〕

공급하던 시대에 〈아시아 선수촌 아파트〉는 그나마 정부가 한 프로젝트라는 의미가 있습니다. 어떻든 목표가 있었기 때문에….”

〔1-07〕 **전후대미문**(前後代未聞)**의 심사 과정 공개** “〈아시아 선수촌 아파트〉는 아마 우리 나라 최초의 국제 설계 경기 중 하나였을 겁니다. 국제 경기를 두 단계로 했습니다. 1단계에는 33군데가 응모했는데 그 중에 우선 6개 안을 등수 없이 뽑았고, 2단계는 본선으로 그 6개를 다시 심사해서 당선작을 가리는 방식이었어요. 그 때 희한한 걸 했어요. 심사표를 공개한 겁니다. 심사 위원 명단과 누가 각 단계별로 어떤 작품을 선택했는지, 그리고 여섯 사람의 계획안도 다 공개해 버렸어요〔『공간』지 1983년 7월호〕. 그러니까 안이 다 공개된 상태에서 2단계 경쟁을 하는 거예요. 1단계에서 올라갈 때 우리 안이 가장 많은 표를 받았더라고요. 두 번째로 많은 표를 받은 곳이 우성 아파트 안이에요. 우성 아파트는 사실 응모 자격은 없었는데, 〈아시아 선수촌 아파트〉 옆에 지금도 있는 우성 아파트와 연결해서 큰 타운처럼 개발하고 싶어 했어요. 그래서 미국에 있는 설계 사무소를 고용해 참가합니다. 원래 심사 위원이 모두 20명이었는데, 2단계에서는 18명이었어요. 마지막까지 가서 2등 안과 겨뤄서 10대 8로 당선됐어요〔『공간』지 1983년 10월호〕. 전체 심사 위원 중에 외국 출장을 가서 참가하지 못한 위원이 두 사람이었는데, 그 두 사람이 나한테 우호적이지 않았던 분들로 기억해요. 그렇게 해서 된 겁니다. 여기서 중요한 대목은, 기명 투표

『공간』지 1983년 10월호의 「아시아 선수촌 및 공원 기본 계획 국제 현상 공모 당선작 결정」 기사. 원래는 한글 한자 혼용문이었으나, 한글 전용문으로 바꾸었다.

『공간』지 1983년 10월호

아시아 선수촌 및 공원 기본 계획 국제 현상 공모 당선작 결정

"『공간(空間)』은 지난 8월 27일 최종 결정된 아시아 선수촌 및 공원 기본 계획 국제 현상 공모의 당선작 및 가작과 본심사의 최종 심사표를 공개한다. 6월 10일의 1차 예비 심사에서 선정된 6점의 작품들은 약 2개월의 기간 동안 그 기본 구상을 더욱 발전시켜 8월 20일 재접수되었다. 그 결과 당선작에 우원건축연구소 안〔조성룡 문정일 강기효〕이 결정되었으며, 가작으로는 대호건축연구소 안〔김관욱 Christopher Degenhardt〕과 우성건설 안〔Charles Kober 김린 백옥석〕 등 2점이, 또 입선작으로는 김효만, 성림건축연구소〔임장열 정충상〕, 추명정부(推名政夫)+내등항방(內藤恒方)의 합작 등 3점이 선정되었다. '86 아시안 게임을 위해 건설되는 이번 아시아 선수촌 및 공원에 대한 기본 계획은 국내외에서 33점이 접수된 바 있다. 이번의 계획은 ① 선수 및 임원의 숙식과 위락 공간 제공 ② 한국적 이미지의 부각 ③ 대회 후의 지속적 활용을 고려한 역사적 기념물로서의 보존 ④ 경제성 및 안전성, 조형성 ⑤ 인근 시설과의 조화 ⑥ 녹지 체계의 적극적 도입 등의 기본 목표를 설정하였었다. 한편 당선작의 선정 이유로서는 선수촌 건물의 스카이라인, 아파트의 배치 계획과 단위 평면 및 선수촌 사용 후 주거 시설로의 분양 효과가 양호하며, 공원의 성격과 주변 지역과의 연계성이 뚜렷한 점을 지적하였다. 당선작에게는 본건의 실시 설계권이 부여되며 제출된 6점에 대해서는 각 천5백만 원의 상금이 주어진다."

〈아시아 선수촌 아파트〉 국제 설계 경기(1983년) **때 제출**(2**단계**)**한 조성룡+문정일+강기효 안의 모형.** 〔**사진 윤창진**〕

의 심사표와 심사 과정을 잡지에 다 공개한 점입니다. 이런 공모 방식, 심사 과정 공개를 그 때 한두 번 하고 이후로는 한 적이 없을 겁니다. 그게 1983년인데, 전두환도 그런 걸 용납했었는데 말이죠…. 그 때는 속사정을 잘 몰랐어요, 그저 당선되었으니까 신났을 뿐이었죠. 독립기념관, 예술의전당 등 국가 프로젝트들이 줄줄이 있었던 무렵이었습니다. 유명한 건축가들이 그 쪽 공모전에 전부 달려든 터라, 아파트 같은 건 관심을 두지도 않았던 거예요. 나 같은 무명 신인이 당선될 수 있었던 데에는 그런 배경이 있습니다. 물론 나도 처음에는 아파트보다는 선수촌이라는 상징성에 도전해 보고 싶었고, 국제 이름 붙은 설계 경기니까 제대로 된 프로젝트를 할 기대가 더 컸던 것도 사실입니다. 그렇게 해서 태어난 것이 〈아시아 선수촌 아파트〉입니다."

〔1-08〕 **개미들** "〈아시아 선수촌 아파트〉 공모의 조건 가운데 하나는 공원을 함께 설계하라는 것이었습니다. 한강 위에 세운 메인 스타디움 남쪽에 땅 10만 평을 정하고서는, 공원 2만 평, 아파트 5만 평, 그리고 초등학교와 중학교를 넣어라, 그게 조건이었습니다. 각각의 위치는 어디에 끼워 넣어도 상관없었어요. 그래서 처음으로 공원을 제대로 설계하여 만들게끔 한 프로젝트이기도 합니다. 당시에는 꽤나 잘 풀었다고 생각했는데, 지금 보면 풀어내지 못한 게 있어요. 그게 문정동 방향입니다. 〈아시아 선수촌 아파트〉에서 시작해 잠실 주공 아파트를 거쳐서 장미 아파트까지 아파트 블록이 동쪽으로 쭉

현재(2010년대)의 잠실 지구 항공 사진.

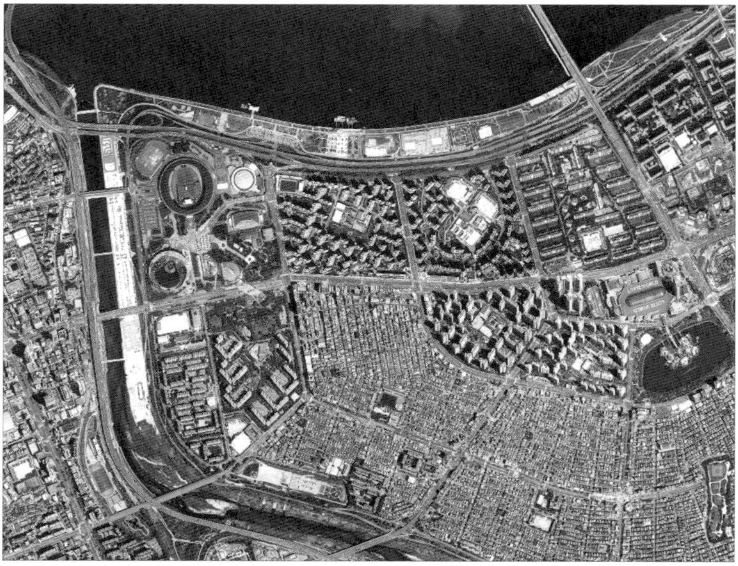

이어져요. 전부 아파트인데, 그 아래 남쪽 블록들은 지금 하늘에서 내려다보면 전부 개미야. 물론 당시에는 허허벌판이었지만, 주택지로 지정은 되어 있었지요. 〈아시아 선수촌 아파트〉의 남쪽만 그런 게 아니라 잠실의 남쪽 전체가 다 그래요. 그 때는 아직 공부가 덜 되어서 이렇게 되리라고는 상상도 못 했어요. 이게 슬픈 겁니다. 여기, 이 개미들…, 길 하나 사이를 두고 있다고요. 집 들어갈 때 가끔 차에서 내려 걸어가는 길. 끔찍한 거지. 무슨 얘기냐 하면, 설계 경기에 출품한 33개 안 중에 주변 블록들과의 관계를 고려한 안이 단 하나도 없었다는 겁니다. 그나마 나는 단지 출입구를 사방으로 네 개를 낸다는 게 전부였어요. 나름대로 주변하고 소통한다고. 다른 안은 그런 고려조차 없어요. 내가 패착을 한 것이, 공원을 지금의 위치(북쪽의 스타디움과 아파트 사이)에만 할 게 아니고, 남쪽 주택 쪽에 일부을 공유할 수 있도록 나눴어야 했던 거예요. 그렇게 했다면…."

〔1-09〕 **아파트가 작은 마을이 될 수는 없을까** "그나마 생각한 게 각 동을 니은(ㄴ)자 모양의 클러스터(cluster)로 만들어서 일종의 작은 동네 단위로 나누는 것이었습니다. 학교 후배로 당시 현대건설 해외건축설계부에서 도시 설계를 맡고 있던 전은배(全恩培, 1950~2017)의 의견이 큰 도움이 되었습니다. 이 아파트는 1,400세대나 되는 대규모 고층 단지입니다. 단지가 너무 커서 여덟 개의 작은 마을로 나누었습니다. 우리가 보통 아는 판상형 아파트에서는, 만약에 두 동 사이에 주차장이 있다고

완공 직후(1986년)의 〈아시아 선수촌 아파트〉 주변 풍경. 아파트 단지를 경계로 북쪽에 올림픽 스타디움과 공원이 있고, 남쪽으로 청계산 자락이 보인다. 〈아시아 선수촌 아파트〉 남쪽의 주택가와 관계를 고려하여 공유할 수 있는 공간을 마련하지 못한 데 아쉬움이 남아 있다. 〔(위) 사진 서울시〕〔(아래) 사진 윤창진〕

해도 한 동이 앞(남쪽)으로 드나든다면 다른 동은 반대편(북쪽)으로 드나들게 됩니다. 그러면 한 동네 산다는 느낌이 쉬 들지 않게 되겠지요. 〈아시아 선수촌 아파트〉에서는 마주보는 각 클러스터들 가운데에 있는 주차장을 같이 쓰도록 계획했습니다. 그리고 하나의 클러스터 안에 작은 평수의 유니트(세대)부터 넓은 평수의 유니트까지 고루고루 나누어 배치했습니다. 일종의 소셜 믹스(social mix)인 거죠, 어떻든 주차장까지는 평수 불문하고 다 같이 이용해야 한다는 것. 한쪽은 동남향이고 다른 쪽은 남서향이니까 해는 반씩 드는 거고요. 배치에서 당시 잠실 주공 2단지의 방향을 참조했습니다. 한 동의 층수도 일률적으로 하지 않고 9층부터 18층까지 여러 높이로 되어 있습니다. 설계 공모에 참여하기로 하고 나서 남한산성에 올라가 보았어요. 한강 너머로 서울을 이루는 삼각산과 아차산 능선이 눈에 들어왔습니다. 그 산세를 의식해서 한 동에서도 아파트 높이를 단조롭게 하지 않고 높아졌다 낮아졌다 하게 만든 거지요. 가끔 엘리베이터 두 대로 어떤 층은 9층까지만 공유하는데 왜 자기네는 18층까지 써야 하느냐, 그런 항의를 하는 주민들도 있습니다."

〔1-10〕 **느티나무 마당이 있는 마을** "아파트 단지 안에 하루종일 있는 사람들은 노인네나 아이들이나 여자들이거든요. 그 사람들이 단지 안에서 안전해야 하는데, 그러려면 아파트 안에서 차하고 사람하고 섞이면 안 되겠지요. 차는 단지 가운데를 관통하는 차도로 빠져 나갑니다. 아파트 건물의 1층을 채

〈아시아 선수촌 아파트〉 배치도(부분), 조성룡+문정일+강기효, 1983~1986년.

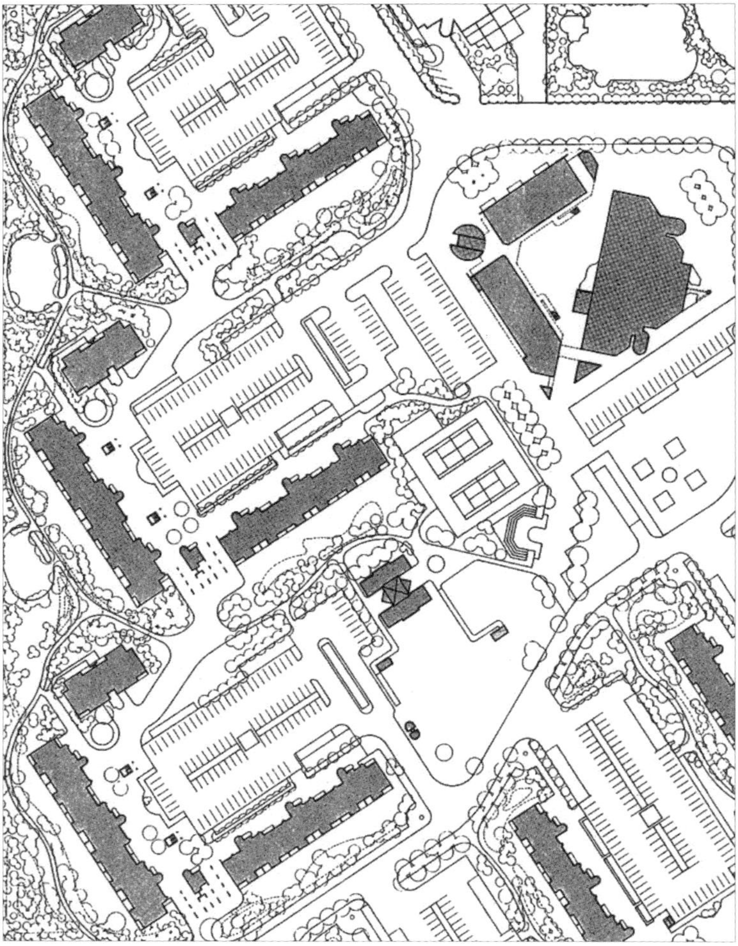

우지 않고, 빈 공간〔필로티(pilotis)〕으로 띄웠어요. 사람들은 필로티를 통해서, 동과 동 사이를 관통해서 다닐 수 있지요. 찻길과 마주치지 않고도 공원까지, 그리고 단지 안을 한 바퀴 돌 수 있도록 한 개념입니다. 산책하기에 아주 좋은 길입니다. 사람들이 일상적으로 생활하는 집 바깥의 공간 또한 실내만큼 중요한데, 그랬을 때 외부 공간이 어떤 질서를 가져야 하는가를 생각했습니다. 아파트의 질서는 일(一)자 형 동들의 반복이 아니라 길과의 관계로서 이루어져야 한다고 생각했습니다. 주차장과 주거동 사이에 널찍한 마당을 두었습니다. 주민들이 함께 이용하는 외부 공간의 구실을 하는 생활 마당입니다. 동과 주차장 사이가 이렇게 넓은 아파트도 없지만, 간혹 비워 둔다고 해도 들어갈 수 없는 풀밭으로 만들어 놓곤 하더라고요. 이 단지 마당에는 키 큰 느티나무를 여러 개 심고 그 아래 벤치를 두었습니다. 옛날에 마을 입구에 정자나무가 있고 그 아래 할아버지, 할머니들이 앉아 계셨잖아요. 처음에 입주하니까 주민들이 불평하는 거예요. 아니 아파트라면서, 아파트 사는 내가 왜 주차장에 차 대고 집까지 걸어가야 하느냐, 비 맞는데. 반상회를 가면 맨날 야단 맞는 거예요. 이런 소리는 나중에야(한참 가서야) 없어졌어요."

〔1-11〕 **아파트에 대한 고민 : 삶과 죽음을 담는 집** "〈아시아 선수촌 아파트〉 입주 초기 몇 년은 초상이 나면 이 마당에 차일을 치고 노제(路祭)를 지내곤 했어요. 집이라는 게 사람이 나서 죽는 곳이었잖아요. 아파트에서 그것을 담을 수는 없을

〈아시아 선수촌 아파트〉, 조성룡+문정일+강기효, 1983~1986년. 〔사진 조성룡〕

까 생각해 본 것입니다. 〈아시아 선수촌 아파트〉의 엘리베이터는 안쪽 벽을 열면 관을 싣고 내려올 수 있도록 설계했습니다. 운구할 때 관을 세워서 내려올 수 없잖아요. 그 전에 아파트에 살면서 초상을 세 번 치르고 보니까, 이런 문제를 알게 되었어요. 아, 내가 언젠가 아파트를 짓는다면 이것은 해결을 해야겠다고 마음을 먹었지요. 1990년대 초까지만 해도 집에서 장례 지내고, 1층에서 노제를 지내는 집들이 더러 있었는데, 1990년대 중반이 지나면서 슬슬 없어졌어요. 애초의 응모안에서는 편복도식 구조였습니다. 우리가 흔히 보듯이 층마다 복도가 있는 게 아니라, 세 층마다 하나의 복도를 두어서, 한 집은 바로 들어가고, 한 집은 위로 올라가고, 또 한 집은 아래로 내려가는 복층형 복도로 설계했어요. 복도가 아니라 길이 이어진다는 느낌을 주면서, 그 끝에는 작은 옥상 정원이라고 할까, 그런 것도 계획했죠. 나름대로는 코르뷔지에(Le Corbusier, 1887~1965)의 〈위니테 다비타시옹(Unité d'Habitation)〉(1946~1952년)을 염두에 둔 것이기도 했는데, 서울시에서 그렇게 하면 분양이 안 된다고 거부하더라고요. 계속 싸우다가 진 거예요. 하는 수 없이 계단식으로 바꾸어야 했는데, 계단식이라도 좀 다르게 해 보려고 했습니다. 집 현관문에서 엘리베이터까지 완만하게 경사진 긴 복도를 두었습니다. 프라이비트한 공간(집안)과 퍼블릭한 공간(외부) 사이에 세미 프라이비트한 공간을 삽입한 겁니다. 엘리베이터에서 내리면 아래층과 위층이 한꺼번에 보여요. 두 개 층쯤은 서로 눈길이나마 마주보고 교류하는 관계를 만들어 주려고

〈아시아 선수촌 아파트〉, 조성룡+문정일+강기효, 1983~1986년. [사진 조성룡]

〈아시아 선수촌 아파트〉 주거동 평면도.

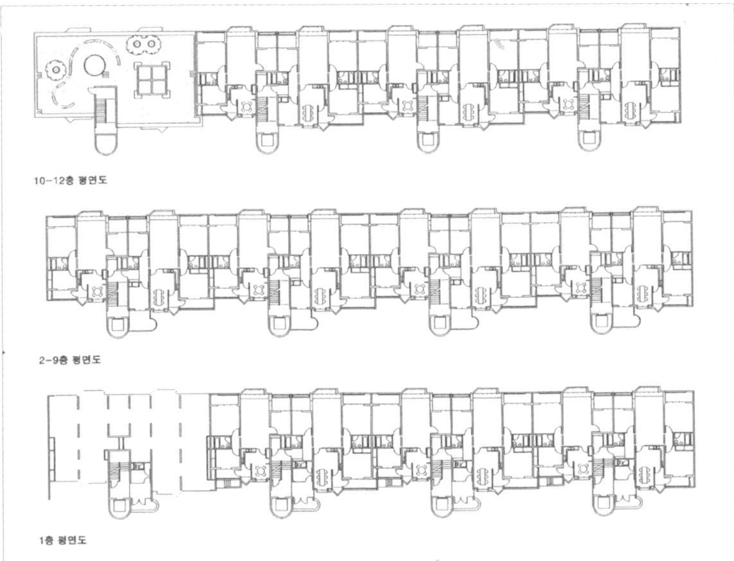

했습니다. 집에서 나와 어느 정도 걷는 그 경험은, 바로 엘리베이터와 연결되는 느낌하고 또 달라요. 이렇게 복도를 길게 둔 까닭은 관을 문 밖으로 운구하기 좋게 하려는 의도도 있었습니다."

〔1-12〕 **아파트 평면에 대한 도전** "강남이 생기면서 또 중산층이라는 게 생기잖습니까. 그 중산층들이 일반적으로 선호하는 내부 구조들이 있었어요. 예를 들어 거실하고 식당이 붙어 있어서 들어가면 널찍해 보여야 하죠. 홈 드레스 입은 주부들이 비싼 그릇에 음식을 내오는 겁니다. 그런데 〈아시아 선수촌 아파트〉는 부엌이 중간에 있고 식당을 북쪽 창가로 냈어요. 가족이 밥 먹으면서 북쪽 삼각산 능선 풍경을 즐기라고 그렇게 했어요. 이것도 불만들이 많았는데, 거실하고 부엌을 분리해 놓으니 손님들에게 과시가 안 된다는 거예요. 그리고 이른바 프라이버시라는 개념이 슬슬 들어올 때였습니다. 우리나라에서 실제로 그렇게 생활하는 가족이 얼마나 있다고, 은밀한 부부 관계에 대한 환상이 생긴 거예요. 안방에 드레스 룸이라는 게 붙어 있고 거기를 통해서 화장실로 가게 되어 있어요. 그 안에 또 침실이 있는 구조 말입니다. 집 안에 스탠드 바까지 넣는 경우도 많았어요. 그게 당시 중산층이 생각하는 모던 리빙이었어요. 아파트에 가면 그런 모던 리빙을 누릴 수 있을 것이라는…. 아마 건설 회사가 그런 판타지를 만들고, 팔아먹었겠죠. 대리석을 깔고 벽에 몰딩하고…. 그런데 그런 게 다 뭐냐면, 룸 살롱에서 흔히 보던 인테리어였던 겁니다. 이 분화

준공되고 30여 년이 지난 〈아시아 선수촌 아파트〉 풍경들. 〔사진 조성룡〕

조경 계획에서 활엽수를 적극적으로 심어 여름에는 그늘이 드리우고 겨울에는 저층부까지 햇빛이 들게 했다. 주민들은 도심 속 일상에서 계절의 변화를 느끼며 산책할 수 있다. 〔위 사진 김재경〕

된 중산층이라는 사람들이 주로 그 허허벌판 강남의 룸 살롱에 드나들던 사람들이고, 집에 대해서는 생각이라고 해 본 것이 없는 사람들인데, 훌륭한 인테리어라고 하면 떠오르는 게 그런 이미지인 거였죠. 그 판타지를 부수는 게 엄청나게 어렵더라고요. 이건 개인 주택이 아니고 여러 사람이 사는 공동 주택인데, 누구 기준에 맞춰서 인테리어 장식을 하겠어요. 집 안에 장식이라고는 아무것도 없으니까, 이건 집도 아니다, 불평이 많았죠."

〔1-13〕 **서울시가 계획하고 건축가가 지은 아파트** "그 때 강남에 AID 아파트라는 것이 있었죠. 미국에서 원조를 받아서 지은 단지라서 모든 것이 미국식 스탠더드로 이루어진 아파트였어요. 경기고등학교가 이전(1976년)한 직후였고, 대한주택공사가 그 단지 안에 있었고, 단지 앞에 강남구청이 있고, 강남구청은 강남 개발의 중심이 되는 행정 단위였죠. 내가 거기 몇 년 살았는데, 아파트를 생활로 체험한 것이 겨우 거기였어요. 물론 도시나 하우징에 대해서 일본 잡지를 많이 보기는 했지만…. 〈아시아 선수촌 아파트〉 현상 공모 할 무렵 참고했던 것이, 잡지에 실린 뉴욕의 아파트들이었어요. 호세 루이스 세르트(José Luis Sert, 1902~1983)라는 스페인 출신의 미국 건축가가 루즈벨트 아일랜드(Roosevelt Island)에 지은 아파트 같은 것들…. 저층 하우징들이었어요. 그 때 잡지들을 보면서 생각한 것이 그냥 일(一)자 형 아파트들이 아니라. 길과의 관계, 즉 단지 안에서의 질서가 길로 이루어져야 한다, 그렇게 생각해

공사 중일 때 〈아시아 선수촌 아파트〉, 조성룡+문정일+강기효, 1983~1986년. 그 때까지 보편적이던 벽돌 외벽을 피하기 위해 프리캐스트 콘크리트 패널을 적극 활용했다.〔사진 윤창진〕

서 원래 있던 잠실 2단지의 느낌을 이어오려고 한 거고요. 아파트 단지의 설계 경기로는 이것이 최초였고, 그것도 국제 현상 설계라니, 그리고 심사 과정과 결과를 투명하게 공개하는 예가 그 전에도 이후에도 없어요. 그런데 이런 의미를 아무도 조명을 안 해요. 관청(서울시)에서, 아무리 정치적 목적이 있었다고 해도, 외부에 잘 알리려고 그 과정을 투명하게 하고 의미도 부여하려 애를 썼고, 그래서 그 과정을 많은 사람이 익사이팅하게 주시했어요. 그런데 이런 과정에 대한 의의가 그 때뿐, 그냥 사라져 버렸어요. 물론 나는 당선되었다고 기뻐한 건 잠깐이고, 되자마자 시장이 바뀝니다. 염보현(廉普鉉, 1932~) 시장이죠. 아, 이 사람이 어찌나 협조를 안 해 주던지, 한번 만나게 해 달라고 비서실장을 찾아가서 부탁하기도 했는데도 안 되는 거예요. 〈아시아 선수촌 아파트〉를 하는 동안 제가 시장에게 직접 보고를 한 번도 못 해 봤어요. 담당자를 통해서 이거 싫다, 저걸 바꿔라, 명령만 내리는 거예요. 더 분양할 수 있게 동 수를 늘려라, 돈 많이 드니까 지하 주차장을 없애라… 등등. 신뢰를 가지고 정상적으로 일이 이루어지는 게 아니라, 새 시장은 돈 적게 들이면서 수익을 많이 창출하겠다는 거고, 나는 원래 예산대로 다 쓰겠다는 거고."

〔1-14〕 **게이티드 커뮤니티의 오늘** "처음에 이 아파트를 설계할 때 단지로 드나드는 입구(게이트)를 사방에 네 개를 만들었습니다. 지금 그 중에 두 개의 문은 폐쇄되어 있습니다. 주민들이 반대해서 폐쇄한 겁니다. 뭐냐면, 문을 많이 뚫어 놓으

〈아시아 선수촌 아파트〉, 조성룡+문정일+강기효, 1983~1986년. 〔사진 윤창진〕

니까 다른 동네 가는 사람들이 단지 내로 관통해서 지나간다는 거예요, 그게 싫다는 거야. 우리가 관리비 내는데 남들이 왜 다니느냐. 쓸쓸한 거죠. 다른 집들로 통할 만한 길 쪽은 어떻게든 다 막아 버리는 거야. 그걸로 모자라서 담장에다 철조망도 쳤어요. 담을 낮게 했더니 그 위에다가 철조망을 쳤어요. 지금까지 그런 상태예요. 내가 조금 더 신경을 썼어야 했는데, 그게 실패한 거, 너무 슬퍼. 만약에 이 아파트를 재건축한다면 우선 담부터 허물어야지." 〔구술 · 채록 2015년 2월〕

〈아시아 선수촌 아파트〉 너머 북쪽으로 잠실 종합 운동장 주경기장과 북한산이 겹쳐 보인다. 〔사진 조성룡〕

조성룡의 〈아시아 선수촌 아파트〉만을 주제로 해서 2015년 10~11월에 서울건축문화제의 하나로 열린 '2014 올해의 건축가'상 기념 전시 파빌리온 내외부. 〔(왼쪽) 사진 김재경〕〔(오른쪽) 사진 박상일〕

'2014 올해의 건축가'상 기념 전시 때 상영된 정재은 감독의 영상 〈아시아 선수촌 아파트〉 가운데 스틸 컷.

'2014 올해의 건축가'상 기념 전시 때 전시된 조성룡의 〈아시아 선수촌 아파트〉 모형. 〔사진 김재경〕

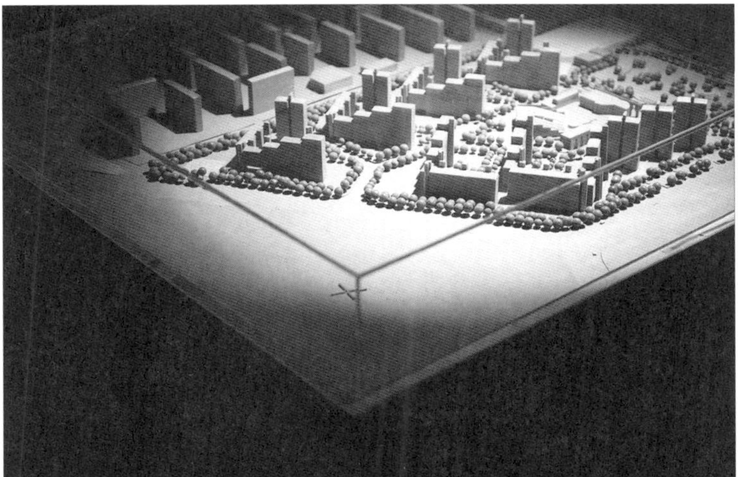

2. 어쩌면 우리의 처음이고 마지막일지 모르는, **소마미술관**

북동쪽 몽촌토성에서 내려다본 〈소마미술관〉. 〔사진 김재경〕

〔2-00〕 **강남의 동쪽 끄트머리에서** 〔그 곳을 처음 간 것은 카페 때문이었다. 탁 트인 공원의 데크에 앉아 있으니 일에 찌들린 마음이 절로 풀리는 것 같았다. 슬슬 잔디밭을 걷기도 했다. 이런 데 미술관이 있는지도 몰랐는데 대낮에 사람이 어찌나 많은지 또 한 번 놀랐다. 점심 식사 후 산책 나온 직장인과 유모차 끌고 나온 엄마들과 마실 나온 동네 노인들. 보통 사람이 많은 것을 보니 별 대단한 미술관은 아님이 틀림없었다. 인터넷 검색창에 입력해 보면, "정말 좋아요!"라는 애정 어린 게시글들이 사진과 함께 줄줄 쏟아진다. 2004년에 개관한 올림픽공원〔서울 송파구 올림픽로 424(방이동 88)에 있다. 1986년 아시안 게임과 1988년 서울 올림픽을 위해 1986년 개관했다. 올림픽 회관과 4개의 경기장, 백제 유적지인 몽촌토성 주위의 녹지를 한데 묶은 대규모 스포츠 단지로, 1988년 올림픽을 앞두고 2개의 경기장을 더 짓고 조각 공원 등을 마련했다. 총면적은 506,500평으로, 22만 평의 몽촌토성 지역, 23만 평의 경기장(사이클경기장, 역도경기장, 펜싱경기장, 테니스경기장, 체조경기장, 수영경기장) 지역, 5만여 평의 학교 지역으로 나뉘며, 곳곳에 올림픽 조각 공원, 세계 평화의 문, 몽촌 역사관 등이 배치되어 있다. 올림픽 조각 공원은 110여 개 나라에서 200여 명의 조각가들이 참여, 197개의 조형 작품을 조성했다.〕의 〈소마미술관(SOMA, Seoul Olympic Museum of Art)〉(2002~2004년)〔개관 당시 이름은 '소마(SOMA)'였으나 2006년부터 한글로는 '소마미술관'이라 표기한다. 영어로는 소마 뮤지엄(SOMA Museum)이 아니라 'SOMA'나 'Seoul Olympic Museum of Art'로 표기한다.〕은 기가 막힌 전시 공간이 있다는 입소문으로 문화계에 겨우 이름을 알렸고, 그보다 먼저 동네 사람들이 차지하고 있었다. 국공립 미술관과 박물관이 100개가 넘는 서울에서, 동쪽 끄트머리에 엎드린 작은 미술관이 별 무게를 가질 리야 있을까마는 지금 우리에게 이 곳, 올림픽공원의 〈소마미술관〉은 무슨 이야기를 하

〔소마미술관 초기 모형〕, 조성룡, 2002~2004년. 〔사진 김재경〕

고 있는가.〕

〔2-01〕**문화가 있는 삶과 어떤 불가사의** "그런데, 그거 이상하지 않아요? 서울 강남에 공공 미술 공간이 없어요. 강북에 문화 공간들이 몰려 있으니 굳이 불필요하다고 할 수도 있지만, 그래도 강남은 여러 가지로 유리한 조건이지 않습니까? 돈이 많고 사람도 많고 학교도 많은 지역, 그런 공간을 누릴 만한 대상도 확실하고 투자할 예산도 확보할 수 있잖아요. 기껏 서초동 예술의전당밖에 없습니다. 예술의전당은 성격이 지역의 공간이라기보다는, 올림픽 때 문화 예술 축전 행사장이었고요. 서울 전체로 보아서, 아마 시민들에게 가까워진 공공의 미술 공간은 서울시립미술관이 처음일 겁니다. 사실 서울이라면 구립 미술관쯤은 당연히 있어야 하는 거 아닌가요…. 서울의 구라는 것이 지방의 시보다 훨씬 크고, 유럽의 어지간한 도시하고 맞먹는 규모입니다. 불가사의한 일이야. 땅값이 비싸서? 아파트 짓느라고? 아파트 생길 때마다 체비지(替費地)〔도시 개발 사업을 환지(換地) 방식(사업 후 필지 정리를 통해 토지 소유권을 재분배하는 방식)으로 시행하는 경우, 시행자가 사업에 필요한 경비에 충당하거나 사업 계획에서 정한 목적으로 사용하기 위해 일정한 토지를 정하여 처분할 수 있는데, 이러한 토지를 보류지(保留地)라고 하며, 이 중 공공 시설 설치 등에 사용하기 위한 토지를 제외한 부분, 즉 시행자가 경비 충당 등을 위해 매각 처분할 수 있는 토지를 체비지라 한다.〕도 얼마나 많이 발생하는데 말입니다. 그건 어떤, 문화적 자존심하고도 관계가 있는 겁니다. 그나마 2000년대 들어서야 송파에 〈소마미술관〉 하나 생겼다는 게 말이 아닌 거죠. 〈소마미술관〉을 한창 짓는 도중에 바로 앞 고층 아

(위) **하늘에서 본 송파구와 강동구, 남한산성 일대.** (아래) **올림픽공원과 5개의 경기장. 1980년대.** 〔**사진 서울시**〕

파트 주민들이 미술관 짓는 데 반대하는 시위가 있었습니다. 신문에도 크게 났어요. 자기네 아파트 앞에 좋은 공원이 펼쳐져 있는데 거기다 미술관을 왜 짓느냐, 고층 아파트에 플래카드를 내려뜨리고요. 집 근처의 미술관을 반대하는…, 그런 해프닝도 있었습니다. 편편하던 곳에 무언가 들어선다고 하면 높은 곳에 있는 아파트 주민들이 무조건 반대하고 나서는 것, 한국 사회의 어떤 단면이라고 할까요….”

〔2-02〕 **잔치가 끝난 다음** “〈소마미술관〉은 서울 올림픽이 끝나고 15년 후에 올림픽공원에 세워집니다. 이름부터가 ‘서울 올림픽 미술관’이었고, 지금의 ‘소마’는 그 이름을 영어로 바꾼 것〔SOMA, Seoul Olympic Museum of Art〕입니다. 올림픽을 소개하는 박물관도 아니니 기묘한 이름이지요. 1988년에 서울 올림픽을 치르면서 올림픽공원과 그 안에 다섯 개의 경기장이 생깁니다. 체조, 역도, 펜싱, 자전거(벨로드롬), 테니스. 잠실 경기장이 메인 스타디움이라면 올림픽공원은 근대 5종 경기를 중심으로 한 특정 종목의 경기장이 모인 셈인데, 갑작스럽게 시설이 늘어난 거지요. 그런데 올림픽공원을 조성하면서 경기가 끝난 다음에 이 시설을 어떻게 사용할까에 대한 문제를 간과한 것은 사실입니다. 〈아시아 선수촌 아파트〉(1983~1986년)를 설계하면서 1984년에 독일 뮌헨에 견학을 갔는데, 뮌헨 올림픽 경기장을 맡고 있던 독일 공무원들의 조언이, 올림픽을 치르느라 경기장 두 개를 지었는데 대회가 끝나고 나니 유지 관리가 너무 어렵다는 것이었습니다. 고작 모터 쇼나 하고

소마미술관에서 본 몽촌토성의 능선. 풍납토성의 발굴 전에는 몽촌토성이 위례성이고, 풍납토성은 몽촌토성을 방호하는 사성으로 보는 것이 한국 사학계의 정설이었다. 1990년대에 풍납토성 안의 아파트 재건축 공사장에서 수많은 유물이 쏟아져 나오면서 고고학계의 시선이 집중되었고, 지금은 풍납토성을 위례성이라고 주장하는 설도 강력하다. 〔사진 조성룡〕

몽촌토성 성곽 경계와 올림픽공원.

있지만 비용을 감당하기에 턱도 없다. 듣기로는 서울에는 다섯 개를 짓는다니 큰 문제다. 부디 돌아가면 다른 방법을 고안하도록 설득하라고 신신당부를 하는 겁니다. 그런데 제가 그 말을 들었을 때는 이미 늦었거니와 서울시에 전달했더니 하는 이야기가, 말하자면 다섯 개의 경기장이 하나의 중계 카메라 프레임에 잡혀야 한다는 거예요. 그 결과가 다들 아는 것처럼 '서울올림픽기념국민체육진흥공단'(약칭 체육진흥공단)이 엄청난 적자에 시달리게 되고 수익 사업에 열을 올리게 된 연유입니다."

〔2-03〕 **한강과 사람이 관계 맺은 오래된 기억** "올림픽공원이 있는 땅은 백제 초기 토성이었던 몽촌토성(夢村土城)이 있던 자리입니다. 바로 북쪽 위의 풍납토성(風納土城)과 하나의 지역을 이룹니다. 풍납토성이 북성(北城)이라면 몽촌토성은 남쪽에 있다 해서 남성(南城)이라 불렀습니다. 두 토성 사이를 흘러서 한강으로 들어가는 천이 성내천(城內川)이에요. '토성 안을 흐르는 물'이라는 뜻입니다. 성내천은 남한산성의 청량산에서 발원하기 때문에, 남한산과 더불어 하나의 맥을 이루는 '산수(山水)'라고 볼 수 있습니다. 예로부터 도읍은 물가에 자리잡곤 하는데, 백제 초기의 수도 위례성(慰禮城)으로 보는 견해도 설득력이 있는 것 같습니다. 고대의 토성을 잘 알지는 못하지만, 몽촌토성은 강을 낀 성이라는 특징이 잘 드러납니다. 성내천의 물을 끌어들여 해자를 만들어요. 자연을 대하는 우리의 고유 개념이 '산과 물'〔산수〕에 관한 것이라면,

서쪽에서 본 〈소마미술관〉. 거의 땅과 한 덩어리인 듯 납작하게 붙은 형상은 몽촌토성과 그 해자라는, 이 땅의 가장 오랜 유적에 대한 경의다. 〔사진 김재경〕

몽촌토성은 한강 가에 있는 하나의 장소로서 인공적인 요소〔성벽, 해자 등〕를 도입하면서도 산수의 감각이 아주 자연스럽게 드러난 한 예라고 할 수 있습니다. 풍납토성은 나중에 발굴이 되는데, 원래는 1925년 을축 대홍수(乙丑大洪水) 때 쓸려 나면서 발견이 되었지만 방치해 두었고, 그렇게 우물우물하는 사이 1980년대를 지나며 안에 아파트들이 빽빽히 지어져서, 바깥 성벽의 흔적과 기묘한 대비를 이룹니다. 몽촌토성은 이런저런 의문이 남아 있긴 하지만 백제 초기의 중요한 유적임에는 틀림없고, 그 유적 위에 공원을 조성합니다. 그 공원은 1980년대 국제 경기를 치르는 동안 중요한 몫을 수행했고, 후에는 송파구 일대 주민들의 휴식 공간이자 녹지 공간으로 자리잡습니다."

〔2-04〕 **한강의 기적 또는 기억을 지운 기념비** "1988년 서울올림픽 때 《세계 현대 미술제》라는 것을 여기 올림픽공원에서 개최합니다. 문화 예술 축전 행사의 일환으로, 야외 조각전을 기획하고 심포지엄도 하고, 세계 여러 조각가들을 초청해서 작품을 제작하게 합니다. 야외 조각 정원으로서 시민들에게 많은 훌륭한 예술 작품을 보여 주었는데, 십수 년 지나면서 일부 조각들이 조금씩 훼손되기 시작합니다. 그래서 실내 전시 공간이 필요하게 되었습니다. 그 때가 백남준(白南準, 1932~2006) 선생이 뇌졸중으로 쓰러졌던 무렵(1996년)입니다. 공단 이사장으로 있던 분이 백남준 선생을 직접 만나서 올림픽을 모티프로 한 작품을 영구 전시하기로 하고 작업을 의뢰했습니다. 그

남쪽에서 본 〈소마미술관〉과 몽촌토성. 〔사진 김재경〕

렇게 시작하게 되었죠. 운영 위원을 맡은 분들이 야외 조각으로 이름난 유럽의 미술관, 이를테면 코펜하겐의 루이지애나 현대 미술관(Louisiana Museum of Modern Art)이라든지 벨기에의 크뢸러-뮐러 미술관(Kröller-Müller Museum) 등을 둘러 보고 그와 유사한 성격의 미술관을 짓기로 결정합니다. 지명 공모전을 통해서 당선이 되었습니다. 그 때 제가 주로 생각했던 것은 이 곳이 일반적인 미술관이 아니고 야외 조각 정원이 있는 미술관이라는 특성이었습니다. 현장성, 이른바 '사이트 스페시픽(site specific)—장소 특정적' 성향이 강한 건축이라는 겁니다만, 과거에 조각가들이 현장에서 만들었듯이 나도 되도록이면 땅의 특정한 조건을 고려하고 이에 대응하는 미술관을 만들어야겠다는 생각이었습니다."

〔2-05〕 **하나의 장소, 두 개의 시간** "요즘 예술계에서 유행하는 '사이트 스페시픽(site specific)—장소 특정적'이라는 말이 있어요. 즉 이 장소에는 올림픽공원이라는 이름에 새겨져 있듯 올림픽의 '시간성'도 있지만 그보다 훨씬 오래된 몽촌토성이라는 '역사의 공간'도 있다는 것입니다. 이 둘을 합쳐서 시간과 공간이 하나로 이어질 수 있는 그런 건축, 또는 외부 공간을 생각했습니다. 〈소마미술관〉이 기존의 다른 미술관에 비해서 공간이 건물의 경계 또는 땅과 건물과의 구획이 분명히 나눠지지 않는 형태로 나타나는 것도 그런 이유입니다. 건축을 공부하는 학생들에게는, 미스 반 데어 로에(Ludwig Mies van der Rohe, 1886~1969)가 초기에 설계한 〈컨트리하우스 벽돌집(Brick

(위) **미스 반 데어 로에**(Ludwig Mies van der Rohe, 1886~1969)**의 컨트리하우스 벽돌집**(Brick Country House) **평면**, 1922**년**, MoMA **소장. 엘 리시츠키**(El Lissitzky, 1890~1941)**의** 〈**프로운**(PROUN, **새로운 사실의 확립을 위한 계획**)〉 **연작들**(1919~1923) **을 위시한 러시아 구성주의 그림을 그대로 옮겨 놓은 듯한 평면이다.** (아래) 〔**소마미술관 개념 스케치**〕, **조성룡**, 2002~2004**년**.

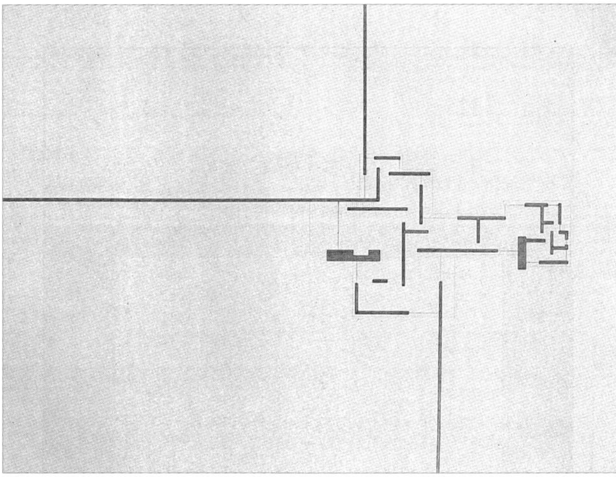

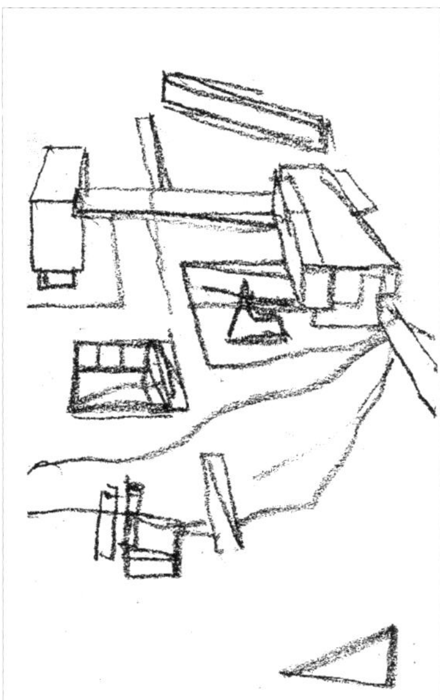

Country House)〉(1923년)과 유사하게, 공간이 하나의 중심으로 모여드는 것이 아니라 사방으로 뻗어 나가는, 그런 형태라고 설명합니다. 토성의 구릉과 대비되는 아주 편편하게 깔려 있는 건축이죠. 그런데 설계가 끝난 후에 미술관을 기획하고 백남준 선생 작품도 받아 온 그 이사장이 갑자기 딴 데로 발령을 받아요. 그리고 나서부터는 미술관을 운영해서 돈이 얼마나 남는가만 따지면서 압박을 가하기 시작합니다. 체육진흥공단은 경기장을 이용해서 갖가지 돈을 버는 사업들을 하고 있었고, 미술관도 돈을 버는 곳으로 생각한 겁니다. 이 건물은 시공 상태로 보면 품질이 굉장히 낮습니다. 그러면서 체육진흥공단과 사이도 나빠지고…, 한참 동안 내가 설계했다고 아예 발표조차 하지 않았어요."

〔2-06〕 **숨겨진 작품의 부활** "〈소마미술관〉이 완공되고 한 1년쯤 지났을까, 조각가들이 전화를 해요. 기획전 작가로 초대를 받아서 와 보니 이 미술관 전시장이 그렇게 좋을 수가 없다는 거예요. 그 공간에서 자기들 작품이 잘 드러난다는 것이었습니다. 미술관은 작품이 돋보여야 한다는 것은 처음 계획할 때부터 했던 생각이기도 했지만, 이 건물의 시공 상태가 자체 완결성이 떨어지고 허술해 보여서 그런지…, 마음 저쪽으로 미뤄 놨었는데, 여러 작가들마다 그렇게 이야기하니까 나중에야 조금 안심하게 되었습니다. 미술관을 지을 때까지는 큐레이터도 없었는데, 후에 좋은 기획자가 와서 이름도 '소마미술관'으로 바꾸고 좋은 전시를 많이 유치했습니다. 지금은 엄

서쪽에서 본 〈소마미술관〉 전경. 맨 왼쪽에 길게 늘어선 건물이 카페다. 〔사진 김재경〕

제임스 스털링(James Stirling, 1926~1992)+마이클 윌포드(Michael Wilford, 1938~), 슈투트가르트 미술관 신관 모형. 뒤쪽의 높은 땅이 오른쪽의 램프, 가운데 원형 벽을 따라 난 사선의 계단으로 앞의 낮은 땅과 이어진다. 〔© Neue Staatsgalerie Stuttgart〕

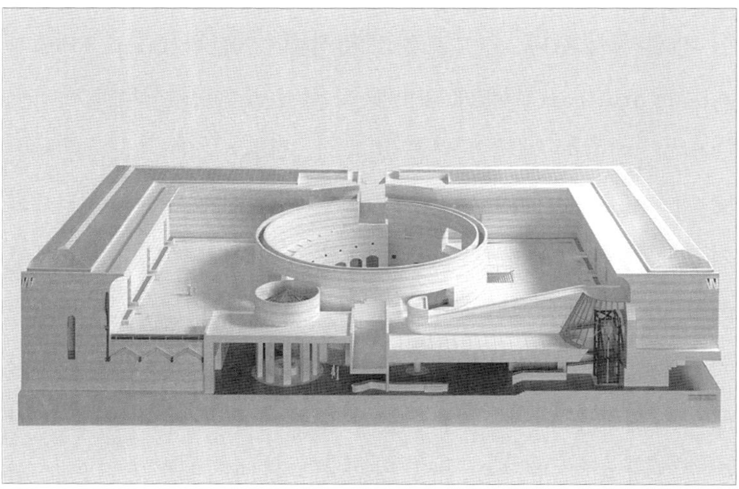

청나게 많은 사람들이 이 곳을 찾습니다. 그 이유 가운데 하나는 카페입니다. 미술관 앞 가장 좋은 자리에 큼직한 카페를 두고, 뮤지엄 숍도 좋은 자리에 두었어요. 뮤지엄 숍은 처음 개관했을 때부터 지금까지 같은 분이 운영하고 있는데, 고군분투하면서 〈소마미술관〉을 열심히 알리고 있어요. 그런 저런, 사람들의 노력들이 합쳐져서 이 지역에서는 시민들이 좋아하는 문화 공간으로 자리잡게 되었습니다."

〔2-07〕 **미술관 가십니까, 카페 가십니까** "미술관 이야기를 좀 할까요. 20세기 말부터 전 세계적으로 미술관들이 많이 지어지게 됩니다. 우리 나라도 그 시류를 탔고요. 그러면서 미술관이라는 것의 의미가 달라지게 됩니다. 과거에 우리가 흔히 연상하던 것은 미술 박물관으로, 파리의 루브르나 대영 박물관, 뉴욕의 구겐하임, 그런 것이었습니다. 그런데 지역마다 미술관이 생기면서 '그 지역 사람들이 모이는 장소'로 개념이 바뀌게 됩니다. 슈투트가르트 미술관 신관(Neue Staatsgalerie Stuttgart)(1980~1983년)을 보면, 제임스 스털링(James Stirling, 1926~1992)이 설계한 건물인데, 그 건축이 조형적으로는 별로 내 마음에는 안 들어요. 이른바 포스트모던 양식으로, 키치 요소를 잡다하게 등장시켰죠. 중요한 것은 도시 속에 하나의 '장소'로 만들었다는 것입니다. 그 지역의 높고 낮은 두 개의 길을 연결해 냈거든요. 설사 미술관을 안 가는 사람도 일상적으로 가깝게 지나다니는 통로가 되는 것입니다. 오늘날 미술관이 대체 누구를 위한 것이냐…. 옛날처럼 귀족이나 고

〈소마미술관〉 내부. 조각 정원의 풍경을 건물 안으로 끌어들인다. 미술관답지 않게 전시장 안으로 햇빛이 많이 들어오는 이 곳에서 미술 감상은 외부로부터의 초시간적 단절이 아니라 계절과 시간에 반응하는 흐름이 된다. 〔사진 김재경〕

귀한 상류 사회를 위한 게 아니잖아요. 제임스 스털링이 그런 이야기를 했죠, "청바지를 입고 들어갈 수 있는 미술관." 화이트 큐브로 대변되던 미술관이 시민들을 위한 장소라는 개념으로 바뀌게 되는 데는, 퐁피두 센터(Centre Pompidou)(1970~1977년)라든가 여러 좋은 미술관들이 큰 몫을 했습니다. 퐁피두 센터는 거대한 볼륨인 데다 전혀 새로운 종류의 전시 공간인데도 실제로는 주변의 지형과 사람들을 세심하게 고려해 기분 좋은 관계를 만듭니다. 〈소마미술관〉의 카페에 하필이면 프렌차이즈 체인이 들어오긴 했지만, 그걸 매개로 사람들이 모이게 되고 미술관과 사람들이 연결됩니다. 아무리 조각 미술관이라고 해도 미술관이라는 곳은 내부 공간이 밖으로 열리는 데는 한계가 있는 건물입니다. 하지만 카페는 주변으로 활짝 개방될 수 있고, 마침 그 자리는 토성의 실루엣과 해자라는, 몽촌토성의 특징을 가장 잘 볼 수 있는 곳이죠."

〔2-08〕 **땅과 하나가 되는 건축** "제가 설계했던 다른 미술관들, 예를 들어 광주의 〈의재미술관〉(1999~2001년), 또는 홍성의 〈이응노의 집〉(2008~2011년)은 특정한 예술가의 생애와 관계된 장소에 들어선 미술관이라고 할 수 있습니다. 소마는 그런 미술관은 아닙니다. 특징적인 컬렉션이 유명하다면 거기에 집중해 설계했을 텐데 그것도 아니었습니다. 그래서 전시 기획자의 의도에 따라 그 때 그 때 다른 공간으로 바뀔 수 있도록 설계했습니다. 우선 여섯 개의 전시장이 있는데 모양과 크기, 천장의 높이가 전부 달라요. 채광 면적도 다릅니다.

〈소마미술관〉의 램프. 지하로 꺼지게 함으로써 이 집은 땅 속에 묻힌 듯 느껴지기도 한다. 땅과 한 덩어리가 되려는, 건축의 낮고도 낮은 구애. 〔사진 김재경〕

야외 조각 정원으로부터 출발했기 때문에 어떻게든 각 전시장이 외부 공간과 관계를 맺게 하려고 했습니다. 그것은 또한 땅의 의미를 건물 안으로 끌고 들어오려는 것이기도 했습니다. 이 미술관은 그저 어떤 전시장이 아니라 몽촌토성과 하나의 결합체인 겁니다. 그렇게 하기 위해서, 이 미술관은 동선이 굉장히 길어요. 하나의 입구로 들어가면 중심에 로비가 있는 구조가 아니라 한 바퀴를 돌아 다음 전시장으로 가고, 다시 경사로를 건너거나 바깥을 나갔다가 들어와야 하기도 하고요. 아주 다양한 동선을 만들고 선택할 수 있게 해서 위계 질서를 흐트리려고 했습니다. 계절마다, 시간마다 밖에서 들어오는 빛이 달라지고, 그 사이사이에 조각들이 배치되면서, 집과 바깥이 태극처럼 하나로 엉켜들게 하려고 애를 썼습니다. 잘 되었는지는 모르겠습니다."

〔2-09〕 **작품과 하나가 되는 건축** "〈소마미술관〉 제일 높은 곳에 '백남준 홀'이 있고 그 안에 〈금관〉과 〈메가트론〉이라는 거대한 비디오 영상이 상설 전시되어 있습니다. 백남준 선생에게 도면에 대한 코멘트를 받아서 만든 홀인데 거기를 올라가려면, 밖에 나갔다가 들어가는 것처럼 가야 합니다. 마치 한옥에서 밖에 있는 별채처럼요. 나중에 용인에 백남준 아트센터(2008년 개관)가 생기면서 그 중요성이 다소 퇴색했지만, 올림픽을 치른 장소임을 고려해서 백남준 선생이 만든 비디오 아트이기 때문에, 이 작품과 건물이 일체를 이루게 했습니다. 올림픽공원 곳곳에 여러 좋은 조각이 있습니다

〈소마미술관〉의 '백남준 홀'로 통하는 램프. '백남준 홀'은 미술관에서 가장 높은 곳이지만 14미터에 불과하다. 아래의 물은 몽촌토성의 해자, 성내천의 물을 끌어들인 것이다. 〔사진 김재경〕 아래 그림은 〔소마미술관 북동쪽 입단면도〕, 조성룡, 2002~2004년.

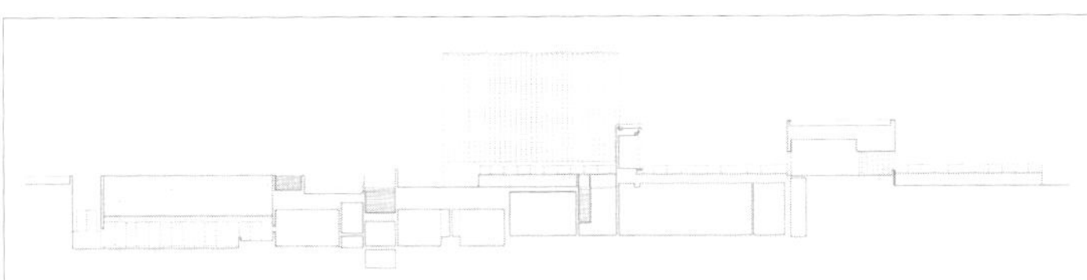

만, 특히 대니 카라반(Dani Karavan, 1930~2021)의 〈빛의 진로(Way of Light)〉(1987~1988년)라는 작품이 있습니다. 대니 카라반은 스페인의 포르부(Port-Bou)에 〈벤야민 기념비(Passage, a Homage to Walter Benjamin)〉(1990~1994년)를 만든 이스라엘의 조각가이자 건축가입니다. 올림픽공원에 설치한 작품도 건축적 장치의 성격을 띠는데, '방향'을 다룬 작품이에요. 한국에 와서 봤더니 사람들이 향에 대해서 아주 각별한 생각을 가지고 있더라는 데 착안했다고 해요. 그 작품과 〈소마미술관〉 건축의 방향이 맞춰져 있습니다. 조각은 200미터 정도 떨어진 곳에 있지만 한 번 같이 보시기 바랍니다. 올림픽공원의 여러 작품 중에 '사이트 스페시픽'에 가장 충실한 조각이라고 생각합니다."

〔2-10〕 **스스로를 드러내는 형상, 감추는 형상** "올림픽공원은 아주 조형적인 폼(form)을 빚었어요. 성의 구릉으로 탁 펼쳐진 잔디밭을 오르락내리락 산책하죠. 그 공원의 가장 중심축에 김중업(金重業, 1922~1988) 선생이 설계한 〈평화의 문〉(1988년)이 우뚝 서 있고, 그 너머에 남한산성을 향해서 방사상의 〈올림픽 선수촌 아파트〉(1988년 준공)가 펼쳐집니다. 성내천과 남한산성 사이의 땅에 1980년대가 올림픽이라는 사건을 기념하면서 그려 낸 거대한 상징입니다. 아, 드라마틱하지요. 그런데 이 형상이 너무나 강해서 보기에 따라서는 남한산성과 몽촌토성을 짓누르는 듯도 합니다. 그 오래된 토성의 구릉이 마치 공원의 폼을 위한 것처럼 보이는 겁니다. 어떤 특정한 땅에

2014년, 방이동 쪽에서 내려다본 올림픽공원. 앞의 왼쪽에 〈소마미술관〉, 뒤 오른쪽이 새로 들어선 한성백제박물관이다. 다섯 경기장의 지붕 너머 그 자체로 강력한 기념 조각의 성격을 띠는 올림픽 선수촌 아파트 단지가 펼쳐지고 멀리 남한산이 둘러쳐진다. 〔사진 모도건축〕

〔소마미술관 북동쪽 입면도들〕, 조성룡, 2002~2004년.

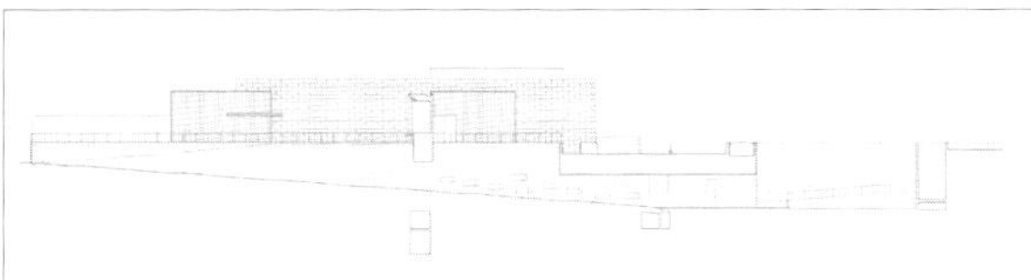

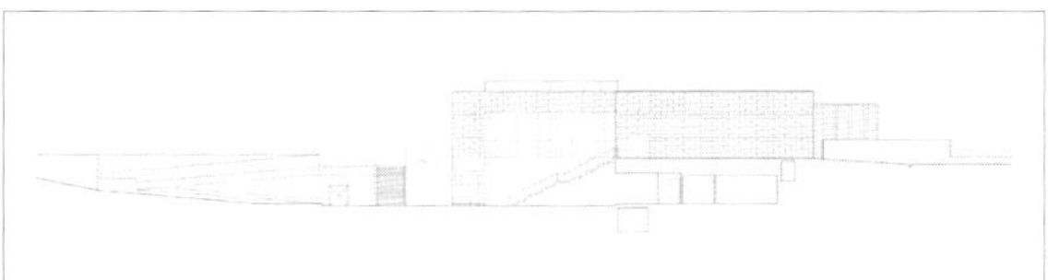

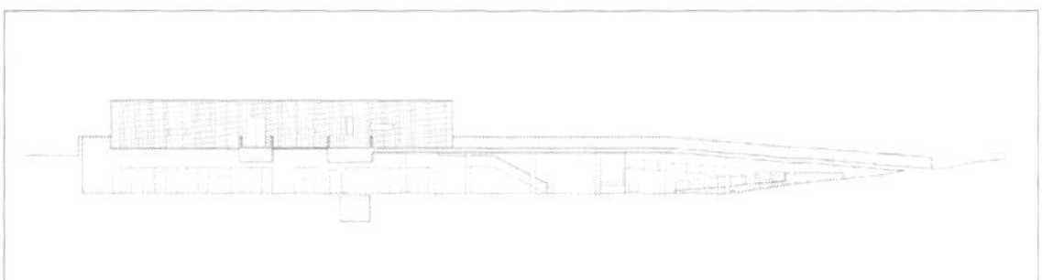

서는, 의도적으로 형상이 되지 '않으려고' 노력해야 한다고 생각했습니다. 물론 인간이 무언가를 만들 때 형상을 완전히 없앨 수는 없습니다. 하지만 자체 완결을 시키려고 하는 인간의 노력은 결국은 또 하나의 폼을 만드는 것이기 때문에, 그것을 어떻게든 흐트리려고…, 무심한 듯…, 어쩌면 목표는 미술관이 아니었을 수도 있지요. 시민들이 더 오래 쉬고, 더 많이 돌아다닐 수 있게 하는 것이었으니까요. 〈소마미술관〉은 끊임없는 길, 길로 이어지게 합니다. 그래서 아, 그래, 여기가 몽촌토성이었지 하고 발견하게 될 때까지… 그것이 우리가 몽촌토성을 압도하지 않는 자세라고 보았습니다."

〔2-11〕 **다시, 한강과 사람의 역사** "〈소마미술관〉 말고도 한강 주변에 미술관, 박물관을 몇 개 더 응모했어요. 다 떨어졌지만, 그 중에 각별히 안타까운 것이 '뚝섬 수도 박물관'(2005년 설계 경기)입니다. 이 곳은 우리 나라 최초로 수돗물을 공급하던 곳으로, 규모는 아주 작지만 100년 동안 한강의 역사를 응축하고 있거든요. 어떻게 보면 지나치게 장소에 대한 강박 관념을 가지고 풀어 내려고 한 것이 오히려 읽히지 않았나 봐요. 〈소마미술관〉이 있는 자리가 2,000년 전의 토성, 우리가 기억할 수 없는 장소라면, 뚝섬은 조선의 마지막 포구이자 처음으로 근대 시설들이 들어온 곳입니다. 조금만 더듬으면 기억할 수 있고 지금의 삶과 연결된 장면들입니다. 충분히 한강의 의미를 다시 생각하고 드러낼 수 있는 프로젝트였는데요. 거기에도 유적이 있어요. 당시의 수도 펌프 시설과 아주 큰 여

〈소마미술관〉 풍경. 〔사진 김재경〕

과 장치가 지금도 묻혀 있어요. 언젠가는 열어서 다뤄 봤으면 좋겠어요. 당선안은 그런 배경에 대해서 고려하지 않은 안이었고, 손을 안 댄 게 다행이긴 한데….”

〔2-12〕2015**년, 서울의 미술관** “우선 도심(삼청로, 소격동)에 현대 미술관(국립현대미술관 서울관, 2013년 개관)이 생겼다는 것이 반가운 거예요. 국립현대미술관이 과천(국립현대미술관 본관, 1986년 개관)에 있다는 게 늘 불편하고, 더구나 동물원하고 랜드 사이에 끼어서 코끼리 열차를 타고 가야 되는 미술관에 대한 자괴감이 있었는데 도시를 어슬렁거리면서 갈 수 있는 곳에 현대 미술관이 있다, 좋은 사건이죠. 그것이 다른 옛날 쓰였던 건물을 고쳐서 활용했다는 점도 좋은 기획입니다. 미술관 자체가 내 마음에 드냐 안 드냐, 그건 다음 문제죠. 거기에 이어져서 미 대사관 숙소로 썼던 송현동 땅이 어떻게든지 좋은 문화 영역으로 자리매김하기를 바랍니다. 그 앞에 있는 대한민국역사박물관(세종로, 2012년 개관)은 아직 성격을 잘 모르겠어요. 서울역사박물관(신문로, 2002년 개관, 건물은 1997년 준공)이나 서울시립미술관(덕수궁길, 2002년 서소문 본관 개축 이전 개관)까지 이어지는 포스트가 될 만한 자리인데요. 어쨌든 그 일대가 고궁을 중심으로 여기저기 문화 공간 사이를 여유롭게 걸을 수 있는 지역이 되었으면 좋겠습니다. 그리고 그런 공간들이 지금도 논의되고 있는 광화문 광장과 잘 구성이 되어야 할 텐데요. 기존에 우리 나라의 대표적인 문화 공간들, 장충동 국립극장(1973년 완공), 과

〔소마미술관 개념 스케치와 배치도〕, 조성룡, 2002~2004년.

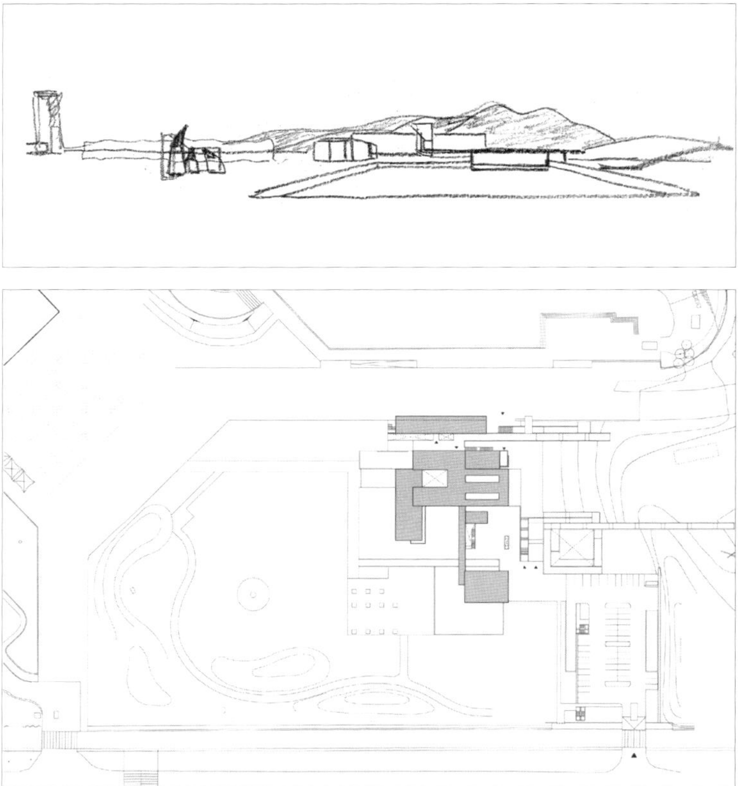

올림픽공원의 스포츠 콤플렉스 조감도.

천의 국립현대미술관(1986년 개관)이나 서초동 예술의전당(1988년 1단계 개관, 1993년 2단계 완공), 용산 국립중앙박물관(2005년 신축 이전 개관) 등은 모두 접근성이 좋지 않습니다. 그것은 국가의 문화 정책이 그렇게 갔던 것이 아닌가 합니다. 선택된 사람들만 작정을 해야 갈 수 있는 곳으로 보이게 만들었지요. 하지만 작은 규모의 공공적인 문화 공간이 집 근처에 훨씬 많이 생겨야 합니다. 근대의 소산 가운데 다른 것도 우리 손으로 직접 세우고 가져 본 경험이 없지만 미술관이라는 것도 역사적 경험이 별로 없는 공간이 아닌가 해요. 아주 평범한 사람들이 미술을 매개로 모이고 릴랙스할 필요성을 별로 못 느끼는 것 같습니다. 미술을 가까이하지 않아도 사는 데 아무 문제가 없는 거예요. 실은 나만 해도 미술관 자주 못 갑니다. 시간이 안 나니까요."

〔2-13〕 **그리고 그런데**… 〔〈소마미술관〉은 2004년에 연면적 10,191m^2, 전시 공간 949m^{2}의 2층 건물로 개관했다. 문화체육관광부는 2018년 평창 동계올림픽을 계기로 스포츠 콤플렉스가 필요하다고 판단하고 국고 1,229억 원과 민자 3,173억 원을 들여 올림픽공원을 컨벤션, 스포츠 테마파크, 호텔, 쇼핑 시설이 합쳐진 관광 시설로 육성하기로 결정했다. 올림픽을 치르는 갖가지 스포츠 행정 단체들이 모조리 이 곳에 입주하게 된단다. 소마미술관도 '조금 더' 늘리기로 했다. 전시 공간 3,731m^2, 지금의 네 배다. 몽촌토성을 향해 엎드려 조아릴 수 있는 규모가 아니다. 새 미술관은 2018년 개관 예정이다. 올봄

〈소마미술관〉 풍경. 〔사진 김재경〕

에 부러 찾아 기억해야 할지 모르는 소마미술관의 풍경, 어쩌면 우리의 처음이고 마지막일지 모르는.] 🏛 〔구술 · 채록 2015년 3월〕

〈소마미술관〉 풍경. 〔사진 김재경〕

3. 도시 서울의 인문적 재생, **서울역 고가 활용 프로젝트**

서울역 고가 활용 프로젝트〔조성룡 안〕 모형. 2015년. 고가를 가리지 않기 위해 고층 빌딩은 저층부만 표현했다. 오래된 도심의 공공 장소이고 구조물을 활용하는 프로젝트여서, 바꾸어 낸 작업들이 겉으로 과하게 드러나지 않도록 하는 데 심혈을 기울였다. 〔사진 김재경〕

〔3-00〕2015**년 봄에 일어난 일**〔서울역 옆을 지나는 고가 도로를 철거하는 대신 사람 중심의 거리로 바꾼다는 계획이 2014년 발표되고 나서 남대문 시장 상인들의 거센 반발이 있었다. 시민 공청회는 제대로 열어 보지도 못하고 무산되었다. 외국인 4명을 포함해 7명의 건축가와 조경가 팀을 초청한 공모전을 발표하는 2015년 2월 29일의 기자 회견 자리에서는 지명받은 이들이 전달받은 적이 없던 구상이 시민들에게 발표되었다. '서울역 7017 프로젝트'의 시작이었다. 『웹진 민연』에 연재 중인 조성룡 선생도 그 중 한 명으로 지명되었다. 2015년 5월 13일, '서울역 고가 국제 지명 현상 설계'의 당선작이 발표되었다. 네덜란드의 설계 사무소 MVRDV의 대표 위니 마스(Winy Mass, 1959~)의 〈서울 수목원〉이다. 조성룡 팀의 안은 2등이었다. 공모전 요강에 존재하지 않던 상이었다. 이 이야기는 원래 연재의 뒷부분에 계획되어 있었지만 논의 끝에 순서를 바꾸었다. 이 연재의 주제라고도 할 수 있는 우리 도시에서 일어나는 일들을 어떻게 보고, 도시를 어떻게 만들어 나가야 하는지, 그리고 이미 조금씩 일어나고 있으며 앞으로 확산될 여러 논의에 대한, 공공적 시사점이 있다고 판단했기 때문이다. 다시 그로부터 열흘이 넘도록 7개 제출안의 전모는 시민들에게 투명하게 전해지지 않았다. 추측이 분분한 상황에서 한 개의 안이라도 정확한 내용을 공유하고자, 다소 긴 이야기를 모두 소개하기로 했다. 조성룡 선생은 지명을 받고서 참여 여부에서부터 깊은 고민을 했고 주변에서도 우려하고 말리기도 했다. 그럼에도 참여하기로 한 까닭과 의의를 밝혔다. 팀의 제

〔서울역 고가 활용 프로젝트〔조성룡 안〕 설명서〕 중 엑소노메트릭, 2015년. 아스팔트 일부를 잘라 덜어 냄으로써 하중을 줄이고, 고가 도로 속에 원래 있던 구조를 재활용해 다양한 길을 만듦으로써 비용을 줄이는 동시에 시민들의 활용도를 높일 수 있다는 것이 이 안의 핵심 가운데 하나다.

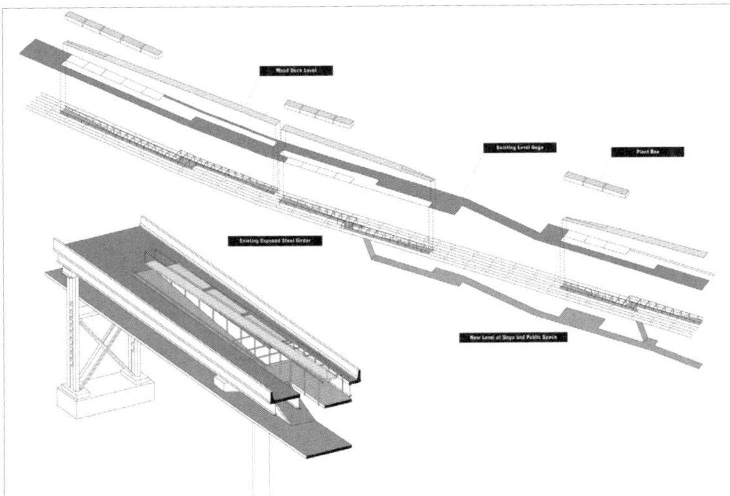

안을 요약하면 다음과 같다. ① 기존의 다리를 잘 파악해 재활용하면 비용을 줄이면서도 여러 개의 길을 만들 수 있다. ② 구조 보강 예산을 줄여 공공 시설에 투입하면 도시 재생 효과를 높일 수 있다. ③ 우리 역사와 지형을 끌어안으며 미래적 가치를 담은 모두를 위한 길을 만들 수 있다. ④ 제안과 완성 과정은 여러 분야의 전문가와 시민들이 참여하여 열린 민주적 방식으로 이루어진다. 이 인터뷰는 당선작 발표 이전에 세 차례에 걸쳐 이루어졌다. 4월 29일 외국인을 포함한 심사위원 앞에서 프리젠테이션을 마친 이후 보름이라는 기간 동안 명확한 해명 없이 발표일과 절차가 수 차례 변경되고, 대체 고가 신설 등 공모를 무색케 하는 소식들이 언론에 보도되었다. 이에 여러 경로를 통해 호소하기도 했으나 답변은 물론 제출된 안의 내용을 열람할 수 없는, 몹시 힘든 상황 속에서 긴 시간 차분하게 인터뷰에 응해 주신 조성룡 선생께 감사 드린다. 이미지 자료는 전문가의 도면이나 다이어그램보다는 컴퓨터 그래픽 위주로 골랐다. 국제 공모이기 때문에 제안은 영문으로 제출되어야 했다고 한다. 도면을 비롯한 영어 표현에 대해서 독자의 양해를 부탁 드린다.〕

〔3-01〕 **우리가 걷는 길, 모든 사람을 위한 길** "평균 13에서 17미터의 높이로 지상에서 떠 있는, 840미터 길이의 장소. 여태까지는 자동차가 다니던 도시 시설이었는데 이제는 사람들이 걸어서 건널 수 있는 공간이 생긴다고 합니다. 시속 60킬로미터로 경험하던 차도를 자기 발로 스스로 체험하게 되었어요.

〔서울역 고가 활용 프로젝트〔조성룡 안〕 설명서〕 중 개념을 설명하는 다이어그램 가운데 하나, 2015년. 서울 성곽(원)을 무너트리고 난 서울역(사선)의 축을 다시 잇는(수평선)은 길이자 동시에 새로운 시대를 여는 관문이라는 의미를 표현했다. 〔다이어그램 안 왼쪽 그림 이진경〕

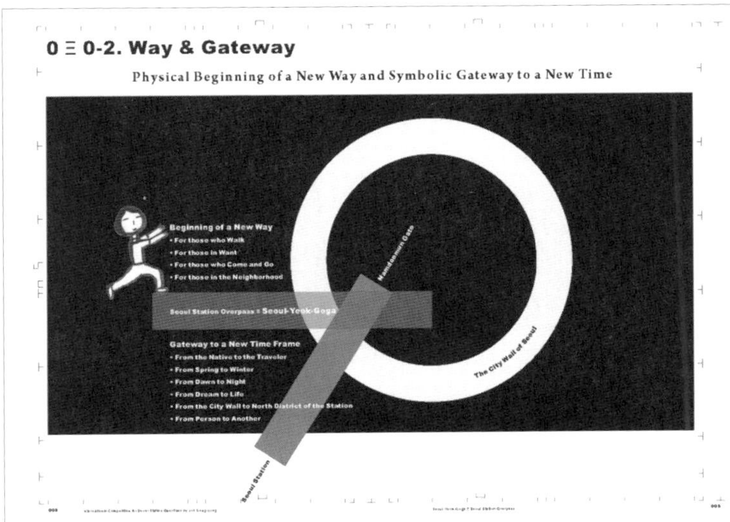

이것을 새로운 공공 공간으로서 좋은 장소가 되게 하려면 우리가 어떻게 접근할 것인가. 그냥 '어~, 시원하다'로 되는 것은 아니거든요. 여러 의견이 있습니다. 공원으로 보는 사람도 있고 이벤트 장소로 볼 수도 있겠지요. 하지만 내가 보기에는 이건 어디까지나, 길인 겁니다. 본래 어떤 두 지점을 잇는 공간이니까요. 길인데 사람을 위한 길이다, 거기서 출발할 수 있겠죠. 뻔한 말 같지만 단순하게 볼 수 없는 논의들이 있습니다. 역사, 지형에서 나오는 고유한 성격, 사람들의 흐름…, 미묘하게 겹쳐진 층위(레이어)들을 공부할 수밖에 없고, 공부했습니다. 그 다양한 층위들이, 이 다리를 새 길로 함으로써 시민들에게 체험이 되어야 한다고 생각합니다. 우리가 그 동안에 여러 가지 도시 시설을 하면서, 대표적으로 청계천을 들 수 있을 텐데요, 그렇게 거대한 토목 사업을 했는데도 청계천의 의미를 제대로 보아 내는 사람이 별로 없어요. 비판하는 목소리조차 거대한 인공 개천이라는 정도인데, 그게 아니라 서울이 맨 처음 정도전(鄭道傳, 1342~1398)과 이성계(李成桂, 1335~1408)에 의해서 계획이 되었을 때부터, 가장 밑바탕이 되는 원리와 이념이 이어져 있는 겁니다. 그런데 복원한다는 미명하에 인공적으로 멋들어진 공간을 만들어 줌으로써 역사적 연결 고리를 아예 끊어 버렸거든요. 오히려 그저 개천처럼 흘렀을 때나 복개된 동안에는 간직하고 있었던 인식을 더 깨어 버렸다고요. 여기도 그렇게 될 공산이 있는 거죠."

〔3-02〕 **'찻길을 사람길로 바꾼다'** "너무나 쉬워 보이지만, 근

서울역 고가 활용 프로젝트〔조성룡 안〕 아이디어 스케치. 조성룡, 2015년. 이 장소의 역사성은 서울이라는 도시 전체의 지형과 역사에 밀접하게 연결되어 있다. 서울역 고가 활용 프로젝트는 우리가 이 도시를 인문적으로 재생시킬 수 있게 된 첫 기회라고 해도 과언이 아니다.

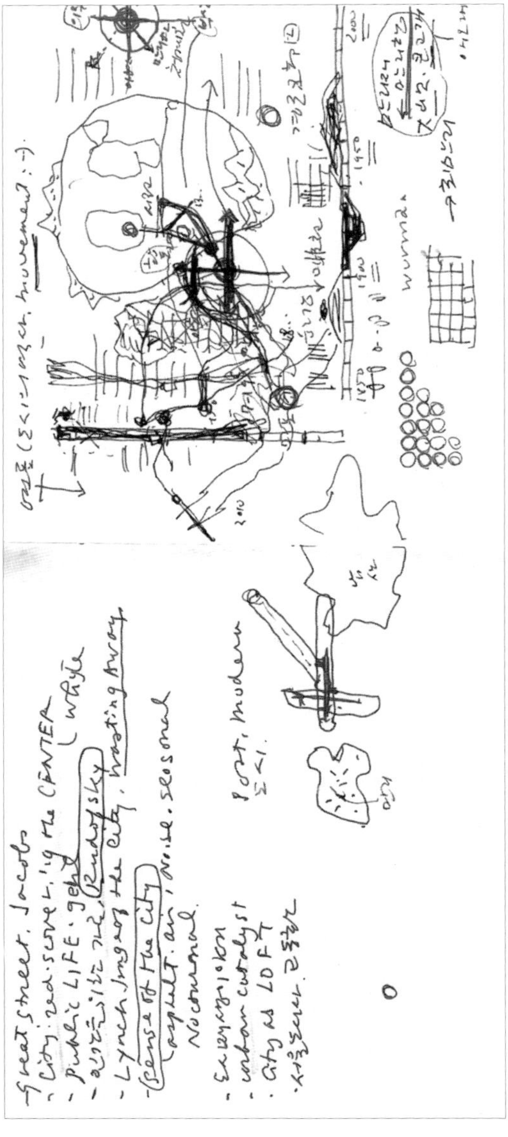

본적으로 달라지는 것입니다. 우리는 모두를 위한 길을 생각했어요. 장애가 있든 아니든 누구나 편한 길, 그게 엘리베이터 열심히 놓는다고만 해결되는 건 아니라고 봐요. 공간 자체로서 거기 있는 사람들이나 거기를 보는 사람들까지 서로 친근하게 느끼게 하고, 배려받는 약자라는 느낌이 아니라 거기서 사람으로서 당당해질 수 있는 길을 생각했어요. 자동차만 우선해서 생각할 때는 차가 가면 편하고 그렇지 않으면 불편한 곳이라고 나누지만, 사람의 보행을 전제로 둔다면, 지형의 특성을 잘 들여다보다 보면 답이 나오기도 합니다. 서울은 산을 끼고 성벽을 만들면서 형성된 도시이기 때문에 다른 나라의 대도시를 따라한다고만 해결되는 곳이 아니에요. 더 낫다는 게 아니라 워낙 산이 많은 우리 지형 안에서 도시를 만드는 어떤 사상이 발전되어 왔단 말이에요. 그 지형 때문에 생긴 도시 구조를 잘 활용하면 풍요롭고 편한 길의 네트워크를 만들 수도 있어요. 하늘에 떠 있는 공원도 좋지만 이 땅에 사는 사람들이 좀 더 편안하게 살고 소통하고 연결될 수 있어야만 의미에 합당하다는 것이, '모두를 위한 길'에 깔린 뜻이에요. 역사를 공유하고 지형과 경관의 체험을 공유하는 이웃과 함께 사는 도시에 대한 상징으로서 이 고가가 정립된다면 축복일 수도 있겠다, 그렇다면 지금까지는 우리가 별 생각 없이 도시의 인프라스트럭처(infrastructure)를 만들고 써 왔다고 할지라도 이제는 그것이 생겨났던 까닭과 그것이 유지되며 우리한테 주었던 체험을 어떻게 돌아볼 것인가, 도시의 시간성과 역사에 대한 성찰을 담아야 하지 않는가, 그런 생각으로 접근하고층 빌딩에서 내려다본 서울역 고가 도로. 구 서울역과 뒤쪽의 언덕들, 멀리 인왕산과 안산이 한눈에 들어온다. 2015년 봄, 아직 자동차 길이었을 때. 〔사진 이정환〕

기 시작했어요. 그러다 보니까 자꾸… 무거워지는 거죠.”

〔3-03〕 **서울에 하이라인을 만든다**? “저것부터 얘기할게요. 2014년 4월에 서울연구원에서 전화가 왔어요. 서울역 고가에 대해서 심포지엄을 하는데 좌장을 맡아 줄 수 있느냐는 용건이었습니다. ‘서울역 고가 하이라인…’, 대략 그렇게 시작하는 제목의 행사였습니다. 뉴욕의 ‘하이라인(The Highline)’이 왜 이름으로 들어가느냐 물었더니 잠정적으로 그렇게 되어 있다고 해요. 서울역 고가를 어떻게 할 건가에 대해서 얘기하는 자리 아니냐, ‘하이라인’은 임시 이름이라도 적합치 않은 것으로 생각한다고 대답하고, 사양한 적이 있어요. 그러다가 그 해 12월 말에 ‘서울역 고가 국제 설계 공모’가 추진이 되면서 서울시에서 참가 의향을 타진해 왔습니다. 일곱 명의 경쟁 건축가를 정하고 있는 중이라고요. 답을 빨리 하기 어려웠습니다. 말씀 드렸듯이 그 전 4월에 한 번 서울역 고가를 그렇게 접한 적이 있고, 이해가 잘 안 갔기 때문입니다. 그 사이에 ‘서울역 하이라인’이라는 조어는 사라졌지만, 뉴욕에서 시장이 인터뷰를 한 일도 있지요. 이게 어떻게 되어 가는 건가…, 신문 기사를 다 믿는 것은 아니지만, ‘한국의 하이라인’을 만든다고 발표되었는데 정말…, 간단하지 않은 문제라고 여겼습니다. 두 개의 장소는 전혀 조건이 다를 뿐더러 국제적으로 알려졌다고 해서, 그것의 한국판을 만든다는 것은 나로서는 전혀 적당치가 않다고 여겼기 때문입니다. 2015년 2월 29일에 서울시에서 공모전을 시행한다는 뉴스를 내는 날까지, 두 달

만리동 쪽에서 내려다본 서울역 고가 도로. 2015년 봄, 아직 자동차 길이었을 때. [사진 이정환]

쯤 고민을 했습니다. 이걸 무슨 마음으로 해야 되는지, 한다면 어떤 방법으로 해야 되는지에 대해서요. 왜냐하면 제대로 설계를 하자면 사전 작업이 필요합니다. 예를 들면 논란이 되는 남대문 시장과 만리동과의 관계, 고가 주변의 상황, 사람이 다니는 길로 바뀌면 교통을 어떻게 운용할 것인지, 기타 여러 가지 도시적 문제들이 명료하지 않은 상태에서 공모전이 진행된다는 거예요. 그런데… 이러한 프로젝트들이 그 자체의 절차만을 따지고 늘어지기에는, 정치가의 강한 의지에 의해서 추진되는 경향도 있지 않습니까. 내가 하든 안 하든 어차피 누군가에 의해서 강행될 거라고요. 그렇다면 지명받은 입장으로서 정치적으로 생겨난 기회를 어떻게 하면 시민에게 이로운 쪽으로 가게 할 수 있을지 궁리해 보아야 하지 않는가, 국제적으로 지명을 해서 널리 알리겠다는 이벤트를 오히려 제대로 가게 하기 위한 장치로 쓸 수는 없는가, 그런 방향에서 생각을 해야 될 의무는 있다고 봤습니다. 그 생각한 내용을 시민들에게 알려 주고, 그것이 어쩌면 조금이라도 정치가들하고 논의가 되면서 신중하게 접근을 할 기회가 된다면 좋고요. 내 견해하고 거리가 있으니까 무조건 피하는 것보다는, 물리적인 면으로도 합당하지만 시대 상황으로도 의미를 충분히 담은 제안으로 모두에게 이로운 결과를 도출해 낼 수 있다면 기여를 해 보자 하는 마음에서 시작을 했습니다."

〔3-04〕 **사람들의 이야기를 들어보는 일 : 공론장** "그런데 그것이 의지하고 관계없이 어려운 거지요. 그래서 주어진 지침

서울역 고가와 서울 성곽, 그리고 현재를 GIS (geographic information systems, **지리 정보 체계**) **데이터를 바탕으로 겹쳐 그렸다.** 2015년. (**작성 서울시립대 창조도시기획 연구실**)

을 참고는 하되, 거의… 얽매이지 않고 맨처음으로 돌아가서 되도록 여러 이야기를 들어 보려고 했어요. 사람을 많이 만났어요. 우선 이 일은 도시 재생과 이어진 프로젝트라고 보았기 때문에 도시를 연구하는 전문가들과 함께 했습니다. 조경가와 구조 엔지니어도 전문가 그룹에서는 필수였고요. 40년 정도 쓴 토목 구조물이고 그 상태가 약하다고 판정이 나면서 시작된 일이기 때문에 물리적 검토를 해야 했습니다. 또 한쪽에서는 고가라는 것이 무엇인가, 왜 해야 하는가, 어떻게 해야 되는가에 대한 이야기를 시작했어요. 거긴 작가, 평론가, 시인, 그 외 여러 분야의 인문학자, 음… 보통 건축 공모전을 할 때라면 전혀 관련이 없어 보이던 분야들이 처음부터 들어왔습니다. 결과적으로 굉장히 많은 사람이 시민으로서 참가했어요. 희한한 건, 다들 자원해서 오고, 그 사람이 또 누군가를 끌고 오고… 그렇게 들락날락하면서 점점 모여드는 거예요. 남대문 시장 상인들, 오토바이 운전수도 만나고, 어떤 일이 벌어지고 있는지를 수집하고, 시에서 개최한 고가 포럼도 빠지지 않고 가서 듣게 하고요. 답사를 몇 번이나 갔는지 기억도 안 나요. 여럿이 같이도 갔지만 나 혼자 새벽에도 가고, 밤에도 가곤 했어요. 다닐수록 점점 할 일이 늘어나는 거예요. 그런 발견들을 조금씩 논의해 가며 의미를 파악하고 앞뒤를 맞춰 가는 과정은 재미도 있었지만 몹시나 중요했습니다. 다들 처음에 들어올 때는 이 일 자체에 대해서 비판적인 생각이 컸어요. 고가라는 것도 그렇지만, 지금 와서 자동차를 못 다니게 한다는 것, 충분한 사전 과정 없이 빨리 진행해야 된다는 정치

〔**대동여지전도**(大東輿地全圖)**의 경조오부도**(京兆五部圖) **부분을 다시 그리며 파악한 서울의 지형적 흐름과 의미 스케치**〕, 조성룡, 2015년. **백두대간에서 뻗어 나와 온 산세의 지맥들이 서쪽으로 손가락처럼 뻗어 나가고, 그 언덕과 골짜기에 이 땅의 역사가 새겨졌다.**

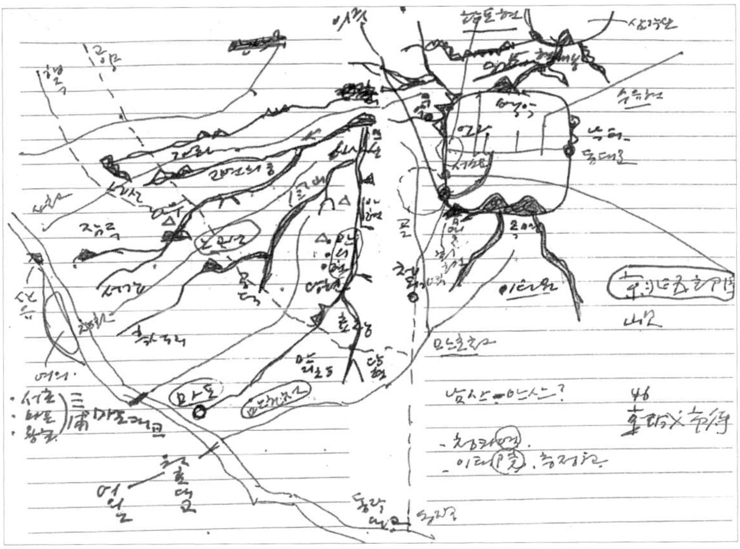

적 태도 등등이죠. 그런데 함께 현장을 답사할 때마다, 그럼에도 생각해야 되는 부분들도 나타나기 시작했습니다. 그건 뭐냐면, 이러한 상황에서도 여기 사람들이 살아가고 있고 끊임없이 움직임이 일어나고 있다는 거지요."

〔3-05〕**질문은 고가가 아니었다** "제일 어려웠던 문제는 교통에 대한 것이었습니다. 단순하게 버스가 돌아가고 차선이 많다는 것이 아니라, 서울역 고가를 중심으로 한 교통의 전체 시스템이죠. 그 대상은 고가 위의 자동차 길만이 아니고 수많은 버스, 시외 버스, 두 개 노선의 지하철, 철도도 경부선, 경의선이 포함됩니다. 공항 철도도 생겼죠. 우리 나라 전체로 봐도 주된 교통 수단이 지상과 지하를 오가며 엉켜 있습니다. 제가 평소 KTX를 타느라 역을 드나들 때마다 불합리하고 제대로 처리가 안 된 부분을 토로하는 걸 주변 사람들은 자주 들었을 텐데요. 한 번 떠올려 봅시다. 기차를 타는 게 주 목적인 공간인데 지하철에서 올라오면 에스컬레이터와 계단을 몇 번이나 올라야 하고, 다 올라가면 뜬금없이 쇼핑몰부터 마주치게 되고, 또 다시 몇 번이나 내려가야만 겨우 기차를 탈 수 있습니다. 건물과 공간이 어떻게 생겼는지 인상에 남지도 않아요. 서울역은 우리 나라의 가장 오래고 대표적인 철도 시설이자 지점이고, 여러 중요성을 지닌 곳인데 거기에 연결되는 교통망 시스템이 물리적으로도 그렇고 심리적으로도, 시각적으로도 안 들어맞는 겁니다. 이 부정합이 어디서 시작이 되었는가를 살펴 보니까, 경성역(京城驛)이 일제 강점기에 이 자리

경성역〔서울역〕은 일제가 운영하던 남만주철도주식회사가 1925**년** 9**월 완공했다**(위). **시공은 일본의 시미즈 건설**(清水建設)**이 맡았다. 서울역사박물관에 따르면 "경성역은 흔히 도쿄역을 모방해 설계됐다고 알려져 있지만, 실은** 1896**년 축조된 스위스 루체른 역**(아래)**을 모방해 만든 것"이란다.**

서쪽에서 바라본 서부역과 경성역〔서울역〕 풍경으로 뒤로 남산이 보인다(위). **남산 정상 쪽에서 내려다 본 조선신궁. 멀리 경성역〔서울역〕과 철도가 보인다**(아래).

에 서면서부터 뭔가 잘못되었다는 것을 알게 되었어요. 그건 역사 속에 지나간 사실(史實)이 아니라 근본적으로 해결하지 않으면 이 일대의 문제를 끝내 미궁 속에 남게 하는 현안인 겁니다. 서울역은 1925년에 지금 자리에 세워진 이래로 거의 90년 동안 상당히 확장되었지만, 여전히 통과역도 아니고 종점도 아닌 엉거주춤한 상태를 유지하고 있습니다. 현실은 종점에 가깝죠. 가끔 행신도 가고 도라산까지 가는 경의선도 있으니 통과역 기능도 있고요. KTX 역사가 설 때 바로잡을 결정적 기회를 놓쳤어요. 서부역사는 애초에 민자 역사였지만 이젠 아예 민간 기업의 상업 공간으로 쓰입니다. 서울역의 공간적 성격이 이렇게 애매한 상태로 나타나 있기 때문에 시민들도 그 거대한 공간을 공공적으로 인식하거나 제대로 이용하지 못하는 것이라고 봅니다. 서울역을 이용하는 사람들이 어떤 동선으로 움직이는지, 교통편을 어떻게 이용해서 서울역으로 접근하는지, 노숙인의 생활 상태도 관찰하고 장애인의 이동은 어떤지 등을 분석했습니다. 원래 과업에서 퍽 확장된 내용처럼 보이지만, 서울역 고가를 사람 다니는 길로 바꾸기 위해서는 서울역 일대의 이런 내용들이 중요한 자리에 놓여야만 한다는 생각에 이르렀습니다."

〔3-06〕 **서울역, 남대문, 서울 성곽, 그리고 물길** "고가가 처음에 왜 만들어졌는가. 거기 기찻길이 지나가고 서울역이 있기 때문이지요. 처음에 고종이 철길을 놓으려고 했을 때(1890년대 초)는 용산역 쪽으로 계획했습니다. 공덕동에서 북쪽으로

〔서울역 고가 활용 프로젝트〔조성룡 안〕 설명서〕 중 서울역과 숭례문 주변의 역사를 요약한 부분, 2015년.

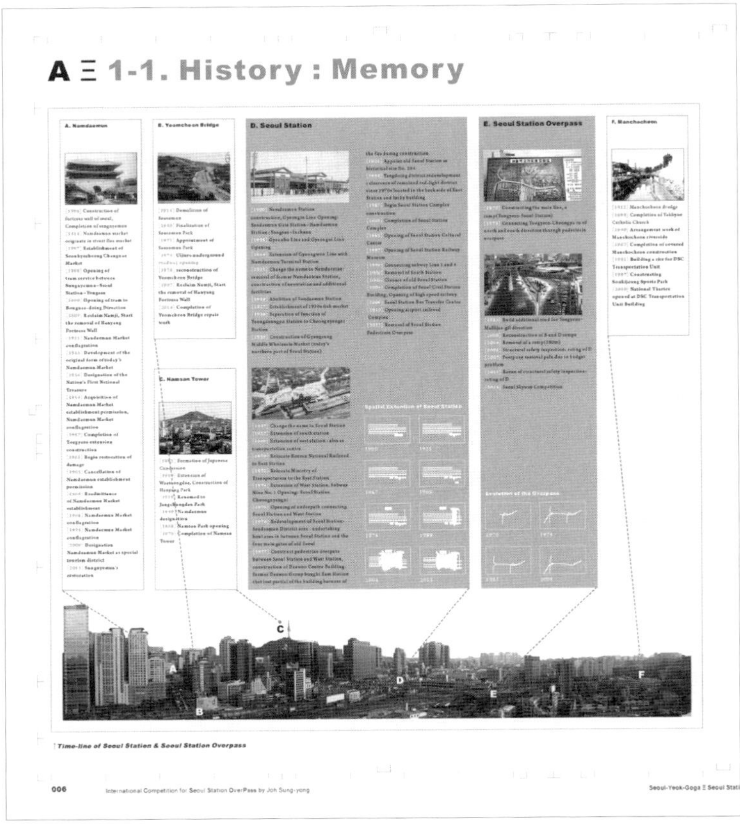

트는 노선이었는데, 나중에 일제가 지금의 서울역 쪽으로 철로를 고쳐 잡습니다. 그리고 남대문 정거장, 즉 서울 성곽 서남쪽에 있는 남대문 바로 앞의 기차 정거장이 1925년에 경성역으로 바뀌면서 숭례문과 서울 성곽은 새로운 국면을 맞게 됩니다. 1907년 무렵에 숭례문 쪽의 성벽이 맨 먼저 헐린 것도 그렇습니다만, 나중에 일제에 의해 남산에 신궁이 세워지면서 성곽의 문으로서 숭례문의 기능은 사라지게 됩니다. 일본에서 신을 운반해 오는 이벤트가 경부선 개통과 서울역 개시였어요. 침략의 수단으로 서울역이 이 자리에 세워졌음을 확인할 수 있지요. 조선 시대에 숭례문이라는 장소는 우선 사대문의 하나이고, 중국으로 가던 의주로가 뻗어나던 곳입니다. 국도 1호쯤에 해당하던 국가적 간선 도로지요. 그리고 조선조 후반부로 오면, 숭례문 바깥에 있던 시장, 칠패시장과 서남부의 마포, 서강을 연결하는 보부상들의 동선이 바로 이 고가가 난 방향과 겹칩니다. 우리가 사극에서 흔히 보는, 상단이며 보부상들의 주무대예요. 굉장히 상징적인… 길이죠. 600년 동안 교역이 이루어지던 그 루트에 서울역이 서면서 기존 기능들이 순식간에 사라지고, 철도가 모든 것을 갈라놓게 되었습니다. 경인선이 처음 생길 때는 더 북쪽의 서대문 정거장이 시발역이었다고 해요. 그걸 끌어내린 건 대단히 의도적인 거죠. 거기다가 놓아야만이 맥을 자를 수 있다는 거겠죠. 남대문을 두고 성 밖에 민간의 칠패시장이, 성 안에 남대문 시장(남문내 장시)이 있던 관계도 해체되어 버렸고요. 칠패시장 터에는 지금 아무 것도 없지요. 단지 국사범 처형장이었던, 시장 옆

(위) **서울역 위에 구불거리며 겹쳐진 진한 선이 옛 만초천의 물길이다.** 〔작성 이상구〕
(아래) 1925**년 지도를 보면 일제에 의해 수로가 펴진 것을 알 수 있다. 지금의 청파로가 이 물길을 복개한 길이다.**

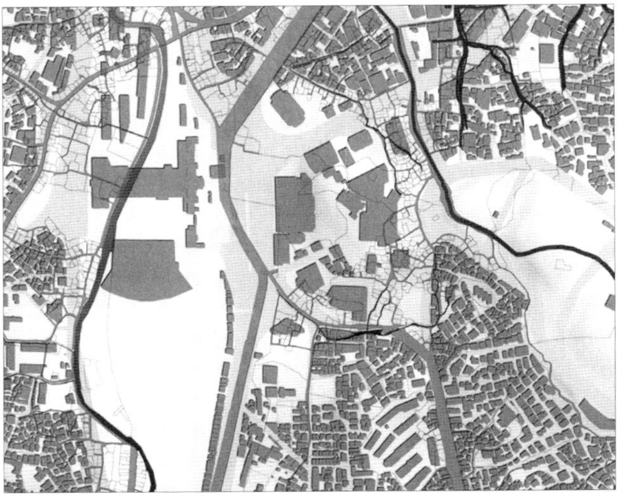

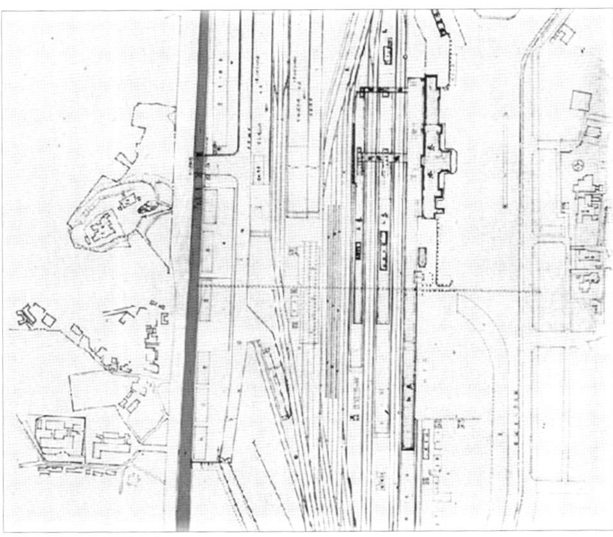

의 공터가 서소문공원으로 남아 있을 뿐예요. 이렇게, 600년 동안 이어지며 형성된 상인들의 흐름, 경제의 힘이 다 끊긴 상태로 우리가 20세기를 맞게 된 겁니다. 그러고 남산 밑 일대의 일본 사람들의 상권 속에 남대문 시장이 재편되어 100년이 흘러 왔습니다. 이… 역사가 바뀌어도 뭔가 흔적이 남게 마련인데, 일제가 철길을 놓는 과정은 지속성을 아주 끊어 버리는 것이었어요. 어떻게 보면 우리 나라 정기를 끊는다고 산마다 말뚝을 박았다는 것보다 훨씬, 실제적 영향을 미친 계획이라고 느껴집니다."

〔3-07〕**흔적도 없어진 만초천** "그런데 공부를 해 보니까, 이곳으로 철길이 나는 건 또한 너무나 자연스런 원인이 있더라고요. 물길이기 때문에 낮고 평평해서 철로를 부설하기에 가장 경제적인 거지요. 무악재에서 발원해서 한강으로 흐르는 만초천(蔓草川)은 서울 서쪽의 가장 주된 물길이었는데, 일제에 의해서 직선화되었다가 지금은 흔적도 찾을 수 없습니다. 숭례문 앞 남지(南池)도 비슷한 운명이었죠. 이어져 오던 것이 제국주의의 강압으로 놓인 철길에 의해 사라지고, 서쪽과 동쪽이 분단된 겁니다. 그러면 1945년 해방이 되고 난 다음에 우리가 이 문제를 다시 생각을 해야 될 터임에도 불구하고, 된 게 없는 거죠. 오히려 선로가 더 부설이 되고, 이제는 어쩔 수 없어 보이는 지경에 이르렀습니다. 6.25 전쟁도 큰 짐이 되었겠지요. 아는 것처럼 전국민이 남쪽으로 피난을 가고, 서울역이 다른 양상을 맞게 되면서 회복할 수 없는 상태로 갔겠

서울역과 숭례문 일대 대상지 인근의 문화재와 옛 지형을 현재 지도에 겹쳐 작성한 지도. 이 일대는 가장 번화하고 발전된 지역임과 동시에 옛 지형과 길, 문화재가 많이 남아 있는 지역이기도 하다. 고가에서 이런 장소들을 조망하는 것은 은연 중에 역사에 대한 조망으로 이어진다.

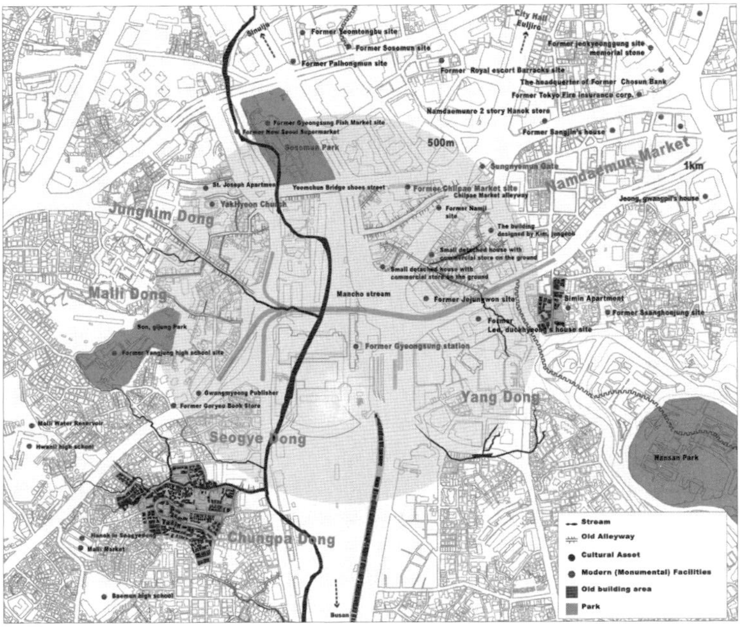

죠. 그런데 이제 와서 잃어 버린 성곽이나 흔적들을 이미테이션으로 복원하는 건 큰 의미가 없잖아요. 서울 도성이 어떤 논리로 생겼고, 거기 어떤 일들이 있었고, 사라지게 되는 과정과 결과를 잘 엮어서, 서울역 고가 도로를 새롭게 만드는 이 작업의 의미에 포함시켜 낸다면 우리가, 이 도시에 대한 생각을 다르게 가질 수 있지 않을까, 사소한 것 같지만 중요하다 싶은 거죠."

〔3-08〕 **구시대의 흔적, 없애면 시원하지 않습니까**? "1970년에, 자동차에 의존하는 시대가 되면서 불편을 참지 못해서 고가 도로를 놓게 됩니다. 김현옥(金玄玉, 1926~1997) 시장 때 여러 도시 재정비 사업을 하는데, 고가 도로는 적은 비용으로 쉽게 효과를 볼 수 있는 방법이었습니다. 서울의 여러 곳에 동시에 고가가 들어섰습니다. 신나는 시대죠…. 나이가 좀 있는 사람들의 공통적 체험 중의 하나가 삼일로의 이미지일 겁니다. 청계천 고가의 램프가 내려오는 부분이죠. 배경에 김중업(金重業, 1922~1988) 선생이 설계한 삼일빌딩이 솟아 있는 사진인데, 극장에 가면 대한뉴스가 나올 때마다 첫 장면에 등장했습니다. 그러면 가슴에 손을 얹고, 허…, 국가의 미래를 생각하던… 그런 시절이 꽤 오래 지속이 되었죠. 고가의 곡선과 고층 오피스 건물의 형태는, 우리 경제가 급속도로 성장하고 도시가 확장되던 때의 이미지로 머리에 뚜렷하게 박혀 있거든요. 그걸 이명박 시장 때 순식간에 바꾸어 버린 게 지금 청계천 일대의 풍경이잖아요? 서울역 고가도, 신문 보도 사진을 보면, 1980년 5

1980년 5월 16일. 이른바 서울역 회군이라고 이름 붙여진 시위 장면. 시민들은 널리 호소할 사안을 들고 광장으로 나왔고, 서울역 고가는 그 사건들을 목도하며 서 있었다. 공모전을 준비하던 조성룡 팀에게 민주화 역사의 증언대로 서울역 고가의 의미를 소개한 이는 미술 평론가 김종길이었다.

월 16일…, 서울역 앞을 가득 메우고 고가와 램프까지 올라간 군중 사진이 있어요. 과연 그 공간 자체가 도시의, 가장 흔히 목도하는 아이콘이었거든요. 광장도 아니고, 그저 도시 기반 시설(인프라스트럭처)로서요. 1970년대 서울의 도시 공간이 재구성될 때 필요에 의해 생긴 것들을 21세기 들어와 없애야 하는 시간대에 왔습니다. 이 시간대에 우리에게 성숙한 시민 의식이 필요하다고 봐요. 없애 버리고 '아우, 시원하다' 하고 말기에는 너무나 간단치가 않은 것이, 최근에 들어서 약수니 아현이니 고가를 철거했습니다. 언론에 처음 나온 시민들의 반응은 좋다는 내용이었지만 시간이 조금 지나자 문제가 튀어나왔죠. 젠트리피케이션〔gentrification, 도심에 사람들이 몰리면서 개발이 가속되고 임대료가 오르면서 원주민이 바깥으로 내몰리는 현상〕이라는 말도 나오고요. 거기서 영업하던 사람들이 쫓겨 나가고 대형 프랜차이즈가 들어오는 현상이 일어납니다. 도시의 문제라는 게 그렇게 간단하게, 어떤 부분을 쓸어 버린다고 해서 해결되는 것은 아니거든요. 이 고가 프로젝트가 바로 그런, 마지노선에 있는 거 같아요. 여러 면을 봐야 되지 않겠나…. 그건 이 '장소'가 복잡한 생각을 강요하는 거지요. 멀리 도시 외곽에 지나가는 고가를 보면서 그런 생각을 하지는 않잖아요. 그렇지만 이 곳은 그것을 없애거나 유지하는 것이 각각 우리의 삶과 어떻게 관계를 맺는가를 더 진지하게 바라보게 만들지요."

〔3-09〕 **서울역 고가, 이것은 길이다** "서울역 고가는 아현이나 장충동, 약수동 고가하고는 성격에도 차이가 있습니다. 우

서울역 고가와 같은 높이를 표시한 지형도. 역 근처에서 보면 높이 가로지르는 듯 보이지만, 물길로 단절된 두 언덕을 이어 주는 다리와 같은 길이었음을 알 수 있다. 〔작성 서울시립대 창조도시기획연구실〕

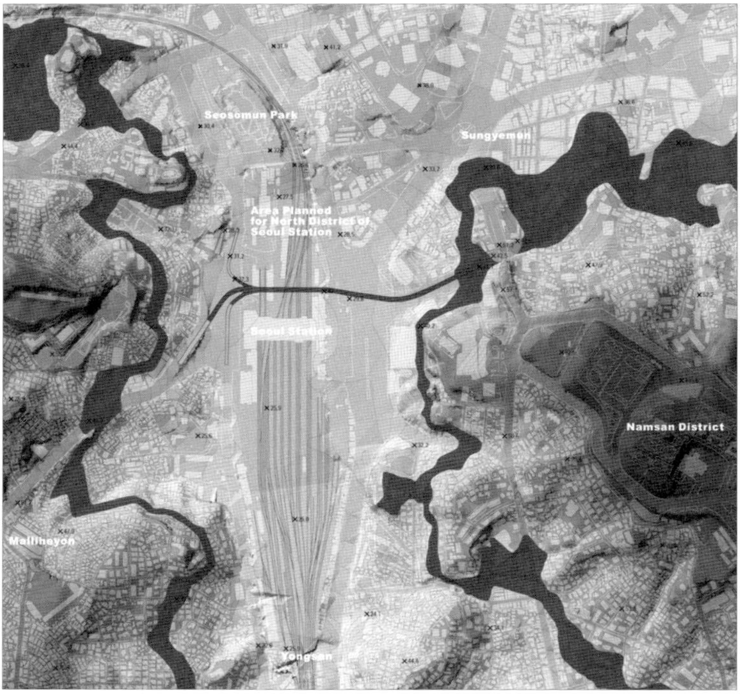

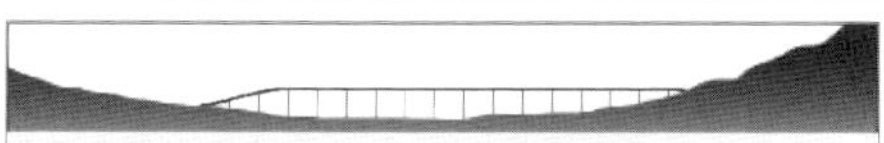

↑ *Topography of Site of Seoul Station & Seoul Station Overpass*

리가 대개 고가 하면 기존의 도로 위를 가로지르지만 여기서는 철도 위를 지나기 위해서 설치되었거든요. 상인들 반대가 극심했던 까닭도 동서를 잇는 다른 연결로가 없다는 것이었잖아요. 주목해야 할 것은 지형의 문제입니다. 처음에 기차가 여기에 난 것은 물길을 따라서라고 했죠? 그 위를 가로지르는 고가는 철길(즉 물길)이 단절한 주변 지형을 잇고 있죠. 서쪽의 만리현(만리재), 아현(애고개) 또는 약현(약밭고개)과 동쪽의 남산 자락을 거의 수평으로 잇는 겁니다. 도로 위 고가라면 이름 그대로 올라갔다 내려가겠지만, 여기서는 그게 아니라 조금 높이 있는 양 지점을 거의 수평으로 이어서 오히려 푹 꺼진 철길을 건너갑니다. 우리가 이 고가를 자동차로 건널 때면 자연스럽게 올라타는 느낌을 받는 것도 바로 이런 지형에서 연유합니다. 그렇게 보면 경관상의 고려에 따르는 문제는 있을지언정, 기능적으로는 합리적인 장치였다고 볼 수 있습니다."

〔3-10〕 **서로 기분 좋게 공존할 수 있는 길** "이 길을 걷는 길로 바꿀 때는 새로운 고려를 해야 했습니다. 우선 이 840미터 전체를 과연 일상적으로 완주하는 시민들이 얼마나 있을까요. 물론 관광객이나 놀러 나온 시민들이야 있겠죠. 그렇지만 그 지역에 늘 있거나 필요에 의해 이용하는 사람들을 우선적으로 고려해야 하잖겠어요. 상인들은 낮 동안 생업과 관련된 일로, 큰 건물 사무실에 다니는 직장인들은 점심 시간이나 퇴근 시간에 더 자주 이 공간에 접촉하겠지요. 어떻게 걷느냐도 문

〔서울역 고가 활용 프로젝트〔조성룡 안〕 설명서〕 중 단면 계획. 「**1Goga +3Walkways**」. **거더**(Girder, 건설 구조물을 떠 받치는 보. I형이나 상자형 단면으로 만들어 자체 중량은 줄이고, 휨이나 비틀림, 수평 하중 등에 입체적으로 저항할 수 있게 한다.)**라 불리는 기존 구조를 뜯어 내고 몇 가지 장치를 하면 여러 개의 재미있는 길 조합이 만들어진다. 민주적 가치, 인문적 정신과 예산, 구조, 그리고 디자인의 문제가 한 번에 해결되는 본질적인 접근이다.**

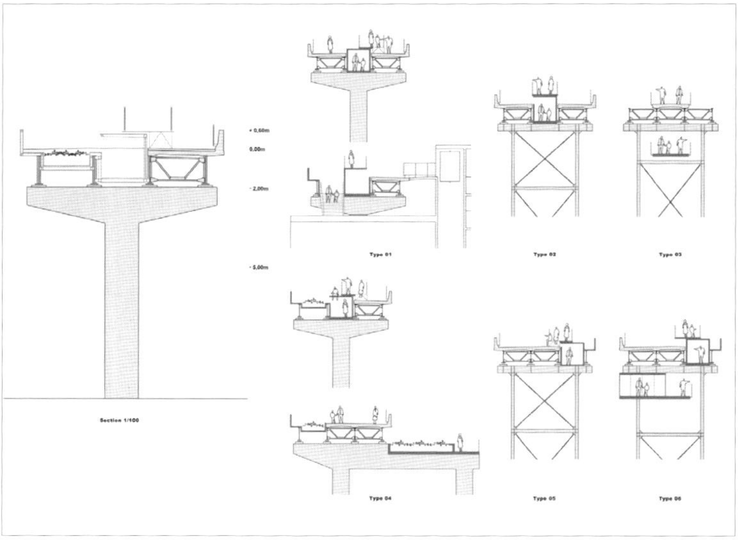

제입니다. 우리 나라 날씨가 살랑살랑 기분 좋은 날만 있는 게 아니잖아요. 여름의 무더위, 쨍쨍 쬐는 햇볕, 겨울의 눈바람, 비, 더구나 막아 주는 데 없이 공중에 떠 있는 장소에서 사람이 걷는다는 게 뭘까요. 각각의 경우에 따라 다른 쓰임을 어떻게 고가가 부담할 수 있을 건가. 그건 누구나 불편함 없이 가는 길에 대한 생각과도 연결됩니다. 누군가는 빨리 가야 하고, 누군가는 날씨를 피하고, 자전거를 타기도 하고, 가만 서서 경치를 구경하며 생각에 잠기는 사람도 있을 거예요. 다들 서로 기분 좋게 공존할 수 있는 길이어야 하지 않겠나. 원래 있던 도로 외에 다른 기능을 맡는 길을 추가할 방법을 궁리하기 시작했습니다."

〔3-11〕 **구조 안에 해답이 있었다 : 고가 안에서 발견해 낸 세 개의 얽힌 길** "방법은 여럿 있을 수 있죠. 그런데 뭔가를 덧붙이면 구조적으로 부담을 주니까 공사비를 더 많이 써야 되고, 시각적으로도 장벽 같은 고가의 부피를 키워야 하거든요. 몇 가지를 비교 검토해 보니 현재 다리의 모습을 비교적 유지하는 것이 지상에서 걸어다니는 사람들이나 자동차 안에서 보았을 때 도시 경관으로서 제일 편안하겠다는 판단이 나왔습니다. 그래서 기존에 있던 구조 형태에서 덜 드러나고, 많이 손을 대지 않으면서 새로운 길을 만들 방법을 찾으려고 애를 썼습니다. 고가의 구조를 검토해 준 윤여갑 소장과 이야기를 나누다가 어느날 기가 막힌 아이디어가 나왔어요. 내 입으로 기가 막히다고 하니 좀 그렇지만요, 교각 위에 거더(girder)

〔서울역 고가 활용 프로젝트〔조성룡 안〕 설명서〕 중 여러 길 CG. 가장 높은 층부터 원래의 아스팔트 면, 지붕 아랫길과 더 밑길까지 네 개 층의 길이 생긴다. 각 길에서 서로를 바라볼 수도 있고, 윗길에 다리를 늘어뜨리고 앉아 놀거나, 지붕 있는 길로 햇볕을 피할 수도 있다. 〔CG : 3Dfocus〕

라는 철골 구조물이 있어요. 상판을 떠받치고 있는 키가 높은 보인데, 아스팔트 상판의 일부를 잘라 내면 그 안으로 지나다닐 수가 있어요. 단서가 잡히기 시작한 거예요. 거더 깊이가 1.8미터쯤 되는데, 아스팔트 면보다 살짝 높여서 지붕을 만들면 자연스럽게 비를 피하거나 해를 피하는 통로가 생기겠어요. 그러면 지붕 위도 또 하나의 윗길로 할 수 있잖아요. 이렇게 해서 세 개 또는 네 개의, 서로 얽히는 길 시스템을 고안했습니다. 하다 보니까 꽤 흥미롭더라구요. 바깥에서는 별로 드러나는 게 없지만, 안에서는 내려가다가 올라가다가 굉장히 다양한 변화가 생기거든요. 그 이름을「고가 + 세 개의 길」이라고 붙였습니다. 다양한 필요에 따라서 또는 외부 조건에 따라서 선택할 수 있다는 거예요. 이런 공공의 길을 누가 쓸지, 어떻게 쓸지를 한 가지로 정하고 제시할 수는 없잖아요. 이게 시민의 돈을 가지고 하는 것인데…, 쓸데없는 데 돈을 허비하지 말자고 마음을 처음서부터 먹었기 때문에 구조와 디자인을 한꺼번에 해결하려고 궁리했고, 그런 아이디어에 도달할 수 있었습니다. 나는 아이디어라고 보지만 서울시에서는 아이디어가 아닐 수도 있죠. 여튼 우리는 다리를 고치는 데 책정된 공사비를 아껴서 딴 데 쓸 수 있다고 제안했어요. 다리 이름은 그냥 '서울역 고가'라고 명명했어요. 이름을 정하고 보니까, 인문적으로 괜찮은 거 같아요. 지금까지 '고가, 고가' 하다가 어느날 갑자기 서울 스테이션 오버패스니 서울 스카이웨이라느니, 이건 아니잖아요."

〔서울역 고가 활용 프로젝트〔조성룡 안〕 설명서〕 중 조경 계획. 고가 위는 관리가 쉬운 초화류 위주로 했다(위). 키 큰 나무를 땅에 심는다면 땅과 고가 위의 사람 모두에게 이롭다(아래). 〔CG : 3Dfocus〕

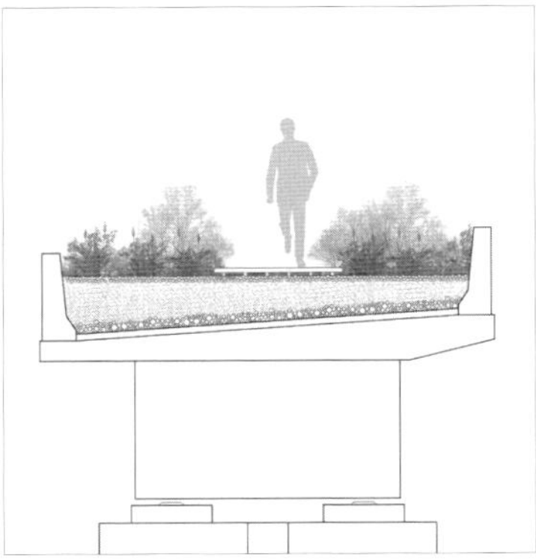

〔3-12〕 **아스팔트와 단청** "길 위는 쓰던 아스팔트 포장을 되도록 유지하는 방향으로 정리했어요. 아스팔트라는 재료가 19세기 말에 인도(人道)의 포장을 위해서 개발된 재료이기 때문에 어떤 의미에서 보면 오히려 합당하다는 역사적 의의도 있고요, 두 번째로는 유지 관리 면에서 가장 경제적이고, 또한 시간이 지나가면서 금세 자연 친화적으로 변화하기 때문입니다. 한여름 혹서기에는 복사열이라는 약점이 있기는 하지만, 부분적으로 나무 데크 길을 두어서 선택할 수 있게 하면 되겠고요. 아스팔트를 사람들이 자꾸 걷다 보면 균열이 생기고, 거기에 풀씨들이 날아와서 새로운 생명을 틔우고…, 이렇게 시간성이 드러나는 것입니다. 참여를 강요하지 않더라도 일상적인 사용이 자연스럽게 참여로 이어지는 거죠. 이제 시민의 공간으로 돌아오는 거니까 교각의 아래쪽을 올려다보는 경관도 고민했어요. 철골 거더에다 오방색을 이용한 현대적 감각의 단청 칠을 하면 로컬리티를 어느 정도 드러낼 수 있겠다 싶어요. 이 또한 뭔가 새로 덧붙이지 않았어요. 철골 구조 위에는 어차피 부식을 방지하기 위해 칠을 해야 되니까, 그렇게 해결하자는 것입니다. 즉 고가 표면은 구태여 원래 형태를 변형시키지 않으면서도 그 자체의 표면은 계속 바뀌는 그런 재료로 정했습니다."

〔3-13〕 **높은 다리 위에 나무를 심는 일이 상식적일까**? "사람이 다니는 길이기 때문에 녹색 공간이 마련되야 하지만, 과도한 식재는 줄이려고 애를 썼습니다. 도심을 가로지르는 높은

날씨와 시간에 따른 다양한 상황의 시뮬레이션. 기후가 나쁠 때는 지붕 아래 길을 선택할 수 있다. 자동차 도로 때의 조명을 그대로 활용하는 것은 기억을 이어 주는 장치가 되기도 한다. [CG : 3Dfocus]

다리 위에 나무를 심는다는 것이 의미도 잘 연결이 안 되고, 그 위에서 자연적으로 살아나갈 수 있을까도 고려해야 되고요. 거기에다 많은 흙을 부어서 나무를 심는다는 게 공사비부터를 어마어마하게 증가시키거든요. 고가가 지상하고 가깝게 만나는 땅에 군데군데 키 큰 나무를 심으면 고가 위까지도 가지가 뻗어 오르겠죠. 예를 들어 만리동 쪽은 원래가 습지였으니, 지리 특성을 연상시키는 나무들을 정할 수 있겠죠. 옛 기록들도 찾아 보고, 버드나무라든지 느티나무처럼 예전부터 거기에 자연스럽게 자랐을 나무들을 심어서 지상의 길과 물가에 관계를 맺게 했습니다. 고가 위는 억새나 야생화처럼, 비교적 관리를 많이 안 해도 되는 초화류 위주로 계획했습니다. 그런 풀들은 늘 생생한 것이 아니라 시간과 함께 퍼지거나 시들고, 계절에 따라서 계속 빛깔이 바뀌잖아요. 사람들이 그런 계절의 감각을 느낄 수 있도록 하는 것이 도시를 인지하게 하는 중요한 팩터(factor, 요소)라고 봤습니다."

〔3-14〕 **그냥, 여기 오랫동안 있었던 길** "밤에는 또 어떨까. 하늘이 깜깜해졌을 때 이 다리 위에 서 있는 사람의 느낌과 체험은 어떨까. 주변 건물들이 불을 밝히고 위아래의 길에도 조명이 달린 도심이니까 고가 위까지 지나치게 밝을 것은 없겠어요. 자동차 도로 때부터 쓰던 가로등을 그대로 활용하면서 발밑을 밝혀 줄 정도면 충분히 안전할 겁니다. 좌우간 이 곳이 되도록이면 새로 만든 근사한 공원, 스펙터클하고 환상적으로 연출된 장소가 아니게 하려고 했습니다. 그냥, 여기 오랫동

〔서울역 고가 활용 프로젝트〔조성룡 안〕 설명서〕 중 예산 운용 계획. 위는 시에서 제시한 안이고, 아래는 조성룡 팀에서 제안한 안이다. 고가 위에 나무를 심지 않는다면 구조 보강 비용(왼쪽)을 반으로 줄이고, 그 대신 조경(가운데) 그리고 주변과 연결되는 공공 시설(오른쪽)에 더 충분히 투입할 수 있다고 제안했다. 고가 위에 화려한 나무를 많이 심는다면 조경 비용만 오르는 것이 아니라 구조 비용이 전체 예산을 초과할 것이다.

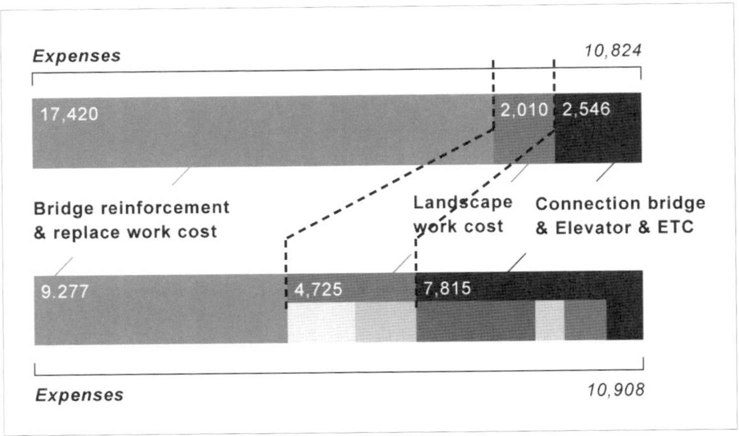

안 길이 있었고, 거기에 세월이 얹어지고 사람들이 걷다 보니까 또 자연스레 길이 덧붙고, 그렇게 주변 도시 경관과 어우러진 길로 이 고가가 자리매김하면 좋겠다는 것이 우리의 생각입니다."

〔3-15〕 **공공의 세금을 공공으로 돌리자** "지침에 나와 있는 예산은 320억 원이었습니다. 큰 프로젝트죠. 그 중에 260억 원이 기존 다리 보강 비용입니다. 예산의 70% 이상이죠. 그런데 시에서 준 안전 진단 검사 보고서를 구조 엔지니어들과 같이 꼼꼼히 읽어 보니까 전체 교각을 조사한 게 아니라 나쁜 샘플을 기준으로 평균한 값이었어요. 실제로는 어떤 구간은 윗부분만 고치면 되고, 기둥을 고칠 구간, 거더를 고칠 구간 등이 다르기 때문에 적절한 보수를 하면 그렇게 큰 비용을 들이지 않아도 된다는 걸 알게 되었습니다. 그것이 가능한 전제는, 지금까지는 자동차의 무게와 자동차가 움직일 때 미치는 강도를 견뎌야 되던 다리였지만 사람은 그 5분의 1 정도의 무게에 불과해요. 물론 40년을 써서 약화된 부분이 있기는 하지만 워낙 하중 부담이 줄어들기 때문에 딱히 위에 나무를 많이 심거나 하기 전에는 경제적인 비용으로 해결할 수 있는 거죠. 이미 오래 쓴 구조물을 고쳐 쓰자는 일인데, 잘 쓸 수 있을 만큼만 정리한다면 시에서 제시한 비용의 반 정도로도 충분하겠다, 그렇게 아낀 비용을 가지고 공공적인 데 활용한다면 훨씬 도시 재생의 효과가 드러나지 않겠어요?"

〔서울역 고가 활용 프로젝트〔조성룡 안〕 설명서〕 중 7개의 매듭. 「1 Goga+7 Stories」. 주변에 공공적 파급력을 지닐 수 있는 일곱 개의 지점에 매듭을 묶어 고가의 힘을 도시 전체의 재생으로 확산시킨다.

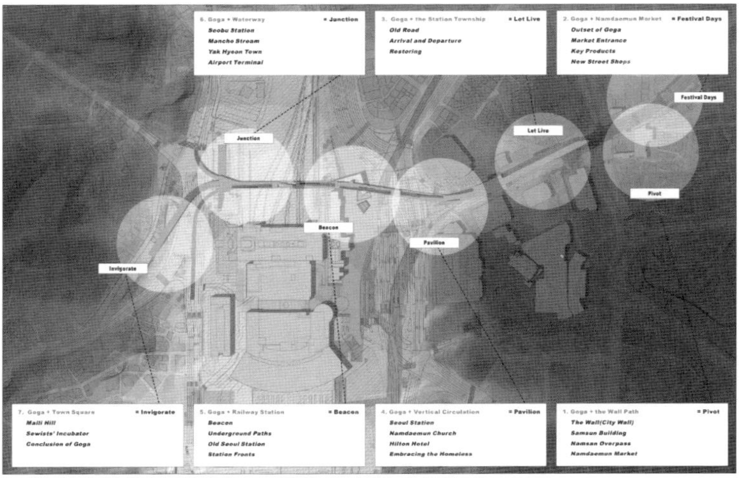

〔3-16〕**고가 더하기 일곱 개의 이야기 : 시 짓기와 도시 계획의 창발적 공식** "그래서 아낀 돈을 어디다 쓰느냐, 그것이 일곱 개의 매듭이에요. 전체 840미터 고가를 이용하는 사람들의 흐름에 따라서 여섯 개 구간으로 나눠서 일곱 군데의 점을 만들고, 그 일곱 지점마다 리본으로 묶듯이 매듭을 만드는 거예요. 고가와 그 리본들이 서로 작용해서 어떤 힘을 주변 지역에 전달하도록요. 첫 번째가 서울 성곽이 시작되는 데예요. 남산에서 내려오는 성곽길이 남대문 시장 앞 도로하고 만나는, 고가의 시작점이에요. 성곽길이 고가하고 어떻게 만날 건가. 시인하고 같이 이름을 붙여 나갔는데요, 고가에다 뭔가 더해 가면 공공적으로 전혀 다른 효과로 바뀌어야 한다는 게 법칙이에요. '고가+성벽'은 답이 뭐겠어요? '피보트(Pivot)'라고, 우리 말로 '돌쩌귀'라는 거 있지요. 큰 두 개의 문짝을 연결하는 '경첩'이에요. 남산에서 내려오면 돌아서 고가로 오르게 되는데, 그 모퉁이에 마침 건물이 있는 거예요. 삼선빌딩이라는 오피스 빌딩인데, 그 저층부 3개층을 마치 경첩처럼 돌아서 오르내리는 데 쓰면 남산에서 오는 동선이 완전히 바뀌겠더라고요. 민간인 건물이지만 활용하면 좋겠다 싶어서 빌딩 주인을 직접 찾아갔어요. 협조할 용의가 있느냐, 했더니 자기도 너무 좋다는 거예요. 만약 이 안이 되면 서울시하고 얘기해서 공간을 공공에 내 주겠다고요. 그 빌딩이 피보트가 되는 거죠. 그런 식으로 일곱 개를 만들어 나갔어요."

〔3-17〕**남대문 시장, 양동, 남산 자락과 자연스럽게 이어지는**

〔서울역 고가 활용 프로젝트〔조성룡 안〕 설명서〕 중 두 번째 매듭. 「Goga +Market = Festival Days」. 고가 하부에 남대문 시장의 주종목으로 이루어진 편집 매장을 두면 여행자나 관광객들을 더 자연스럽게 끌어들일 수 있을 것이다. 〔CG : 3Dfocus〕

〔서울역 고가 활용 프로젝트〔조성룡 안〕 설명서〕 중 네 번째 매듭. 「Goga +Vertical Circulation = Pavillion」. 직장인들의 이동 편의를 위한 수직 동선은 서울역과 주변 문화재 경관을 조망하는 정자가 된다. 〔CG : 3Dfocus〕

길 "두 번째는 남대문 시장하고 어떻게 고가를 묶느냐. 근데 남대문 시장을 가 보니까 이건 뭐 엄청나게 복잡해요. 고민고민 하다가 떠올린 게, 남대문 시장 안의 주 업종이 있잖아요. 액세서리, 안경, 아동복…, 그런 게 시장 바깥에서는 잘 보이지 않으니까, 파일럿 숍(pilot shop)을 다리 밑에다 만들자고 했습니다. 가게가 길 한가운데로 나오는 거죠. '고가+시장'은 '페스티벌 데이즈(Festival Days)'라고 했어요. 원래 장날이 잔치 같잖아요. 차 없는 날을 정해서 페스티벌을 열 수도 있겠죠. 세 번째는 양동(陽洞)이라고 불리던 동네예요. 지금 남대문로 5가인데 세브란스 빌딩 바로 뒤부터 숭례문 사이입니다. 거긴 옛 지도와 대조해 보면, 조선 시대의 길 조직이 지금도 남아 있어요. 예전에 우리가 말하던, '역전앞'이거든요. 그 동네를 처음 답사 간 날인데, 대낮에 평상에 앉은 할머니들이 '아저씨, 놀다 가세요!' 그래요. 역의 기능이 주막을 겸한 그런 게 주종이잖아요, 아직도 남아 있는 거예요. 나쁜 것도 조금은 있겠지만 중요한 생태죠. 거기는 되도록 손을 대지 않는 대신 셀렉트 숍(select shop) 구경한 사람들이 자연스럽게 들어오도록 했어요. 거기 붙인 이름이 '렛 리브(Let Live)'였어요. 재개발 하지 말고 그냥 살게 두라고요."

〔3-18〕 **정자와 등대** "세브란스 빌딩하고 서울 스퀘어 사이에 교통섬이 하나 있는데요, 거기에 네 번째 매듭으로 고가에서 수직으로 내려오는 길을 더했어요. 주변 여러 빌딩으로 쉽게 이동할 수 있게 하는 장치인데, 거기서 보면 구 서울역사가

〔서울역 고가 활용 프로젝트〔조성룡 안〕 설명서〕 중 다섯 번째 매듭의 아이소메트릭. 「Goga + Station = Urban Beacon」. 등대는 누군가에게는 조망을 하게 하고, 누군가에게는 빛을 비추어 길을 안내한다. 도시 등대를 통해 고가는 구 서울역 뒷길로 이어진다. 이 길은 근대 건축 유산인 서울역사의 촉지적 조망 지점과 철도 여행자에게 빠른 이동 경로를 제공한다.

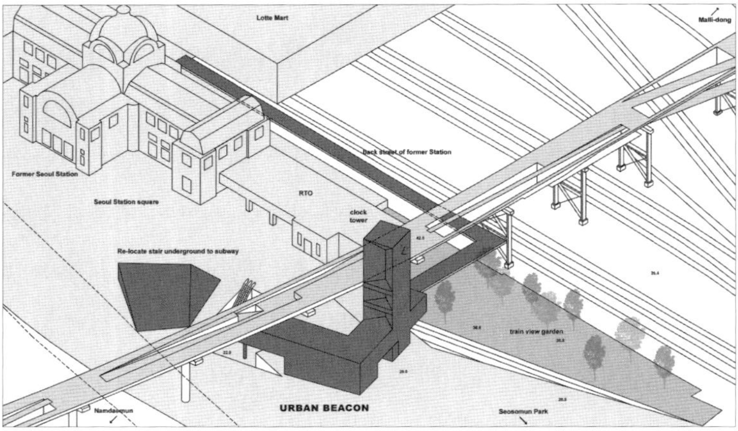

바로 눈앞에 근사하게 펼쳐져요. 오른쪽으로 고개를 돌리면 남대문 교회가 딱 들어오고요. 우리 나라 최초의 개신교 교회 중 하나죠. 세브란스 빌딩도 제중원(濟衆院)의 후신이잖아요? 그런 근대 초기의 흔적들이 고층 빌딩들에 가려서 지금까진 잘 안 보였거든요. 그래서 '고가+수직 동선'은 '파빌리온(Pavillion)'이 되는 거예요. 서울시에서 주변 고층 건물 중간을 관통하는 17개의 연결로를 만들겠다고 시민들에게 발표한 적이 있어요. 사무실 안에서 근무하는 사람들을 위해서 애써 벽을 뚫을 필요는 별로 없겠더라고요. 길을 건너면 서울역에 수직으로 내려오는 통로를 또 하나 만들었는데, 이 근처 지하도에 노숙인이 많잖아요. 통로를 지하도까지 통하게 뚫어서 해가 들어가도록 했습니다. 그걸로 노숙인 문제가 다 해결되지는 않겠죠. 하지만 노숙인의 삶에도 뭔가 연결이 되는, '도시의 등대(Urban Beacon)'입니다. 지금 서울역 광장은 파출소며 헌혈 센터가 일부 점유하고 있는데 이런 시설들이나 노숙인 재활 프로그램을 통로 안에 정리하면 시민들에게는 더 넓은 광장을 돌려 줄 수 있겠죠."

〔3-19〕 **서울역의 미래를 그린다** "이런 식으로 서울역까지 왔는데, 앞에서도 말했지만, 이번 프로젝트를 하면서 가장 중요하게 생각한 건 서울역이었어요. 내가 하도 서울역만 들여다보니까 같이 하는 사람들이 말릴 정도였어요. 지금 KTX를 위주로 한 역사(驛舍)에서 구 서울역은 역의 기능을 잃고 죽어 있고, 서쪽 귀퉁이에 경의선 올라가는 쪼그만 역이 있고, 남

〔서울역 고가 활용 프로젝트〔조성룡 안〕 설명서〕 중 서울역의 미래를 다룬 부분. 〔맨 아래 CG : 3Dfocus〕

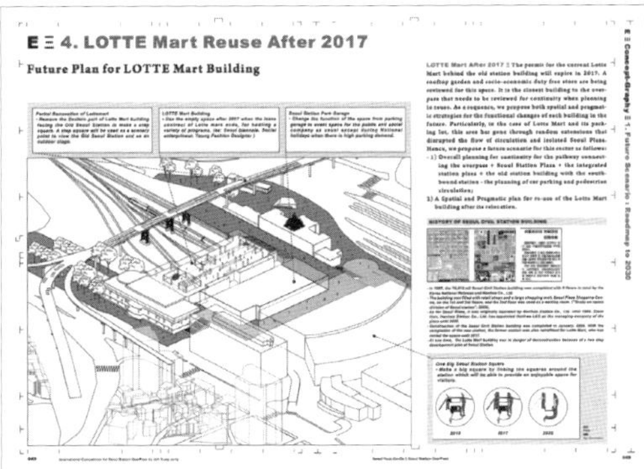

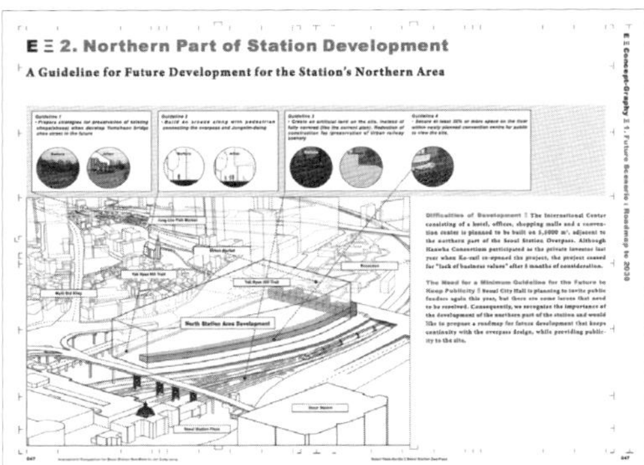

쪽으로 한참 가야 공항 철도가 있어요. 관찰해 보면 경의선 내린 사람들이 뒤에 있는 계단으로 구름같이 몰려서 지하철로 내려가요. 그런데 그 한가운데는 마트가 다 차지하고 있다고요, 말도 안 되는 거지. 통일이 되면 역과 철도를 어떻게 구성할지에 대한 대책도 잘 안 읽혀요. 그런 미래까지를 바탕에 두고 보았어요. 단계적으로 보면, 지금 롯데마트가 쓰는 공간이 내후년에 임대 만료가 돼요. 거기를 공공 공간으로 바꿀 수 있겠어요. 그리고 KTX와 공항 철도까지 순조롭게 연결되는 동선을 만드는 거예요. 그렇게 하면 역 안쪽 공간과 동선을 정리함으로써 이어지는 고가의 역할이 산책용을 넘어서게 되거든요. 서울역에 내린 여행자들이 조금 돌아가더라도 고가로 나가서 도시 경관을 조망할 수도 있죠. 두 번째 단계는, 민자 역사로 쓰던 공간과 구 서울역 뒤까지를 이어서 재생을 위한 공간을 만들 수 있겠어요. 전시장을 만든다든지 여러 안이 있을 텐데, 일례로 시기를 거치면서 점점 축소된 서울역 광장을 위쪽에 새로 제안할 수도 있겠죠. 장기적으로는 보행자의 동선을 위주로 서울역 전체를 재편하되, 통일이 되었을 때 철도의 쓰임까지를 고려한다면 명실상부한 서울역으로 거듭날 수 있겠지요. 한 도시의 역이 갖고 있는 장소의 힘이 있는 거예요. 최소한 백 년의, 근대라는 흐름이 쌓은 힘이죠. 지금 시대에 복잡해진 교통 수단이 거기 다시 응축되어 있습니다. 그 힘들이 퍼지기도 하고 모이기도 하는 어떤 콘덴서(condenser)로 거듭나게 한다면, 우리가 이 곳을 새로운 차원의 미래를 볼 수 있는 장소를 만들 수 있지 않을까요."

〔서울역 고가 활용 프로젝트〔조성룡 안〕 설명서〕 중 '철로 위의 매달린 길'. 기차가 다니는 풍경은 근대 이후 도시의 구경거리였다. 사색에 잠길 수도 있는 길이다. 〔CG : 3Dfocus〕

〔3-20〕 **지역에 좋은 힘을 퍼뜨리는 촉매** "고가로 철로를 지나가는 동안은 딱히 연결되는 건물도 없고 할 게 없잖아요. 옛날에 기찻길 옆에서 기차 놀이 하듯이, 기차 다니는 걸 구경하도록 떠 있는 다리 같은 공간을 만들었어요. 철길을 건너가면 만초천 물이 흐르던 자리예요. 자그맣게 습지를 구성해서 옛 풍광을 슬쩍 떠올리게 할 수 있겠죠. 구체적인 물의 흐름도 있지만, 길의 흐름을 정비하면 나중에 고가로부터 서부역을 거쳐서 KTX까지 전체가 '연결(Junction)'이 됩니다. 아휴, 그 시키지도 않은 고민하느라 거의 시간을 다 보냈어요. 제일 마지막은 만리동이라는 데예요. 약현성당과 옛 양정고등학교(지금의 손기정공원)까지 뻗어 가죠. 언덕 위는 마구 재개발이 되는 바람에 좀 이상해졌지만 아래 부분은 아직 괜찮습니다. 고가가 닿는 부분은 동네 사람들을 위한 마당으로 했어요. 거기가 일제 시대부터 봉제 공장이 많아요. 동대문까지 봉제품을 납품해서 살고 있는 동네 사람들을 위한 마당이죠. 고가에 마을 마당이 더해지는 거기는 인큐베이팅 시설, 봉제 산업을 잘 '일으킬 수 있는(Invigorate)' 거점이 되면 좋겠어요. 또 조금 멀리 보면 서부역의 남쪽, 서계동의 백성희장민호극장 맞은편에 옹벽이 길게 나 있잖아요. 밤에 어둡고 위험해서 거리 구실을 못하죠. 그 위에 있는 철도 시설 상태를 잘 감안해 가면서, 옹벽의 하부를 도시적으로 활용한다면 건너편의 백성희장민호극장, 나가서는 이 일대의 커뮤니티가 이용하기 좋은 활기찬 거리가 될 수 있겠어요. 코레일하고 서울시가 협의

〔서울역 고가 활용 프로젝트〔조성룡 안〕 설명서〕 중 여섯 번째 매듭. 「Goga+Waterway = Junction」. 아래쪽 걷는 사람 뒤에는 작은 수공간을 두고, 나무를 풍성하게 심어 숲의 느낌을 낸다. 윗길은 서부역과 공항 철도까지 이어진다. 〔CG : 3Dfocus〕

〔서울역 고가 활용 프로젝트〔조성룡 안〕 설명서〕 중 서부역 남쪽과 서계동 지역 활용 방안.

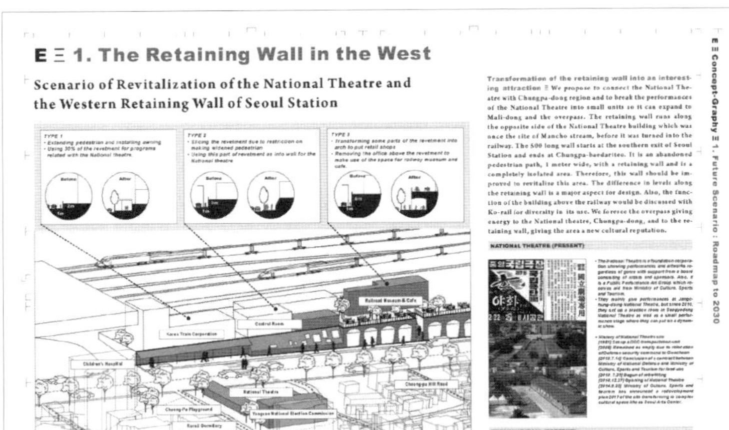

해서 만들어 나갈 수 있겠죠. 프렌차이즈 카페 넣는 거야 쉬운 방법이지만 그보다는 그 지역에 있는 사람들이 잘 써야 지속성이 생기잖아요. 글쎄요, 우리가 궁리한 내용이 완벽하진 않겠고, 만약에 논의가 계속된다면 보완될 수 있겠지만 기본적으로는 이 과정에서 각 지역마다의 특징을 알게 되고 그걸 앞으로 시민들과 이으려면 무엇이 필요하겠다는 공부가 되었습니다. 일곱 개의 매듭은, 처음부터 완성된 것을 부착하는 게 아니에요. 촉매 작용이 일어나는 기점이고, 고가가 그런 힘을 전달하게 하는 매체가 되는 거예요. 도시 전체로 번져 나가면서 공간을 재구성하게 하는 좋은 힘을 고가가 가지고 있다고 봅니다."

〔3-21〕 **공공 공간을 만들어 가는 방법에 대한 실험** "대개 건축은 건축대로, 도시는 도시대로, 조경은 조경대로 일을 해 왔기 때문에 각자 분야의 일은 잘하지만, 어떤 총체적인 문제에 부딪치면 협업해서 대처할 때 어려움이 있어요. 그런데 도시와 건축이 다른 게 아니고, 그렇기 때문에 함께 하는 게 서로에게 더 이롭거든요. 유명한 말이 있잖아요, '주택은 하나의 작은 도시고 도시는 큰 주택이다.' 도시뿐만 아니라 조경이나 토목도 마찬가지입니다. 이번에 협업을 해 보면서 물론 시행착오도 있었지만 가능성을 보았어요. 그런 면에서는 공공에서 이렇게 팀을 짜도록 한 데에 이번 프로젝트가 의의가 있다고 봅니다. 옛날 같았으면 토목 공사로만 보고 건축 분야를 끼우지 않았을 텐데요. 게다가 여태까지는 건축가나 도시 계획

〔서울역 고가 활용 프로젝트〔조성룡 안〕 설명서〕 중 일곱 번째 매듭. 「Goga+Town Square=Invigorate」. 만리동과 이어지는 부분을 주민들이 모이고 쉬는 넓은 마을 마당으로 만들고 봉제 산업을 미래적으로 인큐베이팅하는 공공 시설을 둔다. 노후한 만리동 주택가를 밀어 버리지 않으면서 재생시키는 방식이다. 〔CG : 3Dfocus〕

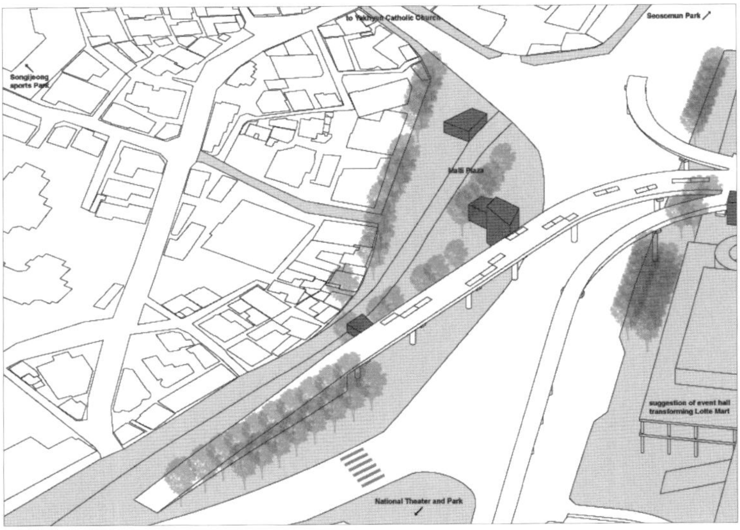

가들이 다 짜 놓은 다음에 그 안에서 풀어 보라, 이걸 사용하라, 이렇게 접근했잖아요. 이번에 처음부터 여러 분야와 수평적으로 대화를 하면서 작업한 것은 참 유익했어요. 앞으로 절실하다고 봅니다. 경관 공학을 전공하는 학자들에게서 도시를 체험하는 새로운 시선을 익혔어요. 또 요즘 내가 관심 있는 것이 도시에 대한 감각이거든요. 도시의 냄새, 공기, 계절…, 건축에서는 거의 생각 안 하던 분야지만 문학에서는 오히려 주가 되죠. 공간을 만들 때 최종적으로는 거기 누가 살고 어떤 체험을 할 건가를 생각해야 하는데, 이런 데 문학적 상상력이 굉장히 중요해요. 시각 예술가들의 역발상들도 정리 과정에 큰 도움이 되었고 IT 기술 전문가들의 자문 중에서 시도해 볼 만한 아이디어들도 많았어요. 그런 식으로 여러 사람들과 얘기하면서 여러 분야에서 이룩한 것들을 배우고, 그게 단순한 기술이 아니라 사람들에게 새로운 생각과 감각을 줄 수 있겠다, 또 이 공간에 대한 여러 시대의 기억을 간직한 시민들, 여러 종류의 체험을 가진 시민들이 동참하면서 거기로부터 풍부한 어떤 것이 생겨날 수 있어요. 사용자의 입장, 시민의 입장으로 돌아가서 함께〔공(共)〕한다면 서로서로가 소중히 여기는 도시를 만들 수 있지 않을까. 그런 작업을 더 많이 못 한 게 오히려 아쉬워요. 나눈 이야기들을 이 프로젝트에 다 풀어내지도 못했어요. 양이 너무 많아서. 앞으로 정리할 기회가 있다면 소중한 자료로 남을 거 같아요."

〔3-22〕 **좋은 질문이 좋은 답을 이끌어 낸다** "산업 시대의 유

다른 분야 전문가들이 준비해 온 발표를 모두 모여 듣고 이야기 나누는 일은 기간 내내 계속되었다. 이 과정은 모두 기록되었고, 최종 크레딧에 모든 사람들의 이름은 가나다 순으로 들어갔다. 〔사진 심세중, 박상일〕

산이나 인프라스트럭처도 일종의 자산으로 보고 고쳐서 쓰는 건 세계적 트렌드입니다. 그런 점에서 이 공모를 통해서 우리의 지향을 국제적으로 알릴 수 있죠. 참여한 건축가들도 위상이 높은 이들이기 때문에 좋은 안을 기대할 겁니다. 진행 과정을 보면 외국 사람들이 풀어 내기에 어려운 숙제를 내 줬어요. 공모전이라는 게 질문이 정확해야 좋은 답을 얻을 수 있거든요. 미리 현 상태와 보이지 않는 내용까지 정리해서 공유해야 창의적이면서도 우리가 원하는 답을 기대할 수 있습니다. 그런데 우리한테 이로운 것을 끄집어 낼 질문거리를 제대로 안 줬기 때문에, 그들이 설령 좋은 것을 해 오더라도 선뜻 그 답이 맞다고 보기가 힘든 거예요. 제가 이론가는 아니지만, 그 동안 학교 연구소(성균건축도시설계원)를 끌고 나가면서 지역별로 조사해서 축적한 자료들이 이번에 적잖이 도움이 되었어요. 우리 연구소는 도시 디자이너나 건축가들이 실제로 공간을 지을 때 필요하고 바로 적용할 수 있는 요소를 조사하고, 체계화하고, 때로 가이드라인을 만듭니다. 그런 면에서 보면 이번 지침에 아쉬움이 보이지요. 피상적인 의지나 구호가 아니라 구체적으로 답을 요구할 수 있는 지침을 작성하는 일은, 진심으로 시민들에게 좋은 것을 해야겠다는 목적이라면 당연히 선행되었어야 할 작업이에요. 건축이나 도시 분야 이론가나 평론가들도 이 때 미리 서로 논쟁하기도 하고 충분하게 이야기를 나눠야 하는 거고요. 그 과정이 부족했죠. 더 근본적으로는 우리가 도시에 뭔가를 짓는다고 하면, 지금쯤은 도시의 기본 틀이 어떻게든 정리가 되어 있어야 한다고요.

〔서울역 고가 활용 프로젝트〔조성룡 안〕 설명서〕 중 여러 길 CG. 〔CG : 3Dfocus〕

설사 부족한 부분이 있을지라도 한눈에 파악이 되어야 하는데 여기 저기 흩어진 자료를 짜깁기하느라 정작 안을 발전시켜야 할 시간을 많이 뺏겼어요. 철도는 철도청 관할이라 모른다, 건물로 통하는 길은 사유물이니 모른다… 그런 식이에요. 서울 정도 규모가 되면 도시가 워낙 복잡해지기 때문에 교통, 도로, 철도, 문화재, 공원, 녹지, 기타 모든 계통들이 정합된 데이터가 있어야 하거든요. 그런 현황을 우리도 파악하기 힘든데 과연 외국 사람들이 읽어 내는 게 가능한가. 그들도 진지하게 접근하려 했다면 무척 힘들었을 거예요. 주최 측에서 미비했다기보다는, 없으니까 주지를 못하는 거예요. 냉정히 말하면, 우리 도시가 이만큼 커졌는데도 도시의 시스템을 제대로 안 갖고 있다는 거예요."

〔3-23〕 **정리의 과정** "어쨌든 발표가 되면, 여러 가지 흥미 있는 일이 있겠죠. 이러한 일이 일어날 때 계획하는 사람들이 무슨 생각을 해야 할까 하는 부분에서 읽을거리가 있을 거예요. 이번에 내가 희망하는 바는 어떻게 되었든 이번 결과를 가지고 다시 피드백을 해 보자는 거죠, 뭐가 문제인가, 뭐를 해야 하는가. 그것을 기록으로 남겨서 아주 작은 한 걸음이라도 나아갔으면 좋겠습니다. 우리 팀부터 이번 작업하면서 부족하지만 조금이라도 밑거름이 될 것을 남겨 보자는 생각으로 일에 임했고, 앞으로 정리해 갈 생각입니다. 석연치 않은 부분도 많고, 복잡한 일들도 생기겠죠. 지금까지는 여러 사정으로 빨리 진행하려고 했다면, 지금이라도 늦지 않았으니, 목표

'서울역 고가 국제 지명 현상 공모'에서 2등을 한 조성룡 팀 안의 전경 CG. 겉으로 보기에는 큰 변화가 없게 하면서 내부적으로 다양한 쓰임이 공존할 수 있는 시민의 길로 계획했고, 그 계획과 실현의 과정도 시민적 참여를 바탕으로 한다. 세 차례에 걸친 인터뷰 전문을 절반 가까이 축약해서 실었다. 실리지 않은 대목에서 선생은, 이번 프로젝트 참여한 이들을 하나하나 호명하고 각자 무슨 일을 맡았는지 소개하며 감사를 전한다. 박수와 환호가 후렴처럼 이어진다. 〔CG : 3Dfocus〕

〔가나다 순, ()는 당시 소속명〕 **강금성**(공예 빈컬렉션) **강상영**(SKAi) **강송희**(학생 시립대) **강영조**(경관공학 동아대) **권웅규**(ubac) **고기영**(건축조명디자인 비츠로) **김경완**(SKAi) **김동희**(SKAi) **김만룡**(알고리즘컨설턴트) **김정빈**(도시공학 시립대) **김유석**(영문 편집) **김은하**(디자인 수류산방) **김인환**(국문학 비평 고려대) **김종길**(미술평론) **김종신+김대균**(영상 기린그림) **김재경**(사진) **김현덕**(도시구조) **김홍상**(교통컨설턴트) **김회근**(디자인 수류산방) **문가용**(번역) **박선우**(구조 한예종) **박승진**(조경 loci) **박상일**(기획디자인 수류산방) **배수은**(학생 한양대) **서영애**(조경 이수조경) **심세중**(편집 수류산방) **심지수**(학생 서울대) **안세정**(번역) **원종철+3Dfocus**(CG) **우승진**(번역) **윤근주**(1990도시건축) **윤여갑**(건양건축) **이명섭**(학생 SKAi) **이선**(조경 한국전통문화대) **이승민**(SKAi) **이원**(시인 시민행성) **이정환**(학생 SKAi) **이주영**(SKAi) **이지송**(영상작가) **이지혜**(학생 시립대) **이진경**(화가) **이진남**(학생 SKAi) **이철호**(ubac) **이현식**(ubac) **임동선**(학생 시립대) **임호**(변리사) **정다은**(근대건축사 UOS) **정지윤**(학생 SKAi) **조병준**(시인 문화평론) **조성룡**(ubac) **최은진**(가수) **킨드라 러브**(영문 편집) **테그마크**(CG) **파트리시아 타마요 페레스**(서울대) **한슬기**(학생 시립대) **한은지**(H스튜디오) **함돈균**(문학평론 시민행성) **홍봉의+곽대원**(모형) **홍진아**(학생 SKAi) **황진원**(변리사)

로 하는 연도에 완공을 시키는 것이 아니라 최소한 착공 정도로 시간을 늘려서 이번 공모전에서 뼈저리게 느낀 점들을 검토해야 한다고 생각해요. 그래야, 80년 전에 잃어버린 도시의 한 부분을, 40년 전에 어떤 형식으로든 연결시켜 놨는데 다시 그것을 다른 성격으로 바꾸려는 이 시점에서 미래를 볼 수 있을 거예요. 무리하게 밀어붙이면 놓쳐 버리는 것이 많기 때문에." 〔구술 · 채록 2015년 5월〕

A Walk with, by and for the People
The Seoul Station Overpass Project

The Starting Point for More Meaningful City Development and Governance

Joh Sung-yong & 62 Citizens

The Seoul Station Overpass Project is essentially the first city-restoring effort from the municipal office. Seoul, though praised by many for the miraculously fast growth, underwent forced and uncalled for modernization by foreign powers at the dawn of the 20th century and rash city development after the Liberation without much contemplation or historical reflection. The result? A clear divide from the 500-year-long history of our own Capital and the topology and lifestyle unique to it.

This proposal is about looking back and pointing out the city structure and spatial balance that has been deformed through time and correcting whatever possible. This proposal is about drawing the start line of what might be a long race of prioritizing people over automobiles, for a healthier place to live in. This proposal has been about collecting different opinions from city planners, landscape architects, humanities academics, authors, artists, designers and many more fields, from experts to students — all citizens of this very city we are talking about. Like the Overpass that runs horizontally and equally, the process thus far participated by many thoughts and minds was carried out in a democratic way. We cannot say it was smooth but we sure know it was the only right way to walk up the Overpass — or rather, Overpath — we all dreamed for.

Goga The overpass that served for cars for 40 years now has been turned into the path for pedestrian. The path would open up for the new time to come while keeping its history behind. Walking on the asphalt road that once only cars were allowed would give interesting new urban experience. The road must endure the harshness of 4 seasons and therefore the trees will be planted to offer shade. Light-roof structure is planned for shelter from rain. By reducing the additional structure and vegetation to its minimum, the budget solely spent for the structural reinforcement can be reduced. Also instead of proposing a dense forest of vegetation, the light touches of the reed and wild flowers would still make it urban enough to have context with the area. It was a beneficial and rational decision for both context and the structure. The open Goga would lead the visitors toward the path on the other level. The difference in level would create un-intentioned geometry that can be used as the urban furniture. The scenery will change as one strolls along through the levels creating variety of views and experiences.

After reviewing references given by Seoul Metropolitan Government such as the safety diagnosis, we have concluded that partial reinforcement and repair will secure safety. The direction of the design should focus on how to maximize the existing structure's assets. The "2014 Structure Evaluation based on the depth of soil needed to plant on the Seoul Station Overpass" shows us that if the entire surface of the overpass is dedicated to planting, structural reinforcement budget costs would be astronomical. We propose that the most load-conscious design is used to reduce unnecessary costs for excessive reinforcement and repair, which will allow a larger portion of the budget to be invested in things that are more appreciable. In order to do so, the proposal focuses on the different methods of distributing the planting surface in non-load-bearing ways.

Gogas on Seoul Station Overpass extend 840m long, touching various urban fabric like Namdaemun market to Malli-dong. The Gogas had to be designed in a way it displays life of different regions as well as reflects the memories of civic history. Various themes had to be considered — Topography, Landscape, History, Movement, Culture and Life — are the themes that will continue toward an open Goga through 7 urban knots. The space on top of the deck will have the frames that will mount the various sceneries that the visitors may encounter. There are Gogas on 3 different levels along with the existing asphalt Goga. The newly inserted Goga consists of vierendeel truss structure. While keeping existing structure as intact as possible, the newly-introduced plates that alter the sub-structure of the overpass are reinforced with vierendeel truss. Existing Goga: it has been used since 1970 (Asphalt-paved road level ±0)

1. The pathway that penetrates in between the steel girders that supports the deck (level -2m)
2. The Goga that lead to the ground level from the Goga in-between steel girders (level -5m)
3. The Goga that floats above the existing deck (level +0.6m)

The section above Railway where the piers changes to steel structure would utilize this character by creating the plate 5m below the deck level that offers the 'train view deck'. The enjoyable experience of walking on top of the railroad is architecturally aided.

Re-birth of Seoul Station Overpass through 7 Urban Knots The urban knot is formed where 840m long horizontal Goga that stretches up on 17m above the ground meets the distinctive character of each region. The urban knot is a threshold that opens up to a various themes (time, history, culture and life) from the horizontal movement of the Goga. The gateway will also physically connect to you the nearby area that offers many other gateways that reveals the history of time. The urban knots alter its form depending on the context it encounters. It can be transformed into a plaza, or into a space of experience and be transfused with another space. The new program will be inserted to the nodes created by urban knots that will vitalize the local life and connect the traces of past, and it would eventually show a way toward a better future.

1.Goga+the Wall Path = **Pivot** (City Wall Samsun Building Namsan Overpass Namdaemun Market)
2.Goga+Market = **Festival Days** (Outset of Goga Market entrance Key products New street shops)
3.Goga+the Station Township = **Let live** (Old Road Arrival and departure Restoring)
4.Goga+Vertical Circulation = **Pavillion** (Seoul Station Namdaemun Church Hilton Hotel Embracing the homeless)
5.Goga+Railway Station = **Urban Beacon** (Beacon Underground paths Old Seoul Station Station Front)
6.Goga+Waterway = **Junction** (Seobu Station Mancho Stream Yakhyeon Town Airport Terminal)
7.Goga+Town Square = **Invigorate** (Malli Hill Sewists, Incubator Conclusion of Goga)

Democracy : Walkway for All The place is saturated with complex history. After a prolonged drift through the flow of history, the site is about to meet the momentum to record its own context in history. What is the meaning of these overpasses? It is remarkable that the overpasses were a means to overcome the inevitable disconnection caused by topographical reasons. The Seoul Station Overpass has its meaning as a bridge that connects two separated areas, disconnected since the time Seoul Station took over the site and the good old Malli Stream stopped flowing. The essence of the Seoul Station Overpass should therefore be preserved in its own way : the way it interweaves life on the two sides and, furthermore, as a welcoming bridge that connects all who visit Seoul Station. The Overpass and the surrounding landscape should remain. The horizontal view and the original appearance should be maintained in order to reserve the history of time. New experiences are created and new spectacles are enjoyed by changing the car-only way to a people-only facility. The sight reaches 500m horizontally, which encourages people's proactive communication with the landscape in all directions. The hierarchy which consists of vertically separated and layered public transportations is less divided and more connected due to the Overpass. Seoul Station with a lot of historical tales and significances becomes more accessible to the citizens and thus more usable. It is like a newly found key to the secret of the Station. The accessibility mentioned above also includes the weaker — children, the elderly and the disabled. The friendliness towards them is one of the key aspects. Countless discussions and meetings among many contributors from diverse fields of expertise were put into making the concept of this project. This cooperation landmark is the democratic starting point of the whole progress.

| The Sunset View to Direction of Malli-dong

천천히
SLOW

4. 기품 있게 늙어감에 대하여, **어린이대공원 꿈마루**

〔꿈마루 초기 모형〕, 조성룡, 2011년. 지금은 없지만 초기에는 지붕 위를 일부 뜯어 세모꼴 천창을 여러 개 낼 계획이었음을 알 수 있다. 〔사진 진효숙〕

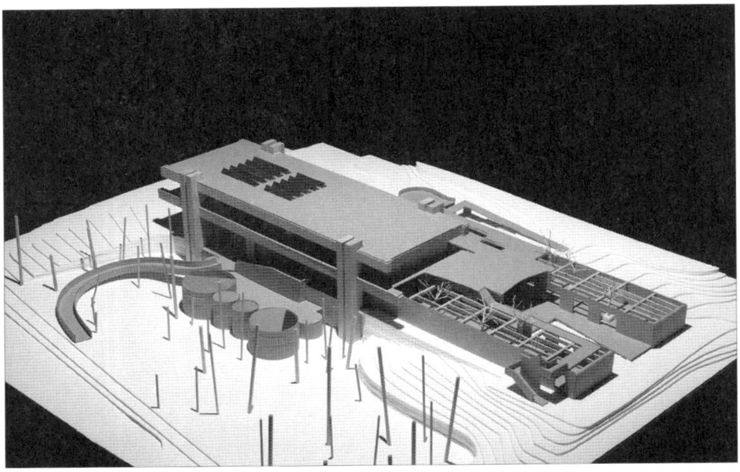

〔4-00〕 **건축이 인격으로 이어질 수 있는가** 〔2011년 5월 어린이대공원에 개관한 〈꿈마루〉(조성룡+최춘웅)는 드라마틱한 사연이 많다. 철거하려던 흉물이 아슬아슬하게 살아 남은 지 불과 2년 만인 2013년에 '한국 최고의 현대 건축' 14위(『동아일보』+『공간』의 조사)에 꼽혔다. 젊은 건축가나 건축과 학생들에게는 가 보아야 할 답사 코스로 자리잡아 간다. 그러나 〈꿈마루〉는 언제 찾아도 고즈넉하다. 늘 볕의 함량이 바깥보다 조금 높은 피크닉 가든에 고요가 내려앉는 사이, 맞은 편의 어둑한 테라스에는 습한 바람과 함께 새소리가 부산하다. 어린이 교양관의 시간, 골프장 클럽하우스의 시간, 그 밑바닥에 먼 조선 왕릉의 시간까지 겹쳐 있는 〈꿈마루〉의 이야기는 지난 몇 년 사이 여러 곳에서 발표되었고, 그렇게 해서 하나의 정본이 만들어져 가고 있는 줄로 알았다. 그러나 이번 인터뷰의 정리는 의외로 길고 지난한 작업이었다. 〈꿈마루〉의 주제는 그동안 익숙하던 시간이나 기억, 기념이니 보존과 같은 낱말을 넘어서, 이 도시나 도시의 역사, 복원, 공공, 문화재 같은 그런 거창한 문제도 아니라, 오히려 기품 있게 늙어감에 대한 하나의 태도로서 드러나 보였다. 어떤 물질 덩어리인 건축이, 어떤 공간이, 기품 있게 늙어감을 드러 낼 수 있는가. 〈꿈마루〉의 모든 사연과 기법은 결국 그 곳으로 귀결되는 듯 보인다. 그리고 그것은 지금 여기를 살아가는 우리의 삶, 우리의 표정, 우리의 손짓 같은 것에 대한 것이기도 할 터이기에 전문가의 영역를 넘어선다. 그것은 우리가 마주친 대상의 품위 있게 늙어짐이자, 그것을 지켜보는 우리의 품위이기도 하고, 근대 건축

〈꿈마루〉 2층과 계단. 대공원에서 공룡 전시회를 할 때 그렸음직한 벽화가 난간에 남아 있는 이 안에, 공룡의 머나먼 후손일 작은 새들이 익숙하게 드나들며 비를 피하고 쉬기도 한다. 〔사진 민희기〕

리모델링 전 어린이대공원 교양관 시절, 2009년. 외부는 모두 틀어막고 색칠해 원형을 알아볼 수 없고, 내부는 어두컴컴하고 무성의한 동굴 같은 공간이었다.

이—도시가, 산업이—인격으로 이어질 수 있는가의 주제이기도 할 법하다. 또한 그처럼, 시간이 흐른 뒤의 어느 가을 저녁이나 겨울 아침에 〈꿈마루〉는 또 다른 사연과 태도로 우리를 이끌 것이라고도 믿는다.〕

〔4-01〕 **변해 가는 과정을 드러내자** "〈꿈마루〉가 개관한 지 만 4년(2016년)이 되었습니다. 서울 어린이대공원 안에 있는데, 아직도 비교적 안 알려졌죠. 어린이대공원이라는 곳의 성격이, 마치 어린이만 가는 공원 같단 말이에요. 어른들에게는 별 관심이 없는 곳, 가더라도 애들 때문에 의무로 가는 곳. 그래도 대부분 어린이날 전후로 한두 번은 간 적이 있으니, 서울 사람이라면 상당수가 봤음직한 건물입니다. 〈꿈마루〉를 두고 어떤 사람은 재활용, 어떤 사람은 복원이라고도 얘기하는데 어느 것도 꼭 맞지는 않은 듯 싶습니다. 처음으로 되돌린 건 아니니 복원은 아니고요, 그보다는 오히려 시간의 흐름을 살리려 했습니다. 어떤 정치 · 사회적 흐름 속에서 태어난 건물이나 공간이 무슨 원인에 의해서 바뀌고, 또 쓰는 사람이 바뀌면서 계속 변해 가는 과정, 그 자체를 현재에 드러낼 방법을 생각했습니다. 처음 상태뿐 아니라 시대마다 남겨진 흔적도 가치가 있다면 버리지 않고, 거기에 지금 시점을 다시 삽입하는…. 건축 평론하는 김원식 선생이 하신 얘기가, 이 건축은 '양피지에다 새로 쓴 것'〔팔림프세스트(palimpsest)〕인데, 대개는 그러면 마지막에 쓴 것이 가장 두드러져 보이기 마련이지만 그게 아니라 새로 쓴 것과 옛 자국이 그대로 같이 보인다

〈서울 컨트리 클럽 클럽하우스〉 완공 직후 전경과 입면도들, 나상진, 1968~1970년. 〔『공간』 1969년 9월호〕

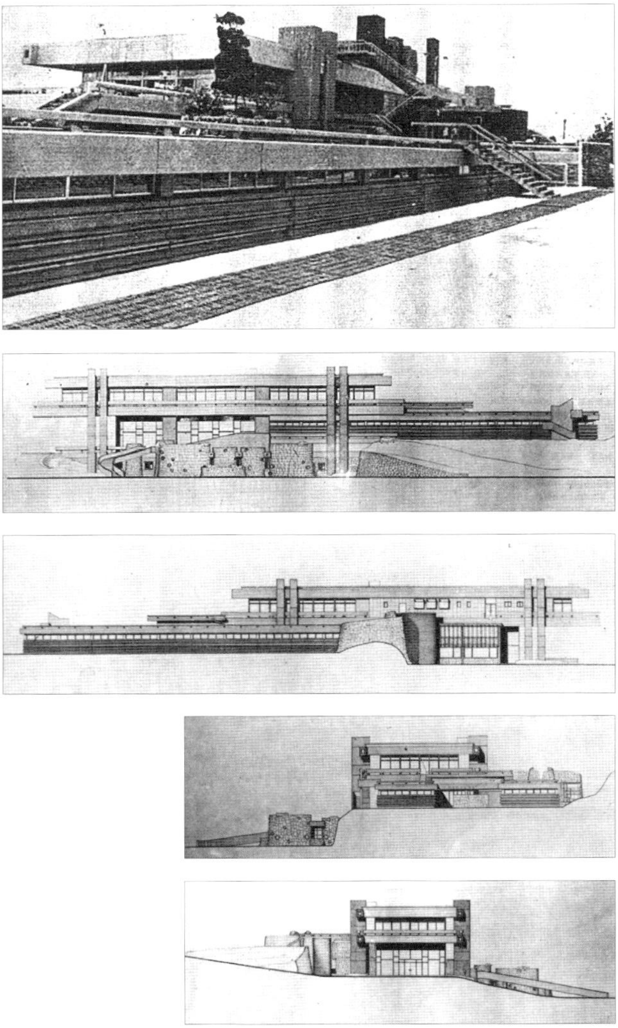

고요. 재미있게 읽으신 거 같아요."

〔4-02〕 **서울시에서 철거하기로 했던 어떤 낡은 건물** "2010년 봄에, 인테리어 협회에 있던 홍익대 오인욱(1947~) 교수에게서 전화가 왔어요. 서울시 디자인 무슨 위원회에 속해 있는데 회의 중에 건물 하나가 논란이 되었다, 보존하느냐, 철거하느냐. 시에서는 철거로 방침이 정해졌는데 다시 얘기 중이라고 해요. 이어서 그 일을 행정적으로 맡고 있던, 당시 푸른도시국 최광빈 국장이 자문을 구한다고 왔습니다. 그 때 최광빈 국장은 푸른도시국으로 온 지 얼마 안 되었을 때고, 부임하기 전에 건물은 이미 철거 후 새로 짓기로 결정된 상태였습니다. 어느 날 오인욱, 최광빈, 저 세 사람이 지금의 〈꿈마루〉, 즉 어린이대공원 교양관에 모여서 처음으로 현장 답사를 하게 되었습니다. 그 때만 해도 그 건물에 대해 아는 바가 없었어요. 바깥에서 외양만 잠시 보고…. 많이 낡았고 페인트를 계속 덧칠한 상태였고, 우리가 지금 보는 당당한 구조는 있었지만, 외벽에 창이 하나도 없이 몽땅 MDF로 덧대고 틀어막아서, 무슨 재개발 현장처럼 어수선했어요. 내부는 전등도 없어서 손전등을 들고 들어갈 수밖에 없었는데, '이게 뭐지?' 굴 속 같이 들락날락해요. 서울시에 구조 진단한 내용과 원래 도면을 보여 달라고 했습니다. 구조적으로는, 제일 꼭대기 층만 방수 성능이 조금 안 좋고 그 외에는 별 문제가 없어요. 그런데 시에 설계 도면이 없다는 거예요. 부랴부랴 수소문하기 시작했는데 1969년인가, 『공간』〔1969년 9월호〕지에 간단하게 도면이 실린

〈서울 컨트리 클럽 클럽하우스〉 1층과 2층 메자닌 평면도, 나상진, 1968~1970년.

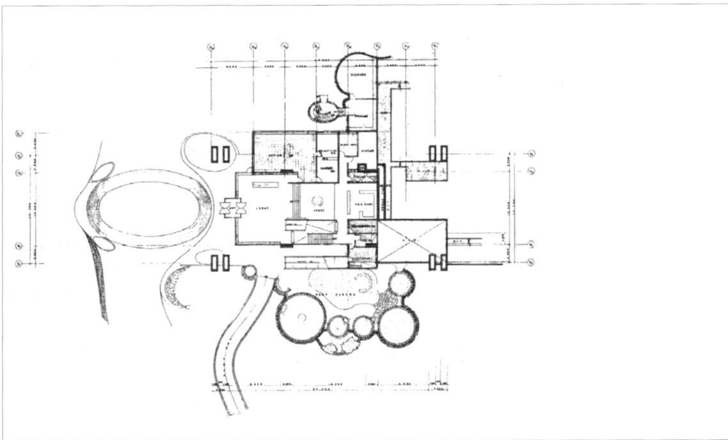

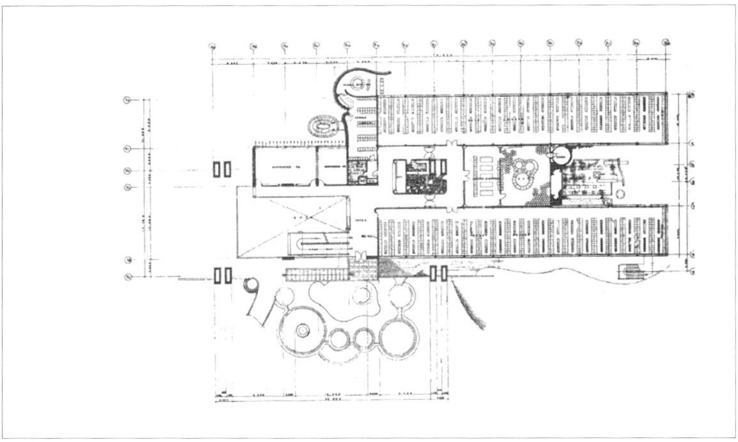

것을 보게 되었습니다. 그 도면을 보고 기절할 만큼 놀랬어요. 그 때 이게 나상진(羅相晉, 1923~1973)이라는 분의 작업이었다는 것과, 처음엔 골프장 클럽하우스였다는 것도 알게 되었습니다. 그 건물이《한국 건축 100년》전(1999년, 국립현대미술관)에서 상당히 주목을 받은 것도 알게 되었고요. 아 이것은, 그냥 어떤 건물이 아니라 한 시대의 선을 긋는 프로젝트다, 그런 감이 들었어요. 아무리 어려운 점이 있어도 헐어서는 안 된다고 주장하기 시작했습니다. 하지만 최광빈 국장으로서는 고민인 것이, 전임자가 해 놓은 일이고, 이미 결재도 끝난 걸 다시 바꿔 놓는다는 것이 행정적으로 무척 어려우니까요. 원래 조건은 어린이대공원의 관리 사무소 기능이었습니다. 그것으로만 쓰기에는 이 건물이 지나치게 크고, 유지 관리하는 데 돈도 많이 들어가고, 보기에 따라서는 옛날 건물이 공원에 별로 어울리지 않는다는 견해도 있었을 수 있지요. 그래서 철거하고 작은 관리 사무소를 새로 짓겠다고 한 것입니다. 제가 최광빈 국장에게 헐지 않고 쓸 수 있을 아이디어를 낼 테니 그 방안이 납득이 가면 헐지 않았으면 좋겠다, 이렇게 해서 시작이 된 얘기에요."

〔4-03〕 **조선의 왕릉에서 일제의 골프장으로** "교양관이 클럽하우스였다면, 그러니까 대공원이 골프장이었다는 거잖아요. 우선 왜 어린이 공원이 거기 들어서게 되었는가. 1973년에 개장을 했으니, 거의 50년이 다 되어 갑니다. 거기가 능동(陵洞)이지요. '능(陵)'자는 큰 무덤이란 뜻이고요. 조선 마지막 왕 순종(純宗, 1874~1926)의 황태자 시절의 비(妃)라고 해야 하나요,

1927년 세인트 앤드루스 링크스에서 티 샷을 준비하고 있는 영친왕(英親王). 영친왕은 일본에서 골프를 배웠다고 한다. 골프를 좋아하여 '망국의 한'을 골프로 달랬다는 영친왕은 1927년 유럽을 1년간 여행하는데, 이 때 스코틀랜드의 세인트 앤드루스 올드 코스에서도 라운드를 한다. 영친왕은 경성 골프 구락부 총재를 지냈고, 군자리 왕릉 터에 골프장이 생길 때 건설비 2만 엔과 3년간 보조금을 매년 5천 엔씩 하사했다고 하는데, 액면 그대로 받아들이기에는 석연치 않은 점도 많다.

순명효황후 민씨(純明孝皇后 閔氏, 1872~1904)인데 순종이 즉위하기 전에 일찍 세상을 떠났죠. 지금 어린이대공원 자리에 안장〔1904년, 유릉(裕陵)〕을 했다가 나중에 순종이 승하하면서 남양주로 옮겨 갔습니다(1926년). 그 남은 땅에 일본 사람들과, 일본하고 가깝던 우리 고관들이 합의를 봐서 골프장(군자리 코스)을 만들게 됩니다. 기록에서는 영친왕 이은(英親王 李垠, 1897~1970)이 표면에 많이 등장해요. 순종의 동생이 되죠. 아마 왕실을 설득하기 위해서 볼모로 일본에 가 있었던 영친왕을 이용하지 않았나, 그런 해석이 많습니다. 전에 내가 어디서 우리 나라 최초의 골프장이라고 말한 적이 있는데, 제일 처음 골프장이 들어온 건 그 전이었다고 해요. 원산 같은 데 영국 사람들이 만들었고, 지금 서울 효창공원 자리에도 있었습니다. 당시에 효창원(孝昌園)〔1921년에 일제 철도국에서 조선호텔과 패키지 관광 상품으로 개발했다.〕이라고 만들었는데 다음에 공원이 되었죠. 서울에 '게이조〔경성(京城)〕 골프 구락부'라고 하는 단체가 생기고, 그 구락부〔俱樂部, 클럽(club)을 음차한 한자말〕가 군자리 코스에 들어갑니다. 하나는 장소고 하나는 조직이죠. 그렇게 해서 왕릉 터가 1929년에 '군자리 골프 구락부'가 되고, 해방 후에 '서울 골프장'으로 바뀌었죠. 2차 대전 말기가 되면 비행장 활주로로 쓰이나 봐요. 전쟁으로 잠시 쉰 때를 제외하면 1929년부터 1970년 무렵까지 계속해서 골프장으로 쓰인 곳입니다."

〔4-04〕 **나상진, 서울 컨트리 클럽 클럽하우스** "해방 다음에는 미국 군정관들과 가까운 사람들이 이용했을 테고요. 골프

초기(1932년경)의 군자리 골프 코스 클럽하우스(위). 기와를 올린 한식 건물로 일제 강점기 박람회 때 조선관으로 사용한 건물을 군자리로 이축한 것이다. 주한 미군이 사용하던 중 난로 과열로 소실된다. (아래) 1957년경의 군자리 클럽하우스.

나상진의 클럽하우스가 건립된 후, 제4회 아태 아마추어 골프팀 선수권 대회가 열릴 때의 모습.

협회에 옛날 사진이 보관되어 있는데, 그걸 보면 클럽하우스가 한옥으로 되어 있습니다. 그러다 1968년에 새 클럽하우스를 설계하게 됩니다. 군사 정권 들어서고 얼마 후지요. 당시에 나상진이라는 건축가가 있었습니다. 처음에 손을 댈 때는 나도 잘 몰랐던 분인데, 그 무렵 정·재계와 가깝게 활동하던 건축가였어요. 흔히들 5.16 쿠데타(1961년) 이후 김수근(金壽根, 1931~1986)이라는 건축가가 회자되지만, 나상진 선생이 더 먼저… 그런 역할을 맡고 있었던 것 같아요. 1961년 워커힐을 건설할 때 김수근 선생은 위쪽의 바(힐탑)를 맡았는데, 마스터플랜 하고 본관 설계를 나상진 선생이 한 것을 보면 이 때까지만 해도 나상진 선생이 주도적 위치에 있지 않았나 짐작하는데 정확하진 않아요. 워커힐 호텔은 중앙정보부가 주도한 사업이기 때문에 기록 자체가 없어요. 예산에 대한 것도 없고, 일부 야사처럼 흘러나오긴 하는데 공식 기록은 없는 것으로 되어 있습니다. 그렇게 활발히 활동하던 건축가 나상진 선생이 서울 골프장 클럽하우스를 설계하게 됩니다. 건물은 1970년에 완공이 되고 나상진 선생은 1973년에 돌아가십니다. 건물 완공되고 얼마 안 되어 세상을 떠났는데, 관련이 전혀 없는 건 아닌 것 같아요. 어쨌든 처음에는 클럽하우스였다가 어린이 시설로 바뀌고, 다시 〈꿈마루〉로 바뀌었으니 40년 동안 많은 변화를 겪은 건물이라고 할 수 있지요. 그런데 이 건물에 대해서, 내가 작업을 할 때만 해도 거의 기록도, 아는 사람도 없는 겁니다. 겨우 나타난 것이 석사 논문이기는 하지만 성균관대의 한 대학원생이 쓴 '나상진 연구'가 있었고요. 그 논문

나상진(羅相晉, 1923~1973년), 건축가. 전북 김제 출생. 1940년 전주공업학교 건축과를 졸업하고 1941년 가지마구미(鹿島組)에 입사, 해방 때까지 근무했다. 1952년 명동에 설계 사무소를 열고, 그랜드 호텔(1957년), 대한교과서 사옥(1958년), 대구 파티마 병원(1960년) 등을 설계했다. 1961년 5.16 이후 대규모 건축물을 설계하는데, 새나라자동차 부평 공장(1961년), 경기도청사(1963년) 등이 있다. 1970년 제일은행 인천 지점, 1971년 전북대학교의 여러 건물들을 계획했다. 당대를 대표하는 많은 건물을 설계했음에도 건축사에 이름을 남가지 못하고 사라질 뻔한 건축가를 기억하게 된 것은 〈꿈마루〉의 또 하나의 큰 의의다. [『공간』 1971년 8월호에 실린 나상진의 초상]

을 통해서 돌아가신 윤일주(尹一柱, 1927~1985) 선생[시인 윤동주의 동생으로 성균관대 건축과 교수를 지냈다.]이 이 건물을 중요한 건축으로 평가했음을 알게 되었습니다. 그렇기는 하지만 그뿐이고, 나상진의 설계 사무실이 남아 있는 것도 아니고, 건물에 관해 기억하는 사람도 없고, 평가라든가 문헌 자료도 너무나 없는 거예요."

[4-05] **어째서 우리가 기억하지 못하게 되었을까** "그래서 이상하다, 하고 추적해 보니까, 이 나상진이라는 건축가가 더더구나 관심 밖인 거죠. 건축계에서 아웃사이더인 거야. 나상진이 1923년생이거든요? 같은 세대에서도 유명한 사람들이 있어요. 이를테면 연세대의 김정수(金正秀, 1919~1985), 유네스코 회관(1966년)을 설계한 배기형(裵基瀅, 1917~1979), 홍익대의 나상기(羅相紀, 1927~1989)와 박병주(朴炳柱, 1925~2015), 박병주는 도시 계획이죠, 엄덕문(嚴德紋, 1919~2012)…, 이들은 상당히 명맥이 유지되고 다시 조명되는데 나상진은 완전히 잊어집니다. 그건 어떤 다른… 계기가 있지 않았겠어요? 이 사람이 대학을 안 나왔어요. 학벌로 연결이 안 되는 사람, 기득권 무리에 안 들어가 있던 사람인 거죠. 그런데 묘하게도 일찌감치 자수성가해서 중앙정보부며 그 쪽 일을 많이 한 거예요. 기록에 따르면 일제 시대에 공업건축학교 나온 다음에 '가지마구미(鹿島組)'라는 건설 회사에 들어가서 관공서 건물 짓는 현장을 돌아다녀요. 실제 기술, 말하자면 당시로서는 선진 기술을 익힌 거야. '가지마'라는 데가 일본에서도 최고의 건설 회사였거든요. 그렇게 현장에서 공부한 걸 바탕으로 1952년에 사무실을 냅니다. 그

서울 컨트리 클럽 풍경들. (위) 1970년 무렵. 멀리 클럽하우스가 보인다. 클럽하우스 안에서 코스를 조망할 수 있도록 수평에 유리창이 많은 건물로 설계했다.

랜드 호텔, 파티마 병원, 5.16 이후에는 새나라자동차 부평 공장, 경기도청, 이런 큰 일도 하게 됩니다. 그 때는 정부의 누군가 도와 준 거죠. 그러다가 1970년 무렵이 되니까, 별로 중요하지 않아진 거예요. 오히려 다른 사람이 올라가려면… ."

〔4-06〕 **나상진이 설계한 서울 컨트리 클럽 클럽하우스** "얘기를 좀 바꿔서, 우리한테 골프가 뭔가, 근대화의 산물로서 백화점이나 병원, 극장, 이런 것을 거론하듯이 골프장이라는 게 또 뭐냐. 골프는 영국에서는 오랜 역사를 가지고 있고, 물론 귀족들이 많이 했겠지만, 그게 19세기, 20세기의 세계 흐름 속에서 동아시아 쪽으로 흘러온 거죠. 그러면서 다른 나라는 어떤지 모르겠지만 우리 나라에서는 상당한 권력과 재력을 갖고 있지 않으면 참가할 수 없는 것으로 자리잡았습니다. 영국의 클럽을 본따서 일본 사람들이 '구락부'라고 이름 붙였고요. 요즘은 CC라고 줄여서 부르지만, 제한된 사람들의 그룹이라는 뜻이지요. 요즘은 좀 나아졌는지 모르지만 전에는 흔히들 골프 친다 하면 일반 사람들은 생각할 일도 없는 별세계랄까? 다른 사람들보다 우월하다는, 일종의 계급 의식. 클럽하우스에도 이해할 수 없는 분위기가 있어요. 1980년대만 해도 경사기와 지붕의 큰 건물을 들어가면 빅토리아풍 인테리어라든지 시대하고는 동떨어진 벽 장식들이 있고요. 운동 좋아하는 사람들이 사회적 지위를 벗어던지고 릴랙스하는 곳이라기보다는, 장소만 전원 속으로 들어갔을 뿐 또 하나의 사교 장소랄까, 귀족이라는 게 있는 시대도 아닌데 계급 의식을 표방하니

나상진의 클럽하우스가 〈꿈마루〉로 탈바꿈하기 전 가벽들을 뜯어 냈을 때의 풍경들. 구조의 힘이 느껴지는 브루털한 공간이다. 〔사진 진효숙〕

까 동조하기 어렵죠. 내가 보기에는, 그런 관점에서 1968년에 나상진 선생이 이런 건물을 설계한 게 대단한 겁니다. 그런 풍조 속에서 골프장을 짓겠다는 사람이나 이용하는 사람 눈으로 보면, 이 건물은 아닌 거예요. 형태부터가 건축 사조로 보면 브루털(brutal)하거든요. 스패니시 기와를 씌우거나 벽돌을 장식적으로 쓰지 않고 맨얼굴로 승부하려고 한 겁니다. 건축이라는 것이 의뢰자로 인해서 일이 성립되기 때문에, 현실에 맞닥뜨리면, 저 스스로 겪어 봐도, 그 패러다임을 극복하기가 쉽지 않습니다. 나상진 선생이 비록 그런 부류의 사람들하고 가깝기는 했겠지만 내심 거기에 대한 저항감을 갖고 있었던 건 아닐까…. 물론 시대적으로 김수근 선생이나 여러 사람이 브루털한 양식으로 할 때니까 설득에 힘은 받았겠지만요. 지금 시점에서 보더라도 조형적 언어가 대단합니다. 건축이라기보다는 차라리 토목 구조물처럼 큰 기둥을 네 군데 세우고 그 위에 엄청나게 넓은 콘크리트 상판을 얹어서 마치 떠 있는 것처럼 만들었어요. 이제는 나무들이 많이 자랐지만 무성하기 전에는 언덕 위에서 신전 같은 경관을 이뤘을 겁니다. 클럽하우스가 가져야 되는, 수평으로 뻗어야 되고 거기서 여러 경관을 볼 수 있거나 홀에서 그 곳이 보이는 특성에 맞춰서 조형을 이뤄 냈…지만, 짓고 나자마자 바로 폐쇄가 돼요."

〔4-07〕 **이 땅의 공공 건물들이 어떻게 생겨났는가** "절대적 통수권자의 말 한 마디로 삽시간에 바뀌는 거죠. 1970년 가을에 클럽하우스가 완공되었는데, 그 해 12월에 어린이 공원으

나상진의 클럽하우스가 어린이대공원 교양관으로 쓰일 때.

나상진의 정부 종합 청사안.

로 변경하라는 지시가 내려오고, 1971년에 여러 대학 교수들이 공원 리노베이션을 계획하고, 1972년에 골프장이 폐쇄되고, 1973년에 공원으로 문을 열었습니다. 그런데 바꾸는 일에 원래 설계자를 참여시킬 수도 있겠건만, 어린이 공원 기본 계획은 홍익대 부설 건축도시계획연구소에서 맡습니다. 서울시 도시계획과하고 미술 · 관광의 각계 인사들로 구성된 '어린이대공원 건설 자문 위원회'가 소집이 되고, 여기에 박병주, 영친왕의 아들 이구(李玖, 1931~2005), 엄덕문, 조각가 김세중(金世中, 1928~1986), 이광노(李光魯, 1928~2018), 나상기 등 교수들이 합류해 기본 계획을 하고요. 그러니까… 〔침묵〕 음, 건축가로서 시대 흐름을 잘 타고 왔던 나상진 선생이 여기서 꺾이게 되는 거예요. 결정적으로는 그 즈음에 정부 종합 청사 프로젝트가 타격이 컸죠. 논란이 워낙 커서 아직도 기억이 납니다. 현상 공모〔1967년, 『공간』 1967년 5월호에 소개됨〕를 해서 나상진 선생이 당선이 되었는데, 정부에서 미국 회사에 재설계를 시키면서…, 그것 때문에 술 마시고 홧병으로 돌아갔다는 설인데, 그 현상 설계 이후의 문제와 이 클럽하우스의 폐쇄를 같은 맥락으로 볼 수 있을 것 같아요. 정부 종합 청사(1967년 착공, 1970년 준공)는 당시 국가적 프로젝트였습니다. 지금은 광화문 맞은편에 고층으로 서 있지만, 나상진 선생은 옆으로 길고 낮은 건물로 제안했거든요? 맞은 편 건물들(현재 대한민국역사박물관, 미국 대사관)하고 호응이 되죠. 그런데 당선작이라고 상금까지 줘 놓고서는 정부에서 따로, 뒤로 몰래, 미국의 어느 회사에다 계획안을 의뢰해서 받은 겁니다. 대단한 회사도 아니었다는데, 미국

〈꿈마루〉 전경, 2011년. 원경에서 보면 처음 클럽하우스였던 시절 자아내던 건축적 이미지에 가깝게 회복하고자 했다. [(위) 사진 김재경 (아래) 사진 진효숙]

에서 제안한 안은 높게 세운 거야. 논란이 굉장했어요. 부당하다, 당선된 건데 그렇게 하면 안 된다, 게다가 이 안이 훨씬 맞다, 백기완(白基玩, 1932~2021) 씨가 반론을 주도했을 겁니다. 건축계에서 여러 사람이 탄원서를 쓰고 했는데도 안 되는 거예요. 왜 미국으로 넘어갔는지 잘 모르겠어. 언젠가는 밝히는 게 좋을 것 같아요. 소문으로 돌아다니는 얘기는 여럿 있었지요. 슬픈 이야기야. 원, 한 나라의 정부 종합 청사라는 건물을 설계하면서…. 이 이야기도 〈꿈마루〉를 하게 되지 않았으면 떠올릴 일도 없는 거지요."

〔4-08〕 **비정상의 정상화** "어린이대공원이 비교적 걸어다니기 편한 건, 그런 역사 때문이죠. 능이었던 걸 그대로 골프장으로 만들고, 다시 공원으로 한 거니까요. 근린 공원으로서는 좋은 조건입니다. 지금도 옛날의 코스로 짐작되는 부분이 군데군데 남아 있어요. 대개 사생 대회며 글짓기를 하거나 돗자리 깔아 놓고 어머니하고 애들이 점심 도시락을 먹기도 하죠. 이 공원에 유난히 조각이 많아요. 모자상, 그런 거죠. 어린이대공원으로 바꾸면서 조각가들을 집단적으로 동원해서 설치한 겁니다. 그 때 어린이 공원을 설계한다는 것에 대한 인식의 수준이라고 볼 수 있겠죠. 〈꿈마루〉 앞에 기념비가 하나 있습니다. 그 비에 어린이 공원으로 만들면서 기부한 사람들—개인, 기업, 기업인 이름이 쭉 있습니다. 분야를 망라해서 몇백 명이고, 돈을 얼마 냈다는 것까지 나와요. 디자인한 사람들도 일체 무보수로 일했다고 해요. 국가가 초비상적인 힘을 동원

〈꿈마루〉 1층에서 2층으로 올라가는 계단. 낡은 콘크리트 구조물과 새로 붙인 난간. 〔(위) 사진 민희기 (아래) 사진 진효숙〕

해서 순식간에 만들어 내는, 그 시대의 전형적인 데몬스트레이션 프로젝트(demonstration project)—보여 주기식 국가 사업이죠. 처음에는 기념비가 그 장소에 별로 맞지 않아 보여서 없애자고 제안을 했다가, 뒤에 새겨진 기록을 보고서는 아, 이것도 그대로 남겨서 보여 줘야겠다 싶었어요. 나중에 리뷰를 해 보면 재미 있을 거 같아요."

〔4-09〕 **우리의 박탈된 기억** "이 건물은 그런 과정 속에서 아이들이 사용하기에 적당치 않은 건물로 40년을 유지하게 되었습니다. 1973년 5월 5일 어린이날 부로, 이름은 '교양관'이라고 붙이고 아이들 문화 예술 학습 공간이 되었지만, 클럽하우스로 쓰던 건물을 갑자기 어린이 시설로 돌리려니까 마땅치 않았겠죠. 그러다 보니 그 동안 어떻게 썼냐면, 사람들 기억에 제일 남아 있는 게 공룡 전시회일 겁니다. 약간… 리얼하지 않아도 되는, 판타지에 기댄 그런 전시들. 입구부터 다 틀어막아 캄캄한 내부 공간으로 만든 다음에 그 안에 배경을 그리고, 조명 조금 하고, 여러 인공 조형물 가져다 놓고요. 어린아이들 눈높이에서 상상할 수 있을 정도의 디스플레이면 되니까. 서울에 있는 많은 사람들이 보러 갔겠지만 어른들에게는 별 재미 없는… 시간 때우기의 공간으로 전락했기 때문에, 그렇게 많은 사람들이 방문하고 잘 보이는 위치에 있는데도, 이 건물에 대한 기억이 없는 거예요. 지금 쳐다보면 상당히 유니크하고 다른 건물과 달라 보이지 않습니까. 눈에 띄었을 텐데도 그 긴 시간 동안 기억에 없었다는 건, 그 건물을 조명하

〈꿈마루〉 2층의 피크닉 가든. 클럽하우스에서 남자 탈의실과 사우나로 쓰였던 공간이다. 당시 외벽을 남겨 감싸는 느낌을 주면서도, 지붕을 뜯어 햇볕을 들게 하고 나무를 심었다. 사우나 욕조가 있던 자리에는 작은 연못을 두었다. 〔(위) 사진 김재경 (아래) 사진 진효숙〕

는 무언가가 없었기 때문이거든요. 건물을 보게 하는 안내건 건물에 대한 기록이건 아무것도 없기 때문에 사람들 눈에는 그냥 공원 안에 있는 약간 이상한, 멋은 전혀 없는, 무뚝뚝한 건물로 비쳐진 거죠. 정말 견딜 수 없는 것이, 이런 구조의 건물을 어떻게 그렇게 썼는가…! 하는 거예요. 죽여 놓은 거죠. 죽였다는 뜻은, 실질적인 기능의 문제도 있지만 사람들이 기억을 못하게 했다는 게, 40년 동안이나 그렇게 두었다는 게 더 문제라고 생각해요. 공공 공간을 내동댕이치고, 내동댕이친 상태에서 그나마 내버려 둔 것도 아니고 이상하게 변형을 가해서 쓰는 그런 무심함. 그 전에는 클럽하우스였지만 절대적인 힘에 의해서 1973년부터는 공공 건축이 된 거죠. 국가의 공공 공간을, 앞에서 열거한 것처럼 당시 많은 건축계 중진들이 작업했음에도 이렇게밖에 못했다는 것이…, 무심함이죠. 어린이대공원 자체에 대해서도, 골프장이었다는 역사도, 그 전에 뭐였는지도 기억이 사라지고, 고작 '능동'이라는 이름만 남아 있는 거잖아요. 어떤 장소를 통해서 뭔가 계승이 되어야 되는데, 계속 이거에서 저거로 퐁퐁퐁퐁 순간적으로 바뀌기 때문에 이어지는 게 없고, 숙성이 안 되는 거죠."

〔4-10〕 **쓸모가 다한 건물을 살려 낸다면, 건축가는 어떻게 개입할 것인가** "〈꿈마루〉로 돌아와서, 나는 아이디어를 내는 단계, 즉 기본 계획만 하기로 하고 시작했어요. 서울시에 새로운 설계를 위한 예산이 없으니 절차상 정상적으로 설계를 할 수 없었죠. 우선은, 새로 지을 작은 건물의 예산밖에 없기 때문에

〈꿈마루〉는 서울 안에서 근사한 피크닉을 즐길 수 있는 공간이고, 그 멋진 피크닉을 부담 없이 지켜볼 수도 있는 공간이다. 〔(위) 사진 심세중 (가운데) 사진 진효숙 (아래) 사진 김재경〕

그 범위를 벗어나면 안 되었습니다. 관청이 운용하는 공공 건물이라 행정 상황이나 재정 조건이 부합하지 않으면 진행이 되지 않기 때문에, 더 이상의 예산을 들이지 않고 큰 건물을 고쳐 쓰도록 맞출 방법을 내야 했습니다. 실은 처음 최광빈 국장에게 남기자고 제안을 했던 순간에 아이디어는 이미 떠올라 있었습니다. 그러니까 자신 있게 주장을 한 거죠. 관리소에서 요구한 시설은, 사무실, 회의실, 통신실, 화장실 등을 포함해서 기존 공간의 3분의 1쯤 되었습니다. 교양관 전체 면적이 5,000평방미터쯤 되는데 필요한 것은 1,400평방미터 정도, 예산도 딱 그만큼이었습니다. 조금 더 나간 건, 지어진 다음 유지 관리도, 그 3분의 1의 면적을 유지할 예산으로 할 수 있게 맞추려고 했습니다. 유지 부분이 더 중요할 수도 있고요. 공원 안의 시설이기 때문에 가능하다고 생각했습니다. 서울역 고가 활용 프로젝트를 할 때도 그랬던 것처럼…. 현재의 상태대로 놔 두는 그런 개념이죠. 쓸 부분을 제외하고 나머지는 기둥이나 지붕은 있지만, 벽과 창문을 터서 외부 공간으로 바꾼다는 것인데요. 건축이라는 것이 쓸모가 끝났을 때, 또는 기능이나 조건이 바뀌었을 때 우리가 무슨 생각을 해야 할 것인가. 새로 쓸 수 있는 부분만 살리고, 그 다음에는 이것을 풍화되는 과정 속에 두자는 거죠."

〔4-11〕 **젊은 건축가와의 협업** "알고 지내던 최춘웅 교수(당시 고려대 건축과)에게 이 일을 같이 하자고 제안했더니, 흥미 있어 했어요. 학생들하고 현장 실측도 하고, 도면화하고 모

〈꿈마루〉 2층, 북동쪽 로비에서 남서쪽을 본 모습. 힘차게 뻗은 천장 보는 브루털리즘 건축의 구조미를 느끼게 한다. 멀리 흰 벽에 보이는 벽화는 디자이너 안상수의 작업이다. 40여 년 전 홍익대 학생 시절, 안상수는 유강열의 제자로 교양관 인테리어 작업에 참여했고, 그 인연으로 〈꿈마루〉 리모델링 때 추억을 살리며 함께 작업했다. 〔(위) 사진 김재경 (아래) 사진 진효숙〕

형 만드는 초기 작업을 해 줬고요. 그 때 최춘웅 교수가 소개한 것이, 처음으로 되돌리는 총체적 복원과 대(對)하는 '편집적 복원'이라는 말이 있다고 해요. 용어가 별 중요한 건 아니지만, 옛 건축에 손을 댈 때 그냥 개조라고 하지 않고 인터벤션(intervention), 개입이라는 말을 써요. 사람 사이 서먹해졌을 때 찔러 본다고 하잖아요. 그런 것처럼 무슨 개념으로 어디까지 손을 집어 넣어 볼 건가, 그랬을 때 거기에 어떤 영향을 줄 건가, 어떤 반응이 올 건가를 가늠해 가면서, 원형질을 보존하고 새로운 생각을 집어 넣으려는, 그런 관심이 전부터 있었어요. 선유도공원에도 일부 그런 부분이 있지만 그 때만 해도 오히려 환경 문제를 머리에 두었다면, 〈꿈마루〉를 할 때는 기존에 있던 디자인에 새로운 계획가가 어떻게 개입(인터벤션)을 할 건가를 고민했습니다. 그래도 미국이나 선진국에서는 조금 더 경험이 있었기 때문에 그런 단어가 있었나 본데, 새롭게 다가왔어요. 최춘웅 교수는 리모델링 방법을 의논할 때도 상대가 되어 주었습니다. 실제로 현장을 맞닥뜨리면 결정하기 어려운 부분이 많아요. 여기까지 해? 말아? 그런 고민할 때 의논할 상대역이 있다는 게 도움이 되죠."

〔4-12〕 **건축 문화재, 복원이냐, 보존이냐** "전에 내가 문화재청, 문화재 위원으로 있으면서 관심을 가졌던 것이 유네스코의 문화 유산 보존 방법이었어요. 복원은 150년 동안 유럽 사회에서 꽤 논란이 있어 왔습니다. 그 논란을 쭉 따라 올라가면 제일 먼저 존 러스킨(John Ruskin, 1819~1900)하고 비올레 르 뒤크(Eugene

〈꿈마루〉, 집 속의 집. 1층의 상황실, 2층의 사무실과 회의실, 갤러리, 화장실 등 필요한 어린이대공원 사무소에서 필요한 공간만큼을 집어넣고 나머지를 모두 외부 공간으로 만듦으로써 건축비는 물론 유지 관리비도 줄이게 했다. 〔(위) 사진 김재경 (아래) 사진 진효숙〕

Viollet-le-Duc, 1814~1879) 얘기가 나와요. 비올레 르 뒥이 파리 노트르담 성당하고 툴루즈의 남동쪽의 카르카손(Carcassonne) 성을 예쁘게 복원했죠. 지금도 훌륭한 관광 자원으로 쓰이고 있는데, 그걸 당대에 존 러스킨이 비판하고 나섭니다. '그건 복원이 아니다, 시대의 선후 관계를 애매하게 만드는 것은 오히려 파괴다'라고요. 그러면서 일어난 논쟁, 그리고 20세기 들어와서 파르테논 신전 복원 등 여러 가지를 겪으면서 유럽 사회가 도달한 결론은 복원에는 건축의 진정성(authenticity)이 살아 있어야 한다는 겁니다. 만약 보강이 꼭 필요하다면 반드시 후대 사람들이 그 차이를 알아볼 수 있는 방법을 써야 됩니다. 한창 경복궁 복원 바람이 불 때였어요. 〈대장금〉에 나오는 소주방(燒廚房)을 복원한다느니…, 문화재 위원으로서 그 부분에 상당한 회의가 있었어요. 경복궁은 옛날, 대원군 때(1865~1872년 중건)는 천 개의 건물이 있었다고 하지요. 천 개 건물의 지붕이 경복궁에 차 있는 걸 상상해 보고, 그 뒤로 북악산, 인왕산까지 상상해 보면 엄청난 풍경일 겁니다. 그 느낌을 우리가 상상할 수 있게 자아내는 게 중요한 거지, 지금에 와서 자료도 없는데, 그냥 일제 강점기에 찍힌 몇몇 사진과 『북궐도형(北闕圖形)』을 가지고 이 시대의 몇몇 건축가나 전문가가 추정해서 짓는 건, 복원이 아니라 신축이지요, 신축. 그런데 그걸 이루느라고, 그 장소에 그나마 남아 있던 원래 기초라든지 땅 아래 유물은 오히려 다 파괴해 버리거든요. 그런 정비 개념은 옳지 않다, 그런 주장을 한참 했어요. 어떻게든지 지금 상태를 잘 견디도록 유지를 하는 것이 우선이고 재현은 공사를 하며 발견한(나타난) 벽체의 한 부분을 그대로 살려 회의실의 한 벽에 남겼다. 자체로 하나의 작품이다. 〔사진 진효숙〕

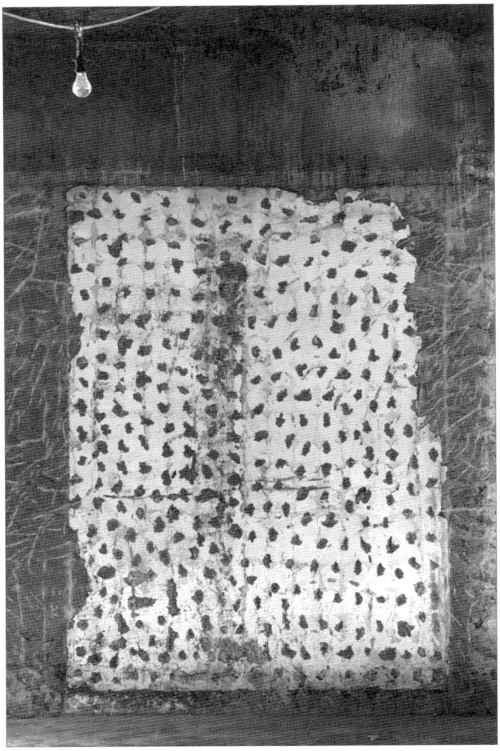

그 다음에 다른 방법을 찾자고요. 당시 유홍준 청장도 상당히 귀를 기울여 줬습니다. 그런데 한참 보류되었던 소주방도 최근에 다시 지었잖아요. 10년 만에 도로 후퇴한 기분이 드는 거야. 〈꿈마루〉가 문화재는 아니지만, 과거의 의미 있는 작업들을 다시 손을 대거나 재활용하려고 할 때, 유네스코에서 오랜 논쟁 끝에 정해 놓은 기준과 방법을 적용할 수는 없을까 하고 생각을 했습니다."

〔4-13〕 **건축 개입 실전 : 집 속의 집** "그것이 간단한 일은 아니었습니다. 현장 조사를 해 보니까, 외관을 두텁게 막아서 썼고, 전시할 때마다 계속 칠하고 개조하다 보니 내부도 상당히 변질되어 있었어요. 개입(인터벤션)에 대해서 두 가지 문제를 만났는데, 하나는 외관을 어디까지 어떻게 할 것인가, 또 하나는 클럽하우스로 쓸 건 아니기 때문에 원형을 어느 정도까지 보존하면서 새로운 공간을 집어 넣을 것인가였습니다. 첫 번째는 건물 자체의 문제라면 두 번째는 그 공간을 리모델링할 때 어떤 생각을 해야 되는가의 문제죠. 어려운 건 콘크리트에 너무 변질을 많이 가해 놓았기 때문에 그걸 제거하는 데만도 엄청난 돈과 시간이 드는 거예요. 중간에 멈췄어요. 들어가는 노력에 비해 손을 댈수록 점점 더 원형이 없어지겠다는 판단이 들었습니다. 변질된 콘크리트 자체를 안고 가기로 한 거지요. 공간을 활용하는 방법은 이 건축이 원래 매우 구조적인 시스템으로 시작했기 때문에, 수직적인 기둥과 거기 얽혀 있는 거대한 콘크리트 보가 만들어 내는 공간, 그 구조를 살리

안쪽에서 본 〈꿈마루〉 입구. 교양관 시절 MDF 가벽으로 얼기설기 틀어막았지만 클럽하우스 때 이 곳은 유리로 되어 있었다. 유리 부분을 막았던 벽체는 처음 설계대로 모두 제거하되, 다시 유리를 끼운 것이 아니라 그 자리에 철제 틀로 여기가 내외부의 경계였음을 알리는 가상의 벽을 세웠다. [(위) 사진 민희기 (아래) 사진 진효숙]

는 방향으로 가야겠다는 생각이 제일 먼저 들었어요. 아마 그것이 처음 클럽하우스를 만들었을 때의 개념일 테니까요. 클럽하우스 때는 외벽은 거의 유리였습니다. 바깥을 멀리 조망할 필요가 있는 공간이기 때문이었을 겁니다. 외관이 일부 깨끗하지 않더라도 뭘 덧대지 말고 어떤 형식으로든 그 원형이 드러나도록 만들고 그 안에 삽입하는 새로운 기능은 구조적으로 전체 구성에 방해가 안 되는 방법으로 하자, 집 속의 집이라는 개념이 등장하는 거죠. 다행히 이 집은 건물의 층고도 높고 해서, 그 안에 다른 집을 삽입하기가 쉬웠습니다."

〔4-14〕 **우리 사이의 거리** "그래서 원경으로 보면 마치 복원한 것 비슷하게 맨 처음에 이 집을 설계할 때 나상진 선생의 스케치와과 비슷하게 보이지만, 안으로 들어가면 새로운 작은 집이 삽입되면서 여러 크고 작은 공간들이 새로이 생겨나게 했습니다. 에드워드 홀(Edward T. Hall, 1914~2009)이라는 사람이 쓴 『숨겨진 차원(Hidden Dimension)』(1966년)이라는 책에 '프로세믹스(proxemics, 근접 공간학)'라는 이론이 나와요. 사람이 느끼는 거리감을 네 단계로 나눈 건데요, 가장 가까운 거리〔인티미트 디스턴스(intimate distance)〕가 20센티미터 정도고, 두 번째가 퍼스널 디스턴스(personal distance)라고 해서 45센티미터부터, 그 다음이 소셜 디스턴스(social distance)로 1.2미터부터, 제일 마지막 단계가 3.6미터를 넘어서면 퍼블릭 디스턴스(public distance)라고 해서 공적인, 열린 공간으로 느낀다는 겁니다. 물론 문화에 따라 조금 차이가 있겠지

〈꿈마루〉 2층 화장실을 지나 피크닉 가든으로 이어지는 공간. 빛과 어둠, 좁은 공간과 넓은 공간이 〈꿈마루〉 안에서 이렇게 이어진다. [(위) 사진 민희기] 피크닉 가든을 뒤로 하고 본 사무동과 화장실 쪽 복도 공간. 원 공간에 다른 공간을 집어 넣은 집 속의 집이다. 재료를 달리해 개입의 의미를 확실히 했다. [(아래) 사진 진효숙] 보존에 관해서는 유네스코에서 제시한 건축의 진정성(authenticity)을 끌어왔다면, 내부 공간의 세세한 조정에서는 사람이 그 안에서 활동하며 느끼게 될 다양한 감각을 염두에 두었다.

만 큰 의미는 적용할 수 있겠다 싶었습니다. 즉, 이 공간 안에다 새로운 집을 집어넣음으로써 다양한 차원의 거리를 두자는 뜻에서요. 예를 들어 〈꿈마루〉 전체의 입구는 굉장히 거대한 공간이지만 2층으로 올라가는 부분, 원래는 경사로였지만 계단으로 고쳤는데요, 이 복도는 두 사람이 걸어간다고 하면 꽤나 가깝게 느껴질 만큼 좁아요. 퍼스널한 거리쯤 되겠지요. 뻥 뚫려 있을 때는 아무것도 아닌 공간이지만 이렇게 설정하면 큰 공간과 작은 공간의 대비를 몸으로 느끼게 됩니다. 조금 더 가서 사무실과 화장실이 있는, 벽돌 공간을 지날 때면, 약간 넓어지지만 그래도 트이진 않은 느낌이 들죠. 그걸 지나서 피크닉 가든에 이르면 거의 퍼블릭한 넓이가 마련됩니다. 도시의 작은 광장이나 네거리만큼 넓어지면서도 둘러쳐진 벽 때문에 미묘한 기분이 들죠."

〔4-15〕 **공간이 감각을 일깨울 수 있다면** "또 한 가지 더한 건 내부와 외부의 구분을 느슨하게 했다고 할까요. 〈꿈마루〉에선 모퉁이를 돌아 들 때마다 바깥이 계속 따라 들어옵니다. 바람도 안으로 들어오고, 눈이 오는 날, 비 오는 날… 일상적으로 경험하기 어려운 큰 공간에서 다른 감각을 느끼게 해 주는, 그런 생각을 했어요. 〈꿈마루〉를 거쳐서 공원의 다른 공간으로 나가는 사이에, 아무렇지도 않은 듯하지만 여러 가지를 감각할 수 있게 말입니다. 그건 곧 이 도시 안에서, 우리가 일상 생활을 하면서 별 신경 쓰진 않지만 늘 느끼게 되는 것이기도 하죠. 〈꿈마루〉를 들어가서 점점 안으로 공간이 진행되면

〈꿈마루〉는 끊임없이 바뀌는 공간이다. 안과 밖, 빛의 산란과 변화, 바람의 흐름이 〈꿈마루〉를 다양한 공감각 체험장으로 만든다. 〔(위) 사진 진효숙 (아래) 사진 김재경〕

서, 계속 바뀜이 일어납니다. 끊임없이 바뀌면서, 하여튼 조금 기분이 좋아지고, 생각이 달라지는 그런 공간. 어떻게 보면 〈꿈마루〉에서 가장 중요한 거라고 생각합니다. 거긴 빛도 있어요. 요즘 법규에 맞추느라고 엘리베이터를 하나 놓으면서 그 위 지붕을 뜯었어요. 유리로 된 엘리베이터 통을 타고 빛이 천장부터 아래층까지 들어옵니다. 사실 〈꿈마루〉 안이 어둑어둑해요. 유지 관리 비용을 낮추려고 조명 기구도 최소로 줄였고 다른 일체 시설을 두지 않았기 때문입니다. 그런데도 바깥 같죠. 여기저기서 빛이 들어와 난반사하고 바람도 통하거든요. 음, 기분이 아주 나쁘지 않은 다리 밑 같다고 할까요. 우리가 그 어두운 다리 밑 같은 공간을 통과하는 사이에 끊임없이 스케일이 바뀌고, 조금씩 조금씩 다른 농담의 빛이 섞여 들고, 환한 피크닉 가든을 거쳐 더 밝은 북 카페가 저기 위에 보입니다. 오는 사람들을 가끔 관찰을 해 보면, 오히려 애들은 민감하게 알아차리는 거 같아요. 들락날락 계속 위로 갔다 내려갔다 하는 게, 빛의 바뀜에 대한 아이들 나름의 느낌이 있는 걸 거예요. 처음부터 그렇게 계획한 거니까요. 구조물을 만들지 말고, 움직임이 일어나게 만들자, 그저 그 공간에 참여하는 사람들이 흐름들을 따라서 잘 갈 수 있도록 제공만 하자, 어느 정도 들어맞은 것 같아요. 공사 과정에서는 관청하고 논란도 있었고 공사하는 사람들의 우려도 있었지만, 방문한 사람들이 잘 활용하고 기분 좋아하는 듯 보여 재미있습니다."

〔4-16〕 **옛 사람의 마음을 지금 읽는 일** "이 작업을 하면서 나

폴 루돌프의 SMTI(Southeastern Massachusetts Technological Institute, 지금의 UMass Dartmouth) 캠퍼스 투시도, 1964~1966년. 브루털리즘의 대표 건축가 폴 루돌프는 1960년대 우리 나라는 물론 세계 많은 젊은 건축가들에게 우상으로 여겨졌다. 나상진의 클럽하우스 설계 도면에서 떠올리게 되는 건물이다. 아래 사진은 나상진의 클럽하우스 때에 가깝게 정리한 후의 주 출입구 측면. [사진 진효숙]

상진이라는 건축가가 클럽하우스를 어떻게 생각했는가, 그 건축을 어떻게 실현했나를 생각하게 되죠. 우선 클럽하우스의 관습적인 형식을 안 따른 겁니다. 물론 인테리어에 구조가 노출된다는 것은 상상도 못하던 때니까, 안쪽이 지금처럼 드러나 보이지는 않았겠지만, 아무리 치장을 잘해도 코지(cozy)한 기분이 안 날 정도로, 바깥의 랜드스케이프를 어떻게든 끌어 들이려고 노력을 한 거죠. 그리고 당대 유럽이나 일본, 미국에서 적용하던 재료나 디자인 요소를 가져 왔습니다. 요즘 표절 얘기가 많은데, 건축은 실제로 사용을 해야 되는 속성상 공간의 쓰임에 대해 선례나 관습을 따르면서 이루어지는 경우가 대부분입니다. 그런 관점에서 나상진이라는 건축가가 당대에 관심을 가지고 있던 여러 사례들을 공부해서 여기다 넣은 건 사실이고, 또 나름대로 당시 국내 산업에서 도저히 할 수 없었던 기술을 시도했습니다. 내가 학창 시절에 폴 루돌프(Paul Rudolph, 1918~1997)에 심취했던 걸 떠올리면서 이 클럽하우스 설계를 보면 대단하다는 기분이 듭니다. 하지만 콘크리트 기둥에 세로로 홈을 판 것은 사족처럼 보여요. 기둥 두께가 실제보다 약간 날씬하게 보이게 하는 효과가 있긴 하지만, 난 좀 크게 보였어도 좋았겠다는 느낌인데, 사람들은… 흔히 볼 수 없는 수법이니까 재미있어 하죠. 콘크리트로 뭔가 표현을 만들어 내는 것이 당시 건축가들에게는 무척 하고 싶은 일이었습니다. 〈꿈마루〉의 경우 나상진 선생은 합판으로 만든 콘크리트 거푸집에 일일이 각목을 대어서 홈을 낸 다음에 나중에 그걸 깨서 만들었는데, 그렇게 하면 품이 너무나 많이 들고 건

〈서울 컨트리 클럽 클럽하우스〉 2층 평면도, 나상진, 1968년. 오른쪽 끝까지 위아래로 길게 평행한 두 공간이 라커룸, 왼쪽 위에 도드라진 곡선이 여자 사우나에 해당한다. 왼쪽 아래의 둥근 공간들은 스타트하우스였다.

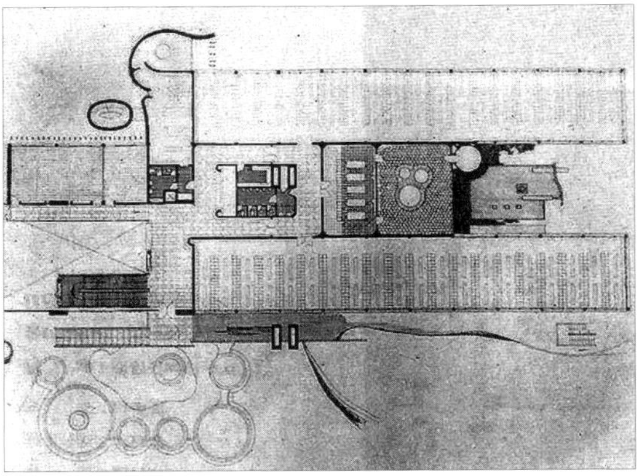

여자 사우나였던 공간의 공사 전과 공사 후 사진(위)과 원형의 스타트하우스와 곡선 램프 부분(아래). 〔사진 진효숙〕

설비가 비싸니까, 그 시절 어느 건축가는 거푸집에다가 새끼를 꼬아 붙여서 시도하기도 했어요(웃음). 요새 사람들은 이해도 못할 것이, 콘크리트 벽을 매끈하게 만들어 내는 것도 힘들던 시대였어요. 돈과 기술, 재료의 질이 안 따라가는 거죠. 이 건물에서 나상진 선생은 콘크리트 기둥을 요철로 표현해 냈고, 콘크리트 판을 공장에서 만들어서 조립해 보기도 했고(피크닉 가든), 약간 유머러스하기도 하고 에로틱한 부분도 있고(여자 룸 사우나), 돌로 쌓은 프리미티브한 형태의 구조물을 직선적인 콘트리트 구조에 섞기도 했습니다. 그 분이 그때 하고 싶었던 거겠고, 조합이라고 그렇게 폄하할 필요는 없는 듯 싶고, 재미있게 했어요."

〔4-17〕 **한 공무원이 해 낼 수 있는 몫** "원래 입찰을 거쳐서 관리소를 짓기로 정해져 있던 설계 사무실이 있었을 것 아니에요? 우리가 계획한 기본안을 가지고 그 사무실에서 실시 설계〔실제 건설 공사를 할 수 있도록 세부까지 상세하게 작성한 설계〕를 했어요. 그런데 실시 설계 도면을 받아 보니 도대체 쓸 수 있는 게 아니죠. 그 상태에서 공사가 시작되었습니다. 이런 일은 현장에서 거의 모든 게 정해질 수밖에 없는 경우인데, 도면이 전혀 못 따라오는 거죠. 할 수 없이 공사 기간 내내 기술 지도라는 명목으로 현장에 상주하면서 모든 도면을 새로 그렸습니다. 철거가 이루어지면서 삐뚤삐뚤한 부분들이 나올 때마다 일일이 실측한 다음에 처음 생각했던 개념이 어떻게 구현이 될 건가를, 그때 그 때 그릴 수밖에 없는 거죠. 그걸 시공도라고 하는데, 현

PC 콘크리트 구조체를 활용해 〈꿈마루〉의 화단으로 삼았다. 뒤의 콘크리트 기둥 요철은 폴 루돌프가 즐겨 쓰던 건축 요소다. 기둥이 가늘어 보이는 효과를 준다. 〔(위) 사진 민희기〕〔(아래) 사진 진효숙〕

장에서 6개월 동안 그려서 만들어 냈어요. 서울시에서는 제가 만든 안대로 공사가 되는지 지도만 하라고 했지만, 그게 말로만 되는 게 아니잖아요. 시공하는 회사한테든, 감독하는 공무원들한테든 기준을 줘야 되는데…, 할 수 없이 돈도 못 받고 일을 다 한 거야(웃음). 그렇게 된 일입니다. 그래서 내가 이 원인 제공을 한 최광빈 국장한테 나중에 이 집 완공이 되면 국장으로서 두 가지를 약속을 해라, 내가 보기에 충분히 할 수 있는 일이다, 하고 약속을 받았습니다. 하나는 이 모든 과정과 나상진이라는 건축가를 조명하는 전시회를 열어 달라, 두 번째는 서울시가 선유도공원과 〈꿈마루〉를 엮어서 이러한 종류에 대한 첫 번째 사례로서 책을 만들었으면 좋겠다, 가능하면 영어로 만들자. 그런데 이 분이 다른 데로 발령이 나 버리면서 전시회만 열어 주고 책은 아직도 안 나오고 있습니다. 계약서를 쓴 건 아니니까요. 전시 비용 하나도 어마어마하게 고생하면서 만들어 내더라고요. 시가 그런 이해가 없고, 당시에 푸른도시국이라는 위상도 그렇고요. 결과로 보면 최광빈 국장이 대단한 일을 한 겁니다. 이미 결정된 일을 행정적으로 뒤집은 거나 마찬가지고, 잘못되면 자기가 책임을 져야 되고, 시장한테까지 누가 될 수도 있는데 시도한 거니까요. 어떻든 개관하는 날에 당시 시장이 오셨고 그걸 보고 굉장히 흡족해 했고, 그 날 밤으로 블로그에다 두 페이지나…, 그 시장 역사상 하나의 건축 얘기에 그렇게 길게 할애한 적이 없었다나요. 내용도 상당히 감동적인 글을 썼는데, 그러고 두 달인가 있다가 사퇴를 하죠, 아마?"

엘리베이터는 기능성을 높이는 도구이면서, 동시에 하늘로 뚫려 천장의 빛을 바닥까지 끌어 오는 빛기둥이 되기도 한다. 처음에는 천장을 더 많이 뚫고자 계획했으나, 결국 엘리베이터 위만 뚫었다.〔사진 김재경〕

〔4-18〕**그 곳에 스민 시간을 읽으려 하는 마음가짐** "그렇게 과정을 통해서 뭔가 깨우쳐 가는 게 중요한 거잖아요. 그게 시정에도 반영이 되고 많이 알려지고 그 의미를 북돋아 줘야 하는데, 잘 이어지지 않는 거죠. 지금도 도시 재생이다, 뭐다, 말을 붙여서 트렌드처럼 되어 버렸는데 걱정되는 부분도 있어요. 일종의 스타일로 가져가 버리면 곤란하거든요. 앞으로도 꾸준히 생각해야 하는데, 시간과 공간을 연결해서 읽어 내는 데도 여러 방법이 있을 수 있지 않겠어요? 각각의 케이스에 맞는 길을 찾아야지, 똑같이 반복한다면 그것도 문제를 일으킬 수 있지요. 유사한 사례에서 방법론을 참조할 수는 있지만 개념 자체는 그 땅, 그 자리에 있는 그것 자체, 거기에 스며 있는 시간을 읽어 내려는 데서 나오는 것입니다. 부스러진 옛 흔적과 새것의 조합도 그렇게 읽어 내는 과정에서 태어나는 거지, 처음부터 어떤 스타일을 상상하며 추구한 것은 아닙니다. 〈꿈마루〉가 콘크리트가 아니라 철골 건물이었으면 전혀 다르게 되었을 공산이 큰 거죠. 콘크리트는 노출되어 쓰이는 것인데, 거기에 누군가 모르타르를 막 바르고 칠해서 못 쓰게 만들어 놓은 거잖아요. 그것을 어떻게든 원래의 형태로 돌리려는 하는 과정에서 어쩔 수 없이 흔적이 남은 겁니다. 만약 콘크리트가 깨끗했다면 그렇게 할 필요가 없었겠고요. 워낙 많이 훼손된 흔적들을, 새롭게 쓰는 부분과 변질되지 않고 남은 부분을 어떻게 결합하고 공존하게 할 건가, 그런 고민에서 방법이 나온 것뿐입니다. 새로 짓는 카페에서 인테리어로 빈티지처럼 보이게 했다고 한들, 거기에 무슨 시간성이 있겠어요?"

"시간과 공간을 연결해서 읽어 내는 데도 여러 방법이 있을 수 있지 않겠어요? 각각의 케이스에 맞는 길을 찾아야지, 똑같이 반복한다면 그것도 문제를 일으킬 수 있지요. 유사한 사례에서 방법론을 참조할 수는 있지만 개념 자체는 그 땅, 그 자리에 있는 그것 자체, 거기에 스며 있는 시간을 읽어 내려는 데서 나오는 것입니다." 〔사진 박상일〕

〔4-19〕**우리 근대 건축 문화재에 대해서** "처음에는 아주 대담하게 고치려고 계획했는데 공사를 해 나가는 동안 생각을 계속해 나가면서 겁이 나는 거예요. 내 자의로 이렇게 손을 대는 것이 과연… 올바른 건가. 사실 애초 계획할 때는 위층에 지붕도 뚫고 1층 홀에도 나무를 심으려 했습니다. 그건 현장에서 공사 진행되는 것을 보면서 막은 겁니다. 돌이켜보면 그건 안 한 게 잘한 거야. 빛이 꼭대기에서는 더 들어올 필요가 없고 옆에서 은근히 들어오는 게 더 옳았어요. 그런 식으로 점점 함부로 손댈 것이 아니다 싶어져서, 공사가 제법 되었을 무렵 건축 사학자들하고 건축가들을 몇몇 초대했습니다. 현장에 나타난 그 분들 얼굴을 딱 마주하니까 그제야 아차, 내가 짧았구나 싶은 생각이 드는 거예요. 그 까닭은, 이게 어떻게 보면 도코모모(DOCOMOMO, 근대건축보존회)나, 이코모스(ICOMOS, 기념물유적협의회) 같은 활동의 근접한 사례가 될 수 있는데, 아 왜 나 혼자서 고민했는가, 좀 더 의논하며 함께 해 나갈 수도 있었는데 싶더라고요. 그래도 다들 이 작업을 좋아해 주셨습니다. 또 후회가 된 것이, 여기 그 분들을 위한 작은 모임 공간 하나라도 만들도록 서울시에 어떤 다리를 놓았을 수도 있었을 텐데, 왜 그 생각을 미리 못했나… 하는 거였어요. 많은 공간을 외부화했는데, 그 중 일부를 조금이라도 살리면 되었던 것이거든요. 우리 나라에 1970년대 이후에 들어선 근대 건물이 거의 지어진 지 30~40년 넘게 되었습니다. 아파트는 30년 넘으면 재건축 이야기가 나오지만, 다른 건물들은 슬슬 문화재에 들어갈 수 있는 연한이 되어 갑니다. 김수

〈꿈마루〉 조경은 박승진이 맡았다. 예전에는 카트나 골프백을 끌고 내려와 1번 홀이 시작하던 램프였는데, 상상 속의 동화가 숨겨진 것 같은 공간으로 바뀌었다. 〔(위) 사진 민희기〕〔(가운데, 아래) 사진 진효숙〕

근 선생이나 김중업 선생의 건축 다수는 곧 문화재에 등록이 되겠지요. 그렇다고 보면, 문화재급의 건축하고, 문화재급은 아니더라도 남길 만한 건축을 나누어 볼 수 있을 것입니다. 문화재는 보존을 할 것이고, 그렇지 않은 건축은 어떻게 활용할 건가를 생각해야겠죠. 그런 건물의 대부분이 콘트리트 건축이라는 겁니다. 콘크리트가 힘을 받는 구조체이기 때문에 구조를 두고서 다르게 활용할 수 있는 거죠. 내 생각에, 그렇게 재생해서 쓸 때 가장 중요한 건, 그 집의 시간을 잘 살펴야 된다는 것입니다."

〔4-20〕 **품위 있는 풍화라는, 어떤 공공성** "『온 웨더링(On Weathering : The Life of Buildings in Time)』(Mohsen Mostafavi & David Leatherbarrow, 1993년)이라는 책이 있습니다. '풍화에 대해서'라는 뜻인데요. 그 첫 부분이 이렇게 시작을 해요. 원래 유럽에서는 건축이 풍화되는 걸 전제로 설계하고 집을 지었다, 문을 여는 날부터 건물은 점점 나이를 먹고 기능이 약해지고 보기 흉하게 되는 게 당연하다는 겁니다. 그래서 풍화를 조금 늦출 방법, 나아가서 풍화가 좀 되어도 추하지 않게 할 방법을 고민했다는 거예요. 돌의 표면이나 돌의 결합 방법 등. 이 책의 저자는, 그런데 근대 건축으로 들어오면서 이 부분이 시원치 않다고 지적합니다. 르 코르뷔지에(Le Corbusier, 1887~1965)의 사부아 주택(Villa Savoye, 1931년 완공)도 엄청나게 노화되어 버려서 지금은 거의 새로 지은 거나 마찬가지거든요. 그렇게 돼서는 안 된다는 거죠. 르네상스 시대

〔꿈마루 스케치와 초기 모형〕, 조성룡, 2011년. 〔사진 진효숙〕

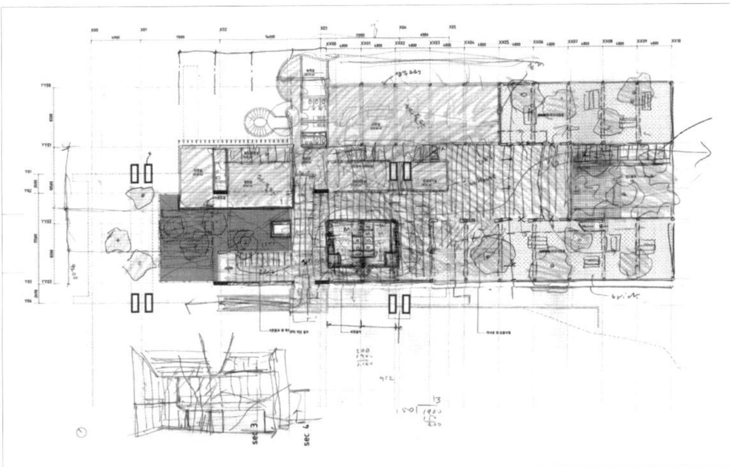

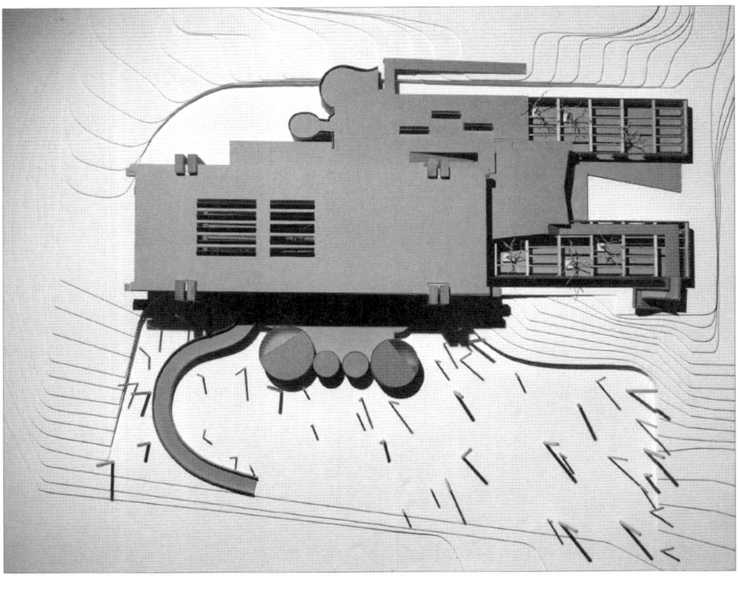

의 팔라디오(Palladio, 1508~1580) 같은 건축가들이 그런 면에서 굉장히 훌륭하다, 건물이 노화된 후에 대한 고려를 처음부터 했고, 그걸 계승해서 연구한 근대 건축가로 이탈리아의 스카르파(Carlo Scarpa, 1906~1978)를 꼽습니다. 처음부터 품위를 지키도록 재료나 디테일을 생각하고, 시간이 지나서 정 힘들어지면 다른 도움을 받아 그 품위을 유지하게 해 주는 것. 〈꿈마루〉에서 얼마나 잘되었는지는 모르겠지만 부분적으로는 해 보려고 했습니다. 그리고 그것이 이제 우리가 연구해야 할 주제의 하나가 아닐까 합니다. 처음 설계할 때부터 그렇게 해야 하고 또 이미 풍화된 것들을 그런 시각에서 다시 보아야 되지 않나 하는 생각을 합니다. 그게 시간의 개념을 살려 내는 결과가 되겠고요. 특히 공공 건축은 사안에 따라서 공간 운용에 조금 여유를 가질 수 있기 때문에, 무엇이 중요한가를 살피면 방향이나 개념을 바꾸어 새로운 시대의 상황에 맞추는 것이 가능하죠. 옛날에는 클럽하우스였지만 공원 시설이 되어야 한다면 어떤 부분은 내 놓고 어떤 부분은 살려 낼지에 대한 고민, 무엇이 공공을 위한 건지 생각을 바꾸면 되는 거니까요. 이미 헐고 쇠한 것을 무조건 부수는 것도 문제지만, 손해 안 보겠다는 계산을 따지며 악착같이 새것처럼 쓰는 것도 좋은 방법만은 아니라고 봅니다. 그게 공공성을 살려 내는 어떤 경우가 되지 않겠나, 지금 이루어지는 여러 프로젝트에도 일정 부분 적용할 수 있을 거라고 봐요. 예를 들어 세운상가에서도 개인 소유 부분이 있고 공공에 열린 공간이 있는데, 그 공유하는 공간들을 어떻게 볼 것인가, 그런 경우 말이지요."

〔꿈마루 정면도, 단면도, 2층 평면도, 1층 평면도〕, 조성룡, 2011년.

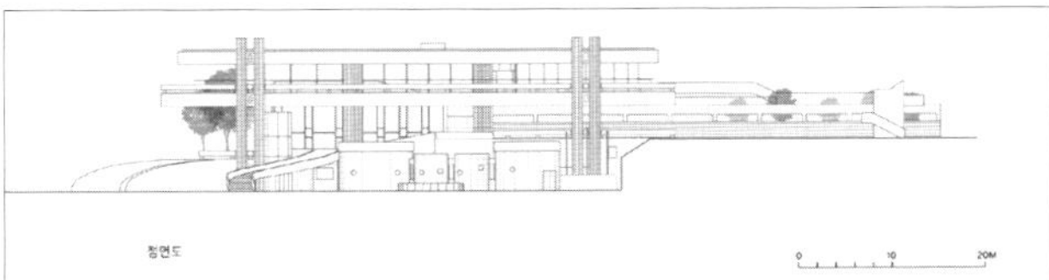

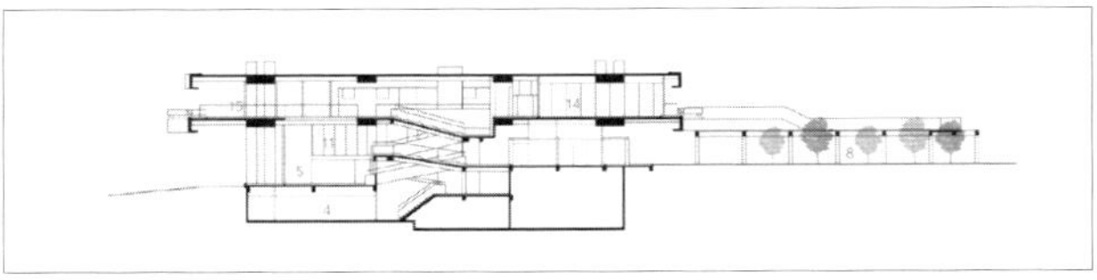

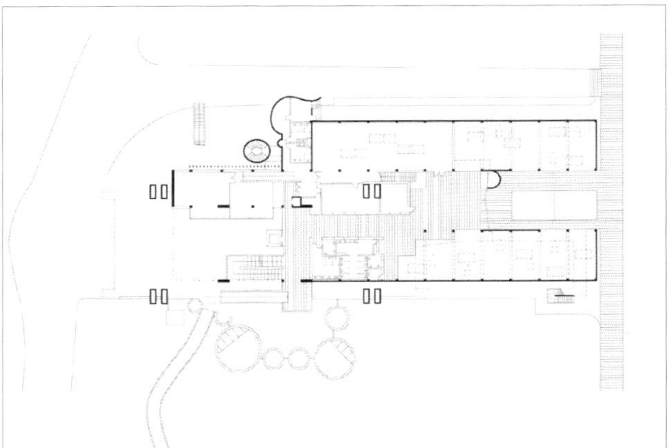

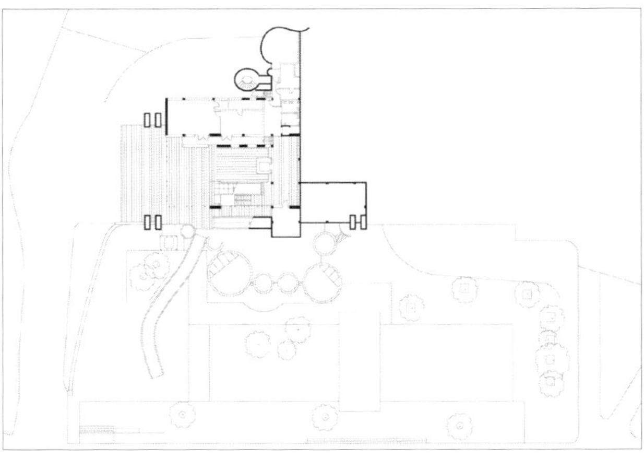

〔4-21〕**〈꿈마루〉에서, 우리가 꿈꾸는 어린이, 공원, 그리고 동물원** “음… 〈꿈마루〉를 작업하면서 어린이 공원을 조금 살펴보게 되었습니다. 왜 골프장으로 쓰던 곳이 1970년대에 갑자기 어린이 공원이 되었는가, 여러 기록대로 당시의 정치적인 문제와 연결이 되어 있죠. 육영재단이나 리틀엔젤스 등이 거기 자리잡는 것이나…, 검토와 합의에 의해서라기보다 위정자 개인의 욕망에 의해서 쉽게 변해 버린 바람에 앞으로 어떻게 변화할 건가에 대한 대응을 못한 상태에서 어린이대공원이 된 거죠. 그 이름부터 이상하지 않아요? 어린이들이 좋아할 여러 조건이 갖추어진 공원이라면 괜찮은데 이름부터 ‘어린이 공원’이라고 붙여 놓고 시작한 거잖아요. 거기다 대(大) 자까지 들어가서, ‘칠드런스 그랜드 파크’라는 영어 이름도 굉장히 어색하고요. 그런데, 그 때는 그랬다 치고, 지금도 그렇게 쓰여야 되는가, 이것은 비난을 돌릴 수 없는 우리의 과제입니다. 형식과 내용이 맞아 들어가 결국은 시민을 위한, 시민 중에서도 부모와 아이들이 잘 쓸 공원이 되어야 하는 것인데, 그러려면 어떻게 해야 하는가를 벌써 오십 년이 다 되어 가도록 별로 생각을 안 하고 있다고 여겨집니다. 지금 이런 민주 사회, 새로운 지식 사회에 그 정치적인 급조물을 유지하는 것이 과연 합당한가. 그게 지금 아이들에게 과연 연결이 되겠는가. 초등학교만 들어가도 스마트폰을 들고 있는 시대에 인구 천만이 넘는 도시에 가장 중요한 공원이 어떤 모습이어야 되는가에 대한 성찰, 그런 것이 없는 거 같아요. 얼마 전에도 리모델링을 했다는데 그냥 유지하면서 적당히 고쳐 쓰는

클럽하우스였을 때 여자 샤워실로 내려가는 통로 공간의 천창. 〈꿈마루〉로 고치기 전의 사진으로 지금은 폐쇄돼 있다. 〔사진 진효숙〕

초저녁의 〈꿈마루〉 피크닉 가든, 조성룡, 2013년. 〔사진 민희기〕

정도인 것이 답답하고, 몇 번 관계되는 부서에다 얘기는 했는데…. 시에서 아직은 큰 결심을 못 하는 것 같습니다. 게다가 식물원이나 동물원은 그 규모나 질을 보면 아예 다시 생각하는 게 좋겠다, 과천에도 큰 서울대공원이 있잖아요. 그런데 지금 시대에 인간과 동물과의 관계를 저런 모습의 동물원으로 연결시키는 게 과연 옳은가, 동물을 모아 놓고, 우리에다 가둬 놓고, 그걸 구경하는 개념이 맞는가, 그렇게 교육을 한다는 건 필요 없는 짓이다 싶어요. 지금… 물론 아이들에게 동물이나 식물에 대한 뭔가를 일깨워 주고 교육시켜 주는 거야 필요하겠지만, 그랬을 때 어떻게 해야 하는가는 우리가 생각해야 된다는 거죠. 도시하고 동물과의 관계, 어차피 야생 동물이 도시에 와서, 이 도시에 사는 거 아니에요. 그 친구들도 모형이 아니잖아. 살아 있는 생물인데… 맹수들이 도시에서 어떻게 살아 나가요? 생각들을 조금은 했으면 좋겠어요." 〔구술 · 채록 2015년 6~10월〕

关于老与风度,

趙成龍(JOH Sungyong)的梦楼(Kkummaru)

2001年5月在儿童大公园内开馆的梦楼有很多故事和历程。一个遇到拆除危机的凶物,不过两年,变成了韩国最佳现代建筑14位(2013年,『东亚日报』+『空间』调查)年轻的建筑家和学生必须要考察的建筑之一。可是梦楼的风景还是一直宁静而安详。花园内光的含量比外高一些。对面的楼台上湿湿的风吹来的时候能听到红红火火的鸟声。儿童教养馆的时间,高尔夫球场俱乐部的时间,这底下还有远远的朝鲜陵墓的时间,层层叠叠的梦楼历程,前几年内已经在好多媒体发表了。还以为快完成了一个正本。可是这一次的采访和整理过程不是很容易。梦楼的主题越过了时间,记忆,纪念,保存这些单词,也不是城市的复原,公共,文化遗产,这些宏大的问题。看起来这是一种态度,关于老与风度的态度。一种物质而已的建筑,空间,怎么能看出老与风度呢? 梦楼的各种故事和建筑技法流到这时刻了。而这是现在我们的人生,我们的表情,我们的手势已经越过了专家的领域。对象的老,对象的风度,这又是看着它们的我们自己的风度,现代建筑的一城市与产业一能否连接在人格的主题。我相信穿过很长时间以后,有一天秋天的晚上或冬天的早晨,梦楼带着我们进去另外的故事与态度。

"梦楼开关已经4年了。在首尔儿童大公园内。不是很多人知道它。为什么呢,这个儿童大公园的性格是小孩子玩的地方。对大人来说没什么意思,为了小孩一起去的那种。有可能儿童节呀什么的时候去过一两次,首尔人应该相当都看见过这个建筑。有人说梦楼是在利用,有人说这是复原。这都不是很正确的。因为没有回复到以前的样子就不是复原。政治,社会的变化上产生的建筑,后来这个空间因此很多原因变了好几次。我想了怎么能找个办法吧这些过程露出到现在。个个时代的痕迹和有价值的东西都留着,然后插入把现在的观点…。建筑评论者金蒝植(KIM Wonsik)先生说,这建筑就像写在羊皮纸似的(Palimpsestus),这样的话一般都是最后写的部分最鲜明,可是在这里看起来就像新写的字儿跟老痕迹混合在一起。他的看法挺有意思。"

首尔市已经决定了拆除老建筑。"2010年春天,室内装修协会的宏大吴仁郁

(OH Inwook)教授打来电话了。说他在首尔室内装修什么委员会,会议中有一个建筑物是论难,保存啊,拆除呀。然后在这个建筑行政最高责任人公园绿地句崔光彬(CHOI Kwangbin)局长过来了。他要商量一件事。这是崔光彬局长刚刚上任公园绿地句的时候,他上任之前已经决定了拆除后从新造一个。有一天吴仁郁,崔光彬,我三个人考察了当时的梦楼,也就是当时的儿童大公园教养馆。那时候我们对这个建筑物什么都不知道。外洋很老的,不知道几次再新油漆的样子,虽然构造跟现在差不多,可是连窗户都没有都是拿木板挡着,看起来特别乱就像开发现场一样。内部连灯都没有,我们拿电棒进去看,'这都是什么呀?'像什么穴洞一样的。然后要请了结构分析的内容和原来的图面。构造上最上层的防水功能落后一点点,别的都没什么问题。他们说没有设计图面。然后去各方面倒出乱找呀问啊结果发现了一点儿,应该是1969,在『空间』简单介绍的新闻。看到图面真是吓死我。那时候才知道这是罗相晋(NA Sangjin)先生的作品,也知道了原来这是个高尔夫球场的俱乐部。还有这个建筑物在《韩国建筑一百年》展相当被人瞩目。啊,这可不是一个建筑,这是一个时代的内种工程。然后全力反对拆除了,这是绝对不能拆除的。但是对崔光彬局长来说很不容易的。为什么呢这是他的前任者办的事,返回的话行政上负担很重。原来的条件是儿童大公园的管理事务所功能。可是这个楼对一个管理所不合适规模太大,而且维持管理费用也不少,还有美观上的理由。这是决定拆除后新造一个小事务所的背景。我跟崔光彬局长说,我能找个不用拆除的办法,能接受我的方案就希望吧这个老建筑物留在这儿。就这样开始了一切。"

"就是这个大公园本来是一个高尔夫球场。首选一个儿童公园做在这儿这是怎么回事呢。1973年开场,快五十年了。很久以前是陵墓。就是很大的墓地。朝鲜最后的国王顺宗他皇太子时候,应该要叫妃吧,纯明孝皇后闵景灿(1872~1904)她顺宗即位以前很早去世了。安装在现在的儿童大公园位置(1904年,裕陵)后来顺宗宗驾崩以后搬到南杨州了(1926年)。然后日本人和跟日本人亲密关系的高官之间有成议造成高尔夫球场。纪录上能发现英親王(李恩,1897～1970)的痕迹在表面。他是顺宗宗的弟弟。估计是为了说服王室利用了他,英親王当时在日本,这是一般的解释。我说过这是我国最早的高尔夫球场,后来知道第一个高尔夫球场不是这个,是英国人建的,现在的首尔孝昌公园位置也有一个。当时名称是孝昌园。(1921年日帝铁道局开发了朝鲜宾馆的观光商品—编者)然后就是在首尔诞生了一个团体叫京城高尔夫俱乐部,这个俱乐部进入在裕陵。一个是场所一个是组织。二战末变成飞机场跑道。除了这时候,解放后改名叫首尔高尔夫球场,从1929年到1970年这个地方一直是高尔夫球场。"

罗相晋,首尔乡村别墅俱乐部 "高尔夫协会保管的老照片里看俱乐部是一个韩式房屋。后来1968年设计了新的俱乐部房屋。军政府初期的事。当时有一个建筑家叫罗相晋. 刚开始我也不太清楚这个人是谁。他在那个时代跟政界,财界有亲密活动。5.16政变(1961年)以后有一个人叫金壽根(KIM Swoogeun)的建筑家的活动比较有名,看来罗相晋先生的活动比他早,1961年建设华克山庄时金壽根先生设计的时候罗相晋先生设计的是全体计划和本馆设计,我估计这时候罗相晋先生比在较在主导的位置。我也不是很清楚。(金壽根主导建设华克山庄是一般的解释-编者)华克山庄是军政中央情报部主导的工程,所以有一点野史而已没有公式纪录。反正这位叫罗相晋的建筑家设计了首尔高尔夫球场俱乐部。1970年完工后1973年罗相晋先生就去世了。完工后不到几年就去世了,我估计他的死亡跟这个也有关系。把一个俱乐部换成儿童设施,然后又换成梦楼,40年以来有这么多变化,但是没有人知道这些事情,也没有记录,罗相晋的设计事务所也是几十年前已经消失了,评价,资料什么都没有,怎么可能这样啊。"

为什么我们不记得他 "然后奇怪的事,追进他的痕迹,发现这个罗相晋完全是关心外的人物。在建筑界他是外部人物。罗相晋是1923年生的,他的年辈有好多有名人,他们都是相当有建筑史上的命脉的人物,但这个人被完全忘记了。这肯定有特殊的原因我觉得。这个人没有毕业大学。跟学阀没有关系

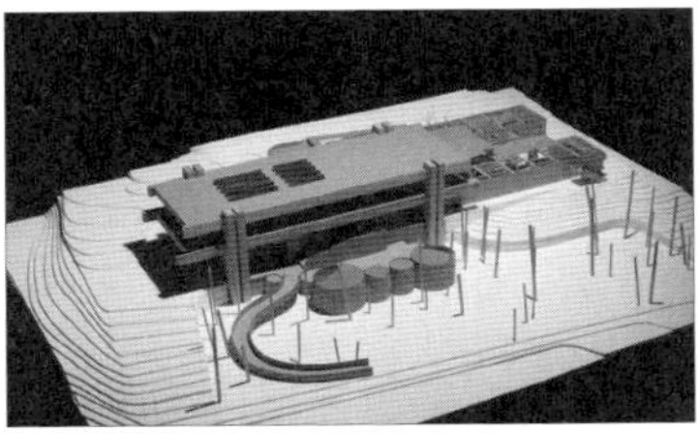

〔梦楼的初期模型。虽然现在不是这个样子，看来初期计划是吧房顶的一部分拆除后在那上边盖三角形的房顶。照片JIN Hyosuk〕

〔梦楼2层的楼梯。大公园时的恐龙展示会的痕迹在栏杆，恐龙的子孙，小鸟在这儿避雨而歇息。照片MIN Heekee〕

〔在高尔夫球场的英親王，1927年。英親王在日本学了一点高尔夫。日本的主张是因为他喜欢高尔夫球，所以陵墓建设高尔夫球场时候赐予了建设费2万日元，补助三年每年5千日元，这儿有好多不可相信的部分。〕

的人,失败进入既得权的人。记录上日帝时代毕业工业建筑学校后入职叫鹿岛组的日本有名建筑公司,主要在公署建筑现场工作了。实际技术,当时的先进技术他都学会了。利用现场学习的经验解放后1952年开了自己的办公室。5.16以后设计新国家汽车富平工厂,京畿道厅,这一些大型建筑的事,肯定是政府有人帮助他。然后到了70年前后他已经就不是重要的人物了。有可能是其他的人物要上去了,政府不要他了…。"

罗相晋设计的首尔乡村别墅俱乐部"换个话题吧,高尔夫是什么?说明现代化的产物时一般提起百货商店,电影院,像它们一样高尔夫球场是从英格兰进来的 也当然是贵族的运动,19世纪,20世纪传到东亚来的东西。不知道别的国家怎么样。在韩国这是没有相当的权利或财力就不能参加的文化。不知道最近怎么样,以前打高尔夫球的都是那种人,一般的老百姓想都不敢想。俱乐部里面也有那种空气,比老百姓优越的感觉,一种阶级意识。巨大的瓦,维多利亚风的内部什么的。只是换个场所而已完全是交际活动场所不是运动的场所,这个时代虽然没有贵族,但是他们还是标房阶级意识。从这个观点看下去的话1968年罗相晋先生设计了这个建筑,很勇敢。在这种空气里要建设高尔夫球场的人,利用球场的人,对他们来说这个建筑不太适合。形态也是建筑思潮上Brutal的那种。装饰很少。在那现实这是需要勇气的事,要是我在当时他的位置,在那时代说不定能不能克服。罗相晋先生虽然跟那种人比较近,可是他还是有一种抵抗心吧。当然那个时代Brutal样式比较流行,可是现在来看他的造型上的语言也很可观。就像这不是建筑,就像土木构造物一样竖起四个大柱子,上边盖着大大的混泥土上版,看起来飘在天空。以前这儿没有树林的时候,肯定像一个神殿的景观。俱乐部需要的要求,比如又宽又长的模样,在那儿能看多样的景观的特性等,这些建筑上的要求他都满足了 不过完工后政府及时闭锁了他设计的俱乐部。"

公共建筑的诞生过程"在那时代最高统帅的一声话影响很大。1970年秋天俱乐部完工后,那年十二月分下达了吧这个设施改成儿童公园,然后1973年

〔罗相晋(1923～1973年)建筑家。全北金堤出生。1940年全州工业学校建筑系毕业后1941年到解放在鹿岛组工作。1952年在明洞开了设计事务所，设计Grand酒店(1957年)，大韩教科书大楼(1958年)，大邱Patima医院(1960年)等。1961年5.16政变以后开始设计了大型建筑物，新国家汽车富平工厂(1961年)，京畿道大楼(1963年)等。计划了1970年第一银行仁川店，1971年全北大学等。虽然设计了好多当代建筑，差一点他的名字留不在建筑史。能记住他也是梦楼的一个意义。〕

〔罗相晋，首尔乡村别墅俱乐部完工之后前景与面图，1968～1970年。〕

〔首尔乡村别墅，1970年前后。远处看得见俱乐部。为了在俱乐部内能看到路线，设计了大型玻璃窗。〕

公园开场了。一般这样的情况原设计者应该参加,可是儿童公园基本计划让宏大都市计划研究所他们来做。就是。(沉默)嗯,罗相晋先生也就是到这里了。关键事件是他的下一个设计,政府综合大楼工程。论难特别大我现在还记着,通过悬赏征召罗相晋先生当选后,政府让美国人再设计了。这件事发生后他忿怒很大,每天喝酒得了病不到多久他就去世了,这是传闻而已但有道理的。这件事和俱乐部的闭锁是一个脉络。政府综合大楼对当时国家很重要的工程。现在模样是光华门对面的高层楼,罗相晋先生的原案是比较宽的层数北较低的样子。为了跟对面的建筑(现在的大韩民国历史博物馆,美国大使馆)配合,奖金都已经给他了。然后就是政府在背后偷偷的找美国的一个公司,也不是什么有名的,有规模的公司,这时候论难很厉害了,过程不公平,而且原案更优秀,我记得白基莞先生主导斗争,建筑界的好多人交出请愿书也没什么用。希望总有一天能说开这是怎么回事。听到的几个故事都是传闻而已,多惨啊。一个国家的政府综合大楼怎么能。要是我不干梦楼就不会想起这些事儿了。罗相晋的设计案当选后他收到1,600万元的奖金。已经进行开工后下一年隐秘地让美国公司从新再设计。建筑士协会与建筑家协会号召国际社会了但是没有用,报纸等大众媒体的批评也没有用。白基莞回想当时号召的内容。'他们说我国人的设计水平太差,用不上,这是废话。二百年前美国人都住在帐篷,我们住在松软的草房和用处多的韩式房子,几千年发展下来的做房子的传统没用了吗,祖国现代化绝对有问题。今天的斗争是我国的艺术家和美国的二把刀间的打仗,打败就是死亡。'回头想,这斗争的方向错了,这可不是艺术家之间的事。支付给美国的未明军工企业的巨额设计费用的一部分,搬出到外,然后变成了某人的资金,当时没有人大声说这事,也没有人不知道。"

非正常的正常化 "儿童大公园散步和方便,都是因为这些历程。陵墓上做高尔夫球场,又改成公园。这条件对小区公园很不错的。现在去看也估计能看出来以前的路线。处处能看出来。现在的用处大概是写生比赛,作文比赛,妈妈孩子一起玩。公园里有很多雕刻。母子像之类的。能看出来当时怎么理解

〔梦楼的远景，2011年。从远景看，回复了初期俱乐部时的建筑形象。照片KIM Jaekyung〕

〔从梦楼的一楼到二楼的楼梯。混凝土构筑物和新造的栏杆。照片MIN Heekee〕

〔梦楼2层的野餐花园。俱乐部男人更衣室与桑拿浴。当时的外壁提供围着的感觉，通过开放房顶造成了可以晒阳光可以植树的空间。照片KIM Jaekyung〕

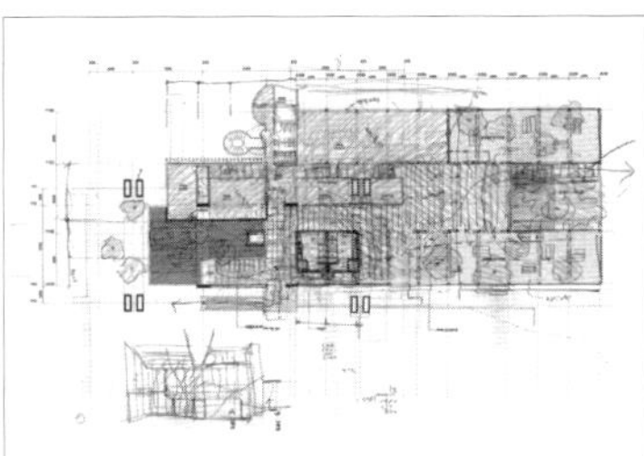

〔趙成龍(JOH Sungyong)，梦楼概念图中2层部分。黄色部分是室内空间，褐色砖头有顶板的半开放的部分，绿色的植树部分是拆除顶板的野外。〕

儿童公园。梦楼前面有一个纪念碑。上面有捐款的个人,企业,企业人等的名字。各种方面的几百个人,捐款多少钱了都记着。美术设计的人也是一切是无报酬劳动。一个国家动员超紧急的力量,一下就完成。这是过去时代的示范工程的典型事例。刚开始我觉得这个纪念碑不合适,建议了拆除它。后来我看到后面的记录以后,啊,留着吧。以后评论这个纪念碑会很有意思的。”

我们的记忆被开除了“这个建筑在这些过程保持了40年,其实为了小孩子不是很合适的。1973年5月5日儿童节开始,改称教养馆,变成了小孩儿学文化,艺术的空间,可是突然吧一个高尔夫俱乐部换成儿童设施这个行吗?怎么用了呢,在大众记忆里最深的应该是恐龙展示会。靠在幻想的那种展示。堵住入口和窗户造成黑黑的内部空间,画几个背景,放几个灯光,放几个雕塑品。让小孩子看的比较简单的那种。大人来看没什么意思的。只是打发时间的空间,好多人对这个建筑没有记忆。只是在公园里的有一点奇怪,没有印象,没有活力的建筑。真是受不了,怎么可能浪费这样有个性的建筑物呢!杀了这个建筑一样,我说杀的意思不只是功能上的意思,也是大众的记忆里完全开除的意思,40年的时间就这样放着。把一个公共空间,又不是保存,变形奇奇怪怪的模样。好久以前是俱乐部后来绝对权力动手,从1973年开始变成公共建筑后,在国家的公共空间,许多当时的建筑界学者和专家一起合作的结果是这样的…。对儿童大公园,高尔夫球场的历史,以前的记忆都毁灭了,只剩地名。通过有历史性的场所应该继承什么呀,换这个改那个啪啪啪啪地变,这样的话场所绝不可能成熟。”

再生已经玩命儿的建筑,建筑家的介入会什么样的“回到梦楼,我需要想出几个好主意,开始了基本计划的阶段。可是首尔市没有新的设计预算,根本不可能进行正常的设计。首选,行政情况和财政条件不符合就公共建筑是不能进行的,所以放弃了新建小建筑,找办法吧可用的预算都集中在修改的方向。其实建议崔光彬局长留这个建筑时候已经想好了这个主意。管理所要求的设施是办公室,会议室,通信室,卫生间等现有空间的大概三分之一。教

〔梦楼 2层，从东北大厅往西南照的。远处白色墙面的壁画是设计师安尚秀(AHN Sangsoo)的做工。40多年前宏大学生时候，安尚秀是劉康烈(YU Kangyul)的学生，参加了教养馆室内装修。照片 JIN Hyosuk〕

〔梦楼，家里的家。一楼的情况室，二楼的办公室，会议室，画廊，卫生间。在儿童大公园办公室没用的空间都修改成野外空间节约了建筑费用和维护管理费用。照片KIM Jaekyung〕

〔在内部看梦楼的入口。俱乐部时候这儿都是玻璃窗户。照片MIN Heekee〕

〔穿过梦楼 2层卫生间，连接野餐花园的空间。光与暗，窄与宽都在梦楼连接着一起。照片 MIN Heekee〕

养馆的全体面积十五千平方米,需要面积是一千四百平方米,预算也就这么多。我追加的是修改以后维护管理费也配合这三分之一的面积。维护部分可能更重要。我相信能够进行因为这是公园内的设施。就像建首尔站高架桥一样。其他部分虽然有柱子活房顶能改成野外。建筑已经没有用处,或功能以及条件遇到变化时怎么办,只留着可用的部分,别的都留在自然变化的过程内。

和年轻建筑家一起合作“我问崔春雄(CHOI Choonwoong)教授(当时高丽大学建筑系)一起做工。跟学生们一起做了现场实测,图面化,模型化等初期工作。那时候崔春雄教授,介绍了两个概念,完全回复的总体复原和相对的概念编辑性复原。然后介绍了介入(intervention)这一句话。拿什么概念能碰到多少程度,会发生什么反应,保存原形质而插入新的想法,我很有关心这种想法。仙游岛公园也有这种影响,那时候重点环境问题,可是梦楼不一样,我们苦恼的是现存的花样里面介入(intervention)新的计划的问题。我估计因为美国或先进国家还是有一点经验所以有那种单词,当时我觉得这个很新鲜。崔春雄教授商量重塑办法的时候一起陪着我。确实在现场好多部分很难决定。就到这儿停止吗?想到这儿有人在一起真是很大帮助。”

建筑文化遗产,复原还是保存“以前我在文化遗产厅当文化遗产委员的时候主要关心教科文组织(unesco)的遗产保存方法。复原是150年间在欧洲社会论难的话题。这儿有两个重要人物John Ruskin和Viole le Duc。Viole le Duc成功复原了巴黎圣母院和卡尔卡松城。现在也是观光资源。可是在当代John Ruskin极烈批评了,他说这不是复原,吧时代的前后关系弄成这么模糊,不是复原这是破坏。以后发生的论难,通过进入20世纪以后的巴台农神殿复原等的经验,欧洲社会到达的结论是复原需要建筑的诚意(authenticity)。万一必须要补加时一定要找让后代的人能看出来分别的方法。复原景福宫的时候,复原<大长今>里的御膳房什么的。当时我有相当的怀疑。大院君时候景福宫里有一千个房子。想象一千个房子的瓦屋顶在景

〔Paul Rudolph, SMTI(现在的UMass Dartmouth)透视图, 1964~1966年. 代表Brutalism的建筑家Paul Rudolph是1960年代全世界年轻建筑家的偶像。罗相晋的设计里也有他的影响。〕

〔照片JIN Hyosuk〕

〔梦楼, 花坛是PC混泥土构造体。后边的混泥土柱子的凹凸是Paul Rudolph爱用的方式。照片 MIN Heekee JIN Hyosuk〕

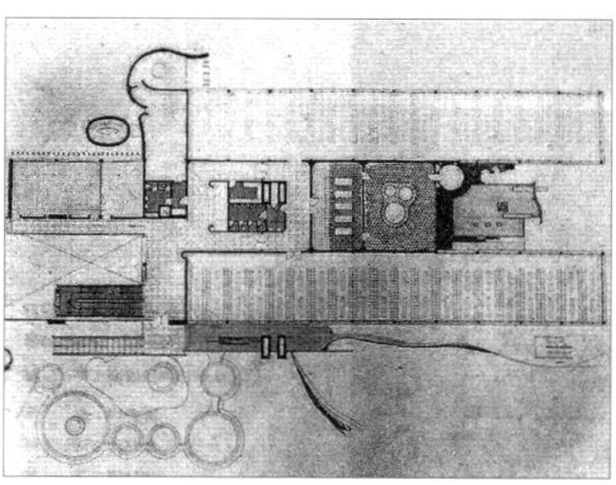

〔罗相晋, 俱乐部房屋 2楼平面图, 1968年。右下面长长的空间时更衣室坐上面是女性桑拿浴。〕

福宫内,再想象那后边的北岳山,仁王山在一起的样子。这是很精彩的风景。重要的是帮我们想象这种感觉。只拿几张日蒂时代的照片,几位现代的建筑家或专家推测的办法不能叫复原这可是新建。勉强进行就会破坏原来的基础和地下的遗物。找办法保持现在的状态是第一,再现就要找别的办法,这是我建议的内容。当时俞弘濬厅长认真听我的建议,决定了保留燒廚房了。后来新建燒廚房的时候。我感觉到过了十年文化遗产意识退步这么大。"

建筑介入实战:家里的家"进行现场调查,发现外观都封闭了,每次展示每次都改造后来内部已经发生了相当的变质。介入(intervention)遇到两个问题了。一个是外观怎么改。另一个就是原型的保存程度。第一个是建筑上的问题,第二个是空间重塑想法的问题。更难得就是混凝土上已经有太多的变质,切除它需要极大的费用和时间。所以停止了切除。这是越努力越破坏原型的。决定了保存变质的混凝土。空间的活用方法是这样。利用垂直的柱子和盖上面的混凝土梁,这个建筑本来就是非常有结构性的系统,大约这就是一开始做俱乐部的时候的概念。俱乐部时期大部分外观是玻璃窗,为了观看远景的要求,即使外不干净也要露出原形,插入的功能不能害全体构成,按照这些原则想到了家里的家这个概念。幸亏建筑的层高满足这个条件。"

我们之间的距离"在远景看就像复原罗相晋先生的设计一样,但是靠近仔细看又不一样。里面有新插入的空间。Edward T. Hall写的书Hidden Dimension里面有proxemics理论。把距离感分开了四个阶段,最近的距离是(intimate distance)20厘米,第二个是个人距离(personal distance)45厘米,然后是社会距离(social distance)1.2米开始,最后阶段是3.6米以上的公共距离(public distance)感觉很开放的空间。当然有一些文化上的差异,大的意义是可以适用的。比如说梦楼全体的入口是非常巨大的空间,但是从这儿到二楼的部分,要是两个人上去的话距离很近,这是个人距离。穿过办公室和卫生间时变宽一点但不是开放的感觉。越过这里到了野餐花园就安排了公共距离,这里就像城市的小广场一样大,可是四面有墙壁,这感觉很米秒的。"

〔电梯是提高功能的道具，同时有灯光的功能。照片KIM Jaekyung〕

〔傍晚的梦楼野餐花园，趙成龍，2013年。照片MIN Heekee〕

〔梦楼的景观设计是Studio Loci的做工。过去这里是拿着卡丁车或高尔夫球袋下来开始1号洞的位置。现在就像一片童话藏在这空间。照片MIN Heekee〕

空间叫醒感觉“再加一个就是,内部与外部的区分比较放松。在梦楼每次穿过拐角的时候野外一起跟着来。吹风,下雪,下雨…。每时移动公园的另外空间,也许没什么特别的但是有好多感觉。在城市,我们的日常生活中的感觉也是这样的。进到梦楼往里面走进去,继续有空间的变化。不停的变,无论如何心情变好,想法也能变化。也许这就是在梦楼最重要的部分。那边有光。为了配合最新的犯规,放了一个电梯。穿过玻璃做的的电梯通道阳光进入从上到下。其实梦楼内部比较黑。为了减少维护费用减少了内部灯光。但是有野外的感觉。在四方光散射过来,风吹过来。嗯。就像很有趣的桥下.我们通过这就像桥下的空间时,发生不停的规模上的变化,一点点不同的浓淡的光混合在一起。穿过野餐花园,上边有更亮的读书咖啡厅。我观察来客,发现小孩子的反应更敏感。走来走去,到上面又跑到下面,好像小孩子更敏感的感到光亮的变化。不要修建什么东西,让人们自己动作,提供参加这个空间的人容易地跟着来。虽然施工过程中有了各种杂音,每次看到来客开心的样子这是真正的高兴。”

阅读前人的心思“开始做工,我想了建筑家罗相晋对俱乐部有什么想法,怎么实现那个建筑。首选他没有跟踪俱乐部设计的惯常方式。室内装修也不会有舒适的的气氛,努力拉过来外部的环境。而且使用了当代欧洲和日本,美国流行的设计因素。实际,使用是建筑的特性,空间的使用大部分都是跟踪前例或者惯常方式。在这观点建筑家罗相晋确实学习,引进了当代的多数事例。尝试了在国内产业环境上比较冒险的技术。我上大学的时我也羡慕Paul Rudolph所以看俱乐部设计感觉很精彩。可是在混泥土柱子上槽子有一点过分,这样就有柱子的厚度看起来细一点的效果,我的意见是没有这个效果会好一些吧。人们。经常喜欢少见的手法。用混泥土做出来新的表现就是当时的建筑家爱做的方法。现在的建筑家很难理解他们,在那时代能做出来圆润的混泥土墙也是不容易做的。罗相晋实验了好多建筑法,在工厂生产混泥土板组合(野餐花园),加幽默,性感(女浴池)。有时候石头的形态和直线形的混泥土构造混合在一起。其实他的方式很有意思。”

一个公务员能办到的事“本来有一个设计事务所,就是通过投标准备施工管理所的事务所。在那个事务所拿我们计划的基本设计案进行实施设计了。(为了实际施工详细作成的设计)可是我们收到的实施设计图面根本不可能用的。图面有问题。可是在现场已经开工了。然后就只有一个办法了,在现场从新画了所有的图面。开始拆除以后露出更多不准确的部分,每次发现问题的时候直接修改。首尔市让我指导我的原案,可是这是不可能的。施工的公司,现场的公务员他们需要一个基准。没办法我只能免费做工。(笑声)崔光彬局长提供的原因,我跟他说等完工以后你要答应我两件事,都是你能做到的事。一个是举办照明罗相晋的展示包括一切过程的内容,第二个就是首尔市仙游岛公园和梦楼加在一起写一本书,主要内容是这种事业的第一事例。也要制作英文版。可是他任命别的地方前举办了展示会,没有书。其实举办展示也已经吃了不少苦。首尔市也不太理解这种事,公园绿地句的地位也不是很大。结果崔光彬局长还是真了不起的。开馆那一天市长都过来看了,他非常满意的,那天晚上市长在博客写了长长两页。市长历史上没有人写过那么长的内容,为一个建筑。内容也是很感人的。不过两个月后他退下来了吧?”

透进那里的时间“像这样,通过做工提醒某事,这是重要的。反应在市政然后让很多人都知道的这一切过程。可是没有什么连接性。最近也说什么都市再生啊,什么什么的。有些部分有一点担心。时间和空间的连接也有很多方法的。各个必须找自己的方法,不能有统一的态度。概念是那块地,地上的时间造出来的。老痕迹和新建的组合也要诞生在这过程上,可不是一开始就想着那种态度追求的事。如果梦楼是铁骨建筑的话需要完全不同的方法。混泥土事露出外面的东西,在这情况下找办法回复原形的中间过程中发生了痕迹。如果新建咖啡厅的室内装修主题是古典风格,不会有什么时间性。”

关于我们的现代建筑遗产“进行施工下去突然害怕了。碰这么多东西。这个可以的吗。其实本来要想拆除房顶然后植树在一楼大厅。施工进行中取消了。回头想这是好决定。差不多完工的时候要请几位建筑史学者过来,跟他们在一起的时候有了一些后悔感。让他们一起参加就会接近DOCOMOMO(现代建筑维护会)或,ICOMOS(纪念物遗产协议会)这样活动。真么没想到这儿了呢。我们国家的现代建筑历史从1970年代开始已经3,40年多了。公寓啊,过了30年就说要重建啊什么的。但其他的建筑物差不多可以进入文化遗产的年龄了。金壽根先生和金重業先生的建筑应该可以登录遗产。那可以分别文化遗产建筑和虽然不是遗产但有价值的建筑。不属于这里的建筑该怎么办呢。它们都是混泥土建筑。我想判断基准是建筑的时间。”

有风格的风化,某个公共性 “『有一本书叫On Weathering : The Life of Buildings in Time』关于风化的意思。前头这样开始。在欧洲前提风化设计建筑,开馆第一天开始建筑垂老,功能也会越来越弱,外观越来越凶,这都是很自然的。只能研究放慢老化速度的方法。石材的表面处理,结合法等。作者Mohsen Mostafavi说到现代建筑时期就不容易了。Le Corbusier的Savoye别墅(Villa Savoye, 1931年完工)现在来看差不多新建的建筑,这办法其实不太好。文艺复兴时代的Palladio等的建筑家在这方面很出色,研究他们的继承者是Carlo Scarpa。选择材料的时候已经考虑建筑老化的风格,找办法保持建筑的风格。不知道梦楼达到的怎么样,但部分地努力了。这个主题需要继续努力研究。为了时间概念也是。特别在公共建筑我们要想什么是重要的,也可以换个概念配合新时代的情况。拆除所有的老建筑肯定有问题。正在进行的好多工程也能适用。比如世運商街里面有些部分是个人所有,开放的公共空间跟它们在一起,该怎么判断这样的空间呢。”

在梦楼,我们梦想的儿童,公园,和动物园 “嗯。做工梦楼是一个观察儿童公园的机会。为什么用于高尔夫球场的地方1970年代突然换成儿童公园了呢,育英财团和小天使艺术团落户这里的事。没有研究与讨论的过程,为了执政者个人的欲望简单的变下去,而且没有变化方向的办法,直接改成儿童大公园。这名字不奇怪吗？小孩子喜欢的一点儿条件都没有，先把名字改上儿童公园中间还有一个'大'字。但是，以前是以前，现在也要这样用吗？这是我们的必然的课题。公园一定呀完成形式和内容都配合，为了市民的，特别是为父母和孩子的公园，完成这样的公园需要什么呢，已经快五十年了到现在还没怎么研究。现在这样的民主社会，新知识社会上保持这样政治性的赶造物是合当的吗？能连接到现在的孩子吗？这时代小学生都拿着智能手机，人口千万以上的大城市里最重要的公园应该是什么模样，没有过这样的反省。而且植物园或动物园需要从新再想规模和性质，再这个时代吧人类与动物的关系连接在这形态的动物园果然是对吗？把动物抓起来，放在一块儿，观看的概念是对的吗？我觉得这样的教育是不必要的行动。当然教孩子们动物或植物的知识这是必要的，可是办法我们要从新开始。城市和动物的关系，反正野生到城市里来在城市生活的，它们也是活着的生物。猛兽在城市怎么活下去呢？希望多想一想这些事情。”

〔梦楼时在首尔内享受野餐的空间，也是照看野餐的空间。〕

229 **어린이대공원 꿈마루**

5. 응답하라, 도시 주택 ① **초고층 아파트와 북촌**

〔상계 4단지에 시범적으로 실현된 초고층 아파트〕, 1986년 설계, 1989년 준공. 입면의 격자는 구조를 드러낸다. (뒤쪽의 동들과 비교해 보면 그리드가 확연하다.) 고층의 어린이들이 바깥과 단절할 것을 우려해 16~18층 사이를 터서 어린이 놀이터를 두었으나 결국 소음에 대한 민원으로 폐쇄되었다. 〔사진 제공 : 공동주택연구회〕

〔5-00〕**우리가 도시에서 살아간다는 것은** 〔도시 주택이라는 주제를 학교에서 처음 배운 것이 언제인지 기억하시는가. 초등학교 4학년이 되면 사회 시간에 도시와 촌락의 주택 문제를 숙제로 받는다. 학습 문제의 빈 칸에 "도시는 사람이 많이 모여들다 보니, 주택이 부족해 아파트도 짓고 산을 깎고 재개발도 한다."고 답을 쓰면 다음 단원으로 넘어간다. 도시의 양상은 계속 바뀌고 있고 그 정의도 분분하지만, '인구가 밀도 높게 모여 사는 곳'은 공통의 바탕을 이룬다. 물론 아무 데나 도시라며 억지 이름을 끌어 붙이는 일도 이상하지만, 그래도 사람들이 좁은 땅에 무척 많이 모여서, 서로 부비며 산다는 그 현상으로부터 도시의 온갖 즐거움이 생겨나고, 온갖 문제도 생겨난다. 그러므로 그 '사람-시민'들이 사는 '곳-집'은 도시의 출발이자 끝이다. 세계적 밀도를 자랑하는 이 땅의, 10살 때부터 배운 도시 주택 문제의 정답 풀이는 끝났는가. (대학을 졸업해야 인간답게 산다고 주입받아) 좋은 대학을 진학하며 시작되는 서울살이는, 사람이 반지하나 창이 없는 고시원에서도 살 수 있음을 처절하게 학습하는 과정이거나, 급속한 재산 증식의 과정이거나, 아파트라는 스탠더드를 확보해야 하는 삶이다. 언제나 행정과 정치와 재계와 학계의 첨예한 화두인 듯 보이지만, 정작 시민들에게는 돈에 맞춰 고르는 일밖에 허락되지 않는 어떤 것. 도무지 우리 시민은 자신의 집에 대해서 고민할 필요가—질문할 권한이 없(거나 제한되어 있)다. 앞으로 2회에 걸쳐 도시 주택에 대해서 이야기를 한다. 그것은 초고층화되는 아파트, 빌라라는 이름의 연립 주택, 단독

〔초고층 아파트 모델 평면〕, 조성룡+이종상, 1986년. **처음에는 옥상에 롤러스케이트장과 수영장**(왼쪽 두 번째)**도 계획했지만 실현되지 못했다. 옥상 수영장이나 롤러스케이트장보다 오히려 그런 고급 시설과 복도식 통로**(왼쪽 위, 빗금 부분)**가 공존한다는 현상이 더 기이하고 불편한, 그런 시대로 접어든 것이겠다.** (오른쪽 위) **정면도,** (오른쪽 아래) **후면도,** (왼쪽 세 번째) **모형,** (왼쪽 맨 아래) **공중 놀이터.**

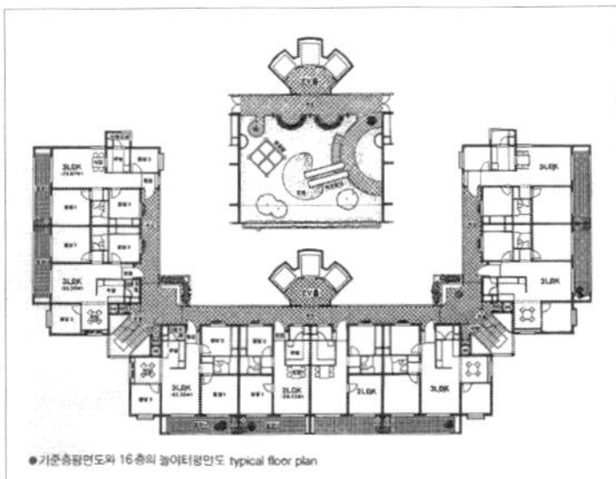

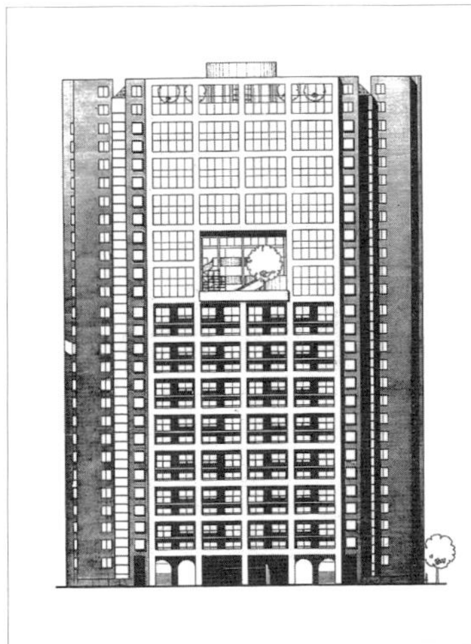

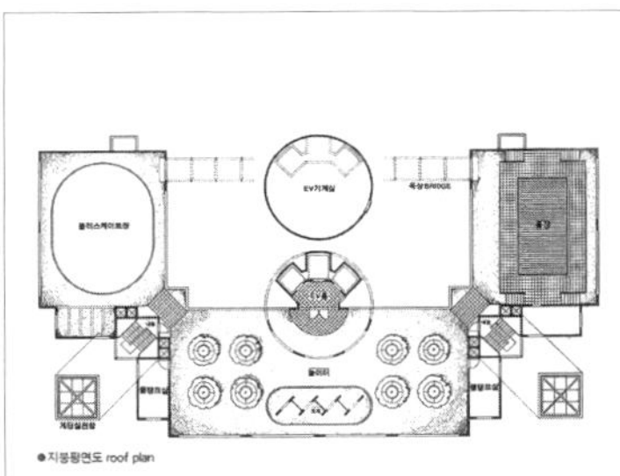

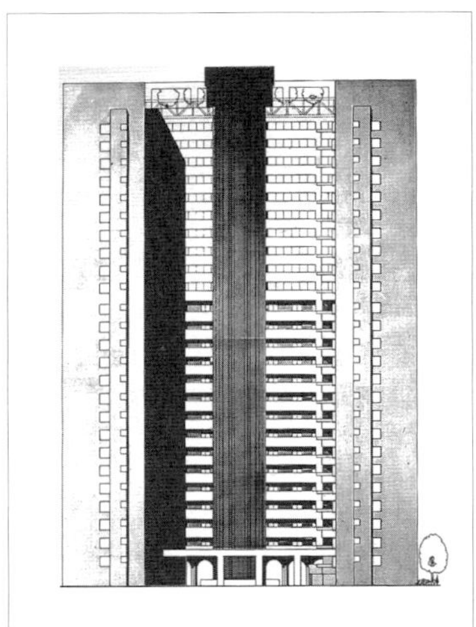

주택, 산이 많은 우리 지형에 대한 대응, 전통의 보존과 개발의 논리, 또는 도시가 되려고 아파트 단지를 새로 짓는 일이나 허허벌판에 호화 주상 복합 신상품을 세우는 일도 있다. 이 갖가지 질문을 관통하며 우리가 도시에서 살아간다는 것이 무엇인가를 계속 답하려고 했고, 그 답을 통해서 삶을 질문하려고 했다. 어쩌면 헛된 일이다. 시민은 주어진 보기에서 답을 고르는 것만이 허락되고, 문제의 출제자는 보기 중 무엇을 골라도 범주를 넘어서지 않도록 정교하게 작업 중이다. 어쩌면 우리에게 필요한 것은 주어진 질문에 정답(correct answer)을 고르는 일이 아니라, 끊임없이 서로 응답(response)하는 일, 응답으로 질문을 이어 나가는 일이 아닐까. 제각각 해법은 다르지만 본바탕은 하나로 연결되는, 도시 주택에 대한 질문과 답의 과정을 생각해 보는 지면이 되기를 기대한다.〕

〔5-01〕 **고층 아파트를 향하여** "오늘은 아시아 선수촌 아파트(1986년)(「〔1〕 잠실의 탄생과 아시아 선수촌 아파트」 참조) 후에 한 십 년 동안 생각하고 작업했던 것을 얘기할 텐데, 거의 주거가 많습니다. 그 첫 번째가 1985년에 설계한 초고층 아파트에요. 아시아 선수촌 아파트를 실시 설계〔기본 설계를 바탕으로 공사에 필요한 도면을 작성하는 과정〕하는 도중이었는데, 대한주택공사〔약칭 '주공'〕로부터 설계 공모에 지명을 받았습니다. 아파트 단지는 아니었어요. 그 전까지는 대개 12층쯤을 아파트의 가장 높은 규모라고 짓다가, 앞으로 아파트를 초고층으로 짓는다면 어떤 문제가 생길 건가, 어떤 아이디어가 필요할 건가에 대한

〔제주 화북 단지 모형과 입면 스케치〕, 조성룡+전은배(전이건축), 1995년. 북쪽(위)이 바다가 되고, 남쪽(아래)이 한라산 방향으로, 인근의 오랜 마을 형상을 따랐다.

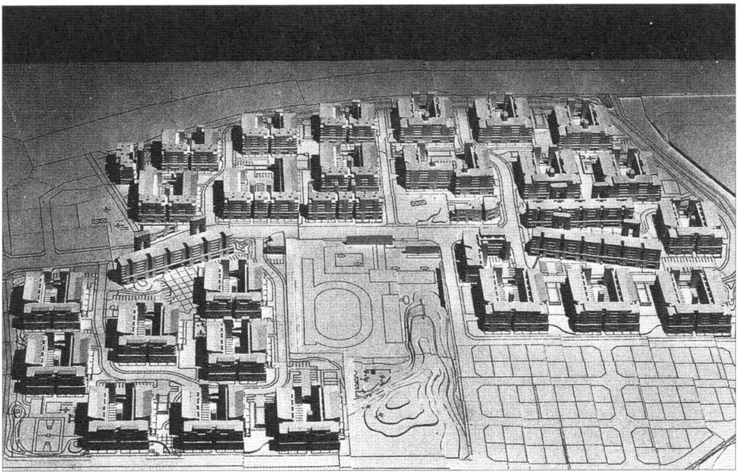

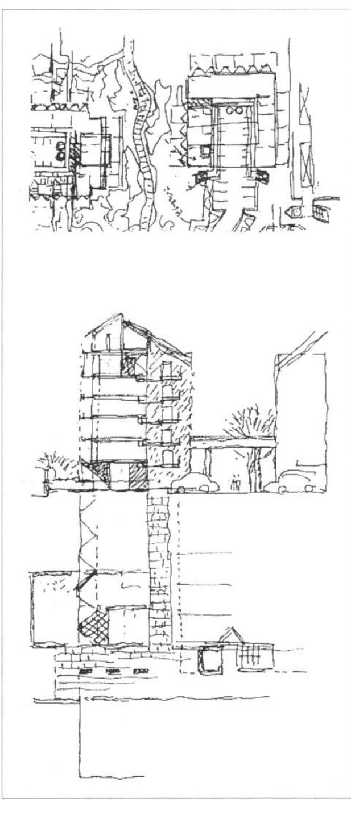

테스트를 해 보려고 한 것 같습니다. 25층 아파트의 모델을 제시하는 일이었어요. 요즘이야 25층은 초고층에 끼지도 못하지만, 우리 나라에서나 그런 것이고, 사실 주거로서 상당히 고층이라고 할 수 있지요. 우선 구조의 문제로서, 층수가 높아지면서 그 전까지 보편적이던 벽식 구조로는 안 되는 거죠. 기둥을 박아서 기둥 구조하고 벽식 구조를 합쳤습니다. 이 구조를 어떻게 외관으로 드러낼 것인가를 고민했습니다. 보와 기둥이 이루는 그리드 그리드 한 칸마다 두 층이 들어가게 했어요. 25층을 모두 표현하면 너무 많아 보이니까 두 층이 하나로 보이게 한 겁니다. 위쪽에다가 공중 놀이터를 만들고 옥상 정원도 뒀어요."

〔5-02〕 **공중 놀이터와 옥상 수영장, 그리고 실험** "그 공모전에 참가한 다른 곳의 안과는 전혀 다른 개념이었습니다. 구조의 질서가 밖으로 드러나는 형태를 고려했기 때문에 당선되었다고 생각하는데, 막상 집을 짓지는 못했습니다. 주공에서 문제로 삼은 것이 편복도였습니다. 프라이버시가 보호되지 못한다는 거예요. 이 때가 그 동안 아파트를 편복도식로 짓다가 계단식으로 바뀌 갈 무렵이었으니까…, 왜 도로 되돌아가느냐는 거지요. 나는 어떻게든 편복도를 해 보자 고집했고요. 그러면…, 엘리베이터를 타고 집까지 오는 사이에 자꾸만 스치잖아요, 서로 마주보기도 하고. 그런데 주공에서는 그 마주보는 게 불편하다는 거예요. 한 개 동만 시범으로 제시하긴 했지만 일종의 단위로서, 나중에 여러 동으로 구성할 것을 미리

〔제주 화북 단지 엑소노메트릭과 입면도, 단면도, 평면도〕, 조성룡, 1995년. 작은 평형의 서민 아파트 단지일지라도 단독 주택으로 이루어진 마을처럼 풍성하고 지속되는 공동체를 담아 낼 수는 없을까? 15평형, 18평형, 25평형으로 구성된 2,400세대 단지를 설계하면서 던진 질문이다. 언뜻 ㅁ자 형의 클러스터가 반복되는 듯 보이지만 자세히 보면 다양한 생활을 담아 내도록 조금씩 변형을 주는가 하면, 복도와 계단, 마당 등 공적 공간들을 세심하게 계획해 옛 골목을 닮으려 했다.

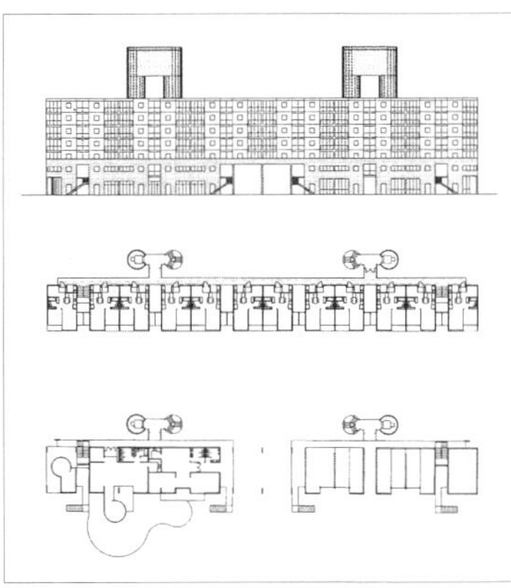

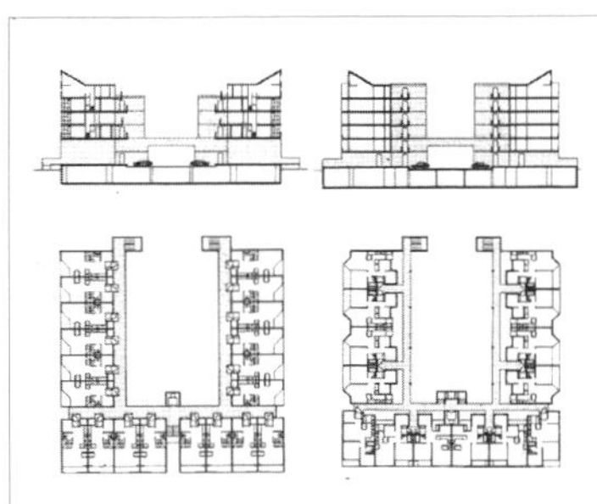

고려했습니다. 아시아 선수촌에서처럼 세 동을 묶어서 하나의 작은 단위가 되도록 할 수도 있겠지요. 그런데 몇 년 후에 누가 '어, 그 건물 상계동에 있던데' 그래요. 그래서 알게 되었어요. 나도 모르게 달랑 한 동을 지어 놨더라고요."

〔5-03〕 **땅의 모양을 따르는 마을, 마을의 모양을 따르는 삶** "이게 몇 년인가? 제주 화북 지구…, 1995년. 제주도에 처음 짓는 주공 단지였을 거예요. 아파트가 드디어 제주도에도 상륙하게 된 겁니다. 대한주택공사 공모에서 3등으로 떨어졌어요. 고층 주택 단지는 아니었고, 초등학교가 단지 가운데 있는, 일종의 근린 주구(neighborhood unit) 규모였습니다. 제주도는 기후가 육지와 다르잖아요. 한라산이 가운데 있기 때문에, 경관도 크게 다릅니다. 이 아파트는 남향이 아니라 북향이에요. 화북이 어딨냐면 제주시의 동쪽, 조천 · 함덕 가는 길, 북쪽 바닷가입니다. 이 동네를 가 보니 오래된 집들이 모조리 바다를 향해 있어요. 한라산에서 내려오는 바람을 막아야 되는 거지요. 거기 사람들이 오래 살아온 대로 바람을 뒤로 막으면서 바다로 열리는 것이 이 땅에 맞는 성격이라고 보았는데, 심사하는 분들에겐 읽히지 않은 것 같습니다. 평범한 일자형이 당선되었으니까요."

〔5-04〕 **편복도를 고집한 이유** "그래도 재미있었어요. 각 구역마다 정해져 있던 밀도가 답답할 정도로 높아서 한계는 있었지만, 여러 시도를 조금씩 해 봤어요. 복도형의 이로운 점

〈한양전도〉(부분), 1780년. 조선이 도읍으로 삼은 한양은 산으로 둘러싸인 땅이다. 북악(백악)과 인왕산에서 물길이 여러 갈래로 내려오다 청계천으로 합수한다. 경복궁과 창덕궁 사이의 굵은 물길을 지금 지도에 겹쳐 보면 삼청로, 율곡로3길, 윤보선길, 북촌로, 계동길 등과 거의 틀림이 없다.

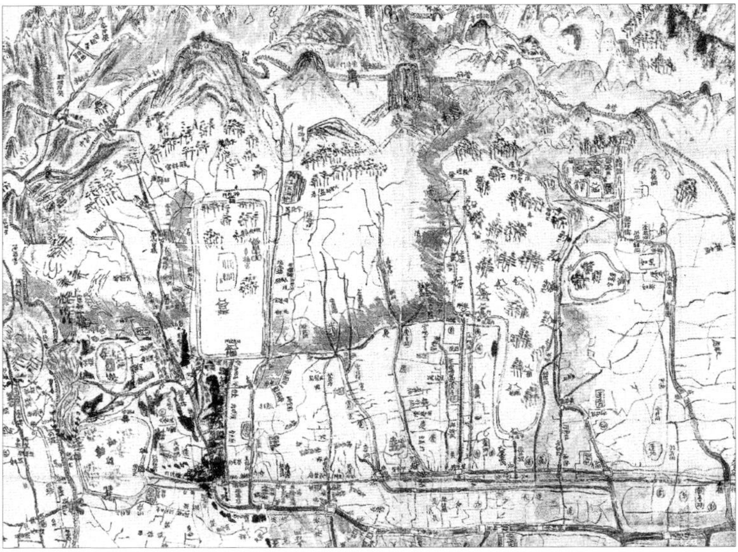

을 활용하려고 편복도를 벽에서 떼서 공중 통로처럼 만들기도 했고, 복층형 유니트도 제안했고, 제주는 바람이 거세니까 거실의 발코니는 안으로 들였어요. 실은 아시아 선수촌의 저층(low rise) 버전이라고 할 수도 있을 텐데요. 커뮤니티의 문제, 그러니까 '어떻게든지 그 마을 안에서 자그마한 공동성이 발현되도록 하자'는 얘기를 하고 있는 거예요. 이 방향의 또 다른 시도가 북촌, 가회동 11번지 계획이에요."

〔5-05〕 **북촌이라는 마을** "북촌 이야기를 먼저 하자면, 조선시대에 한양이 도읍으로 정해질 때부터 종로 북쪽에 생긴 마을입니다. 태조 이성계(李成桂, 1392~1398)가 경복궁에 터를 잡으면서(1394년) 자기 뜻에 가담하고 따라온 이른바 공신들한테 궁 주변 땅을 나눠 줍니다. 요즘 볼 수 있는 윤보선(尹潽善, 1897~1990) 고택(이 집 자체는 조선 말에 지어진 것이다)처럼 넓은 사대부집이 있고 그 주변에 그 가신의 작은 집이며 노비들 초가집도 들어서면서 북촌이 형성됩니다. 서촌도 비슷하지만 북촌은 바로 뒤에 북악(백악)이 있다 보니 경사가 급해서 물길이 많습니다. 삼청동으로 내려오는 중학천이라는 물길이 있고, 동쪽으로는 대학로로 흐르는 대학천도 있지만 중간에도 실같은 물길이 많았어요. 북촌은 물길이 얽힌 지역이고 그 사이사이에 집들이 자리잡은 거예요. 옛날부터 다들 물길 따라서 오가던 게 북촌 길이 되었고, 그러다보니까 꼬불꼬불하고 좁은 겁니다."

(위) 제주 바닷가의 옛 마을에서 지붕(방)과 담은 별개다. 돌로 쌓은 담은 마당을 감싸며 마을길로 굽이친다. (아래) 하지만 좁은 땅에 고밀도로 들어서야 했던 서울 북촌의 옛 마을에서는 지붕과 방의 벽이 바로 담이 되며 동시에 길을 이룬다. 멀리 중앙고등학교가 보이는 풍경은 지금은 중간에 4~5층의 빌라들이 빽빽하게 들어서 이제는 볼 수 없게 되었다. 정문 옆으로 은행나무도 보인다.

〔5-06〕 **북촌 한옥 마을의 역사** "일제 강점기에 들어, 1930년대쯤에 이것이 해체됩니다. 신분이라는 게 없어지면서 큼직하게 차지한 사대부 땅을 쪼개서 집장사들이 거기다 도시형 한옥을 짓는 거죠. 지금 우리가 보는 북촌의 한옥 다수는, 전통적 의미의 한옥이라기보다는 근대기에 지어진 상업용 주택이라고 보면 됩니다. 땅을 워낙 잘게 자르다 보니까, 담도 지을 틈이 없어서 그냥 방의 벽이 담이 되어 버리죠. 물론 이런 한옥은 서울의 여러 지역에 많이 남아 있지만, 북촌은 다른 동네에 비해서 궁 옆이라 역사의 맥이 통한달까? 일제가 우리 조선을 점령하기 전부터 청계천 이남에 모이기 시작하면서, 남촌을 근거로 활동했다면 그 때까지도 조선 사람들은 북촌을 중심으로 생활을 이어 갔잖아요. 그런 것이 가치가 되어서, 지금 우리가 전통 마을이다, 한옥 마을이다, 이렇게 말하는 관심이 형성되는 겁니다. 관광 자원을 활용해야 되는 시대에 와서, 여러 미디어의 힘을 입어서 뜨게 된 거죠."

〔5-07〕 **북촌 한옥의 어제와 오늘** "1970년대 말부터 서울 종로 근처에 있던 명문 고등학교들이 강남으로 옮겨 가기 시작합니다. 여의도 이후에 드디어 영동 지구, 그러니까 강남 개발이 시작되지요. 그런데 당초 예정했던 것보다 개발이 좀 늦어지니까, 학교를 강제로 이주시킵니다. 이른바 명문이라는 걸 이주시키면 사람들이 따라갈 거라는 전략이었을 거고, 그건 맞아들어간 거 같아요. 1980년대까지 삼성동에서 서초동까지, 강남의 주된 택지 또는 상업 용지 부근에, 남학교건 여학교건,

북촌 한옥 마을, 1990년. 가회동 등 북촌과 사직동 등 서촌의 한옥 보존 지구는 1980년에 지정되었고 주민들의 끊임없는 반발과 민원에 따라 올림픽이 끝난 후인 1989년부터 대거 해제되기 시작했다. 2000년대에 들어서도 북촌이나 서촌 길가에 "우리도 아파트를 원한다!"는 현수막이 흔히 나부꼈다. 당시 이 사진이 게재된 매체에는 "주민들이 스스로를 파괴하기 시작했다."는 캡션이 붙었는데, 오늘날에도 나서서 스스로를 파괴하는 일은 이름을 날리던 아파트 단지들에서 일어난다. 〔사진은 『공간』 1991년 7월호에서 인용〕

우리가 알 만한 북촌에 있던 학교들이 이사를 갔습니다. 그 무렵이 본격적으로 강남이 '빨리빨리' 개발되기 시작한 시기예요. 그러고 나니까 북촌에 무슨 일이 일어났냐면, 집집마다 담벼락에다 시뻘건 글씨로 못 살겠다, 이런 게 막 붙어요. 학교는 떠나 버리고, 보존 지구로 묶여 있으니까 집도 고치질 못하고. 남쪽으로 떠났던 사람들은 집으로 한 열 배는 벌었대는데 여기 집값은 엉망이죠. 상대적 박탈감, 그런 겁니다. 1990년대 초 얘깁니다. 서울시에서는 도저히 민원의 압박을 못 견디겠다고, 한옥 지구를 해제하려고 해요."

〔5-08〕 **도시 한옥에 대한 숙제** "그래도 풀리기 전에 뭔가 대비책은 마련해야겠다 싶어서, 당시 서울시에 민간인 별정직으로 있던 강홍빈(1945~) 박사(당시 기획관리실 시정연구관)가 서울대 김광현 교수한테 전화를 했어요. '건축가들을 좀 소집을 해라, 스터디 그룹을 빨리 만들어 달라.' 그래 김광현 교수가 나한테 연락을 했고 내가 그 무렵 이른바 4.3그룹 건축가 여섯 명인가를 불러 모았어요. 북촌 한옥 보존 지구가 해제가 되고 여기에 현대 생활에 맞는 집을 새로 짓는다면 어떤 것이 가능할까, 그런 모델을 구하는 작업을 한 거죠. 의미 있다고 생각했어요. 중앙고등학교 올라가는 입구 옆, 11번지에 속해 있는 도시형 한옥 자리에 뭔가 제안을 하는 게 서울시에서 준 숙제예요. 한 달 동안에 부리나케 했어요. 그 때는 좁던 길이 지금 고개로 넘어가는, 가회동 큰길이 되었죠."

원서동은 창덕궁 후원의 서쪽으로, 조선 시대에는 원동(苑洞)이라 불렸다. 1960년대 항공 사진(위 왼쪽)에서 도시 한옥이 가득하던 원서동 77번지는 1990년대 이른바 주거 환경 개선 사업을 거쳐 지금의 모습(위 오른쪽)으로 바뀌었다. 오른쪽 거대한 녹색 띠가 창덕궁 후원이다. 울창한 후원이 내려다보였어야 할 77번지 언덕의 햇볕조차 들지 않는 골목 안을 들어가 보면(아래), 그간 도시 주거에서 개선이 무엇을 의미해 왔는지 다시 생각하게 된다.

〔5-09〕**다세대 주택이 점령한 도시** "주민에게 많이 알리려고 동회에서 전시회도 하고, 학교에서 심포지엄도 할 계획을 세우고 있는데, 발표하는 날 당시 종로구 국회의원이 나타났어요. 그 누구야, 유명한 사람. 주민들하고 얘기를 하고 있는데, 그 사람이 나서서 바꿔요. 앞으로 전부 다 개발하게 풀어 주겠다고, 표를 얻으려고 딴 데로 몰아가는 겁니다. 건축가들이 공짜로 설계 상담해 준다는 기사가 신문에 나질 않나, 부동산으로 변질을 시켜 버렸어. 그래서 무산되어 버렸어요. 허접한 주택을 짓게 빌미를 준 거죠. 어차피 해제는 해야 된다면, 조금이라도 좋은 쪽으로 안착을 시키려고 했는데…. 우리가 의도한 대로 추진되지 못하고 그냥 북촌의 욕망대로 흘러가 버린 겁니다. 지금 원서동이나 가회동에 가면 뜬금 없이 빽빽하게 솟아 있는 5층짜리 빌라들, 그게 그 때 마구잡이로 생긴 겁니다. 우리가 제안한 계획은 한 건물이 고작 2층, 3층이었으니, 주민들이 보기에는 상대적으로 자기 재산을 잃어 버린 것으로 보였겠죠. 그렇게 처음에 단추를 잘못 끼운 게 지금 북촌의 좋지 못한 부분이나 현상으로 나타났고, 여전히 그 흔적이 남아 있습니다."

〔5-10〕**가회동 11번지** "지금 중앙고등학교 정문 바로 옆에 보면 큰 은행나무가 있어요. 그 때 서울시에서 제시한 땅이 그 왼쪽입니다. 11필지 정도 되는 땅에다가 15세대쯤을 집어넣는 계획이었어요. 과연 북촌답게, 좁은 땅인데도 경사가 굉장히 급했습니다. 옆집하고 불과 한 집 사이가 높이로 한 층 차

가회동 11번지의 기존 구조.

〔가회동 11번지 계획의 1층 평면〕, 조성룡, 1991년. 각각의 집은 왼쪽 아래에서 반원형을 이루며 땅의 가운데로 난 길(진입로)을 공유한다. 어느 집도 입구(화살표)가 바로 마주보이지는 않는다.

이가 나는, 이런 땅에 어떻게 주택을 집합시켜서 지을 수 있는가. 이 때 내가 제안한 건, 이런 개념이에요. 땅의 모양을 따라서 전체 집합의 윤곽이 생긴다면, 양쪽 가장자리에 집을 배치하면서 각 집마다 들어가는 길들을 가운데로 모아서 넓은 길을 내고, 그 길에 이어지게 집집마다 마당을 둡니다. 이런 방식으로 길을 두고 기역(ㄱ)자로 된 유니트를 계속 붙여 가는 겁니다. 마당을 낀 기역자로 한 것은 그 전에 이 지역에 있던 한옥을 따른 거예요. 방 세 개에 거실 하나, 지하실이 딸린 자그마한 집들인데요, 이 집들이 다 같은 통로를 쓰게 되는 거죠. 이 하나의 통로는 3층 높이로 된 입체적인 길인데, 각각의 집으로 곧바로 연결되면서도 햇빛은 더 많이 받을 수 있고…, 환기를 잘 해결할 방법으로 제안한 겁니다. 지형은 살리면서 형태로 보면 원래 있던 도시형 한옥을 따르고, 다만 이전에는 단층이었지만 3층짜리 저층 연립으로 바꾼 것입니다. 그만한 세대가 들어가야 하니까. 이젠 단층 갖곤 안 되는 거죠. 물론 전부 다 이걸로 적용하진 못하겠지만 하나의 시안으로 제안한 거예요."

〔5-11〕 **전통 한옥인가, 전통적 삶의 방식인가** "북촌을 양옥으로 하는 거? 잘 하면 양옥으로 해도 된다고 생각해요. 거기 한옥이라는 것 자체가 건축 양식으로 그렇게 가치가 높다기보다는 공간 구성이 더 중요한 것이고, 그런 식으로 집들이 다닥다닥 붙어 있는 도시라는, 집합의 의미가 더 클 것입니다. 각 방의 벽이 곧 담이 되고 그것이 이어져 골목이 생기고, 그러

〔가회동 11번지 계획의 엑소노메트릭과 모형〕, 조성룡, 1991년. 그림의 왼쪽에 보이는 반원형 진입로로 들어오면 각 층으로 들어가게 된다. 경사진 땅의 모양을 훼손하지 않고 따르는 한편, 다층이면서도 옛 한옥에서처럼 길에서 곧바로 집으로 들어갈 수 있도록 했다.

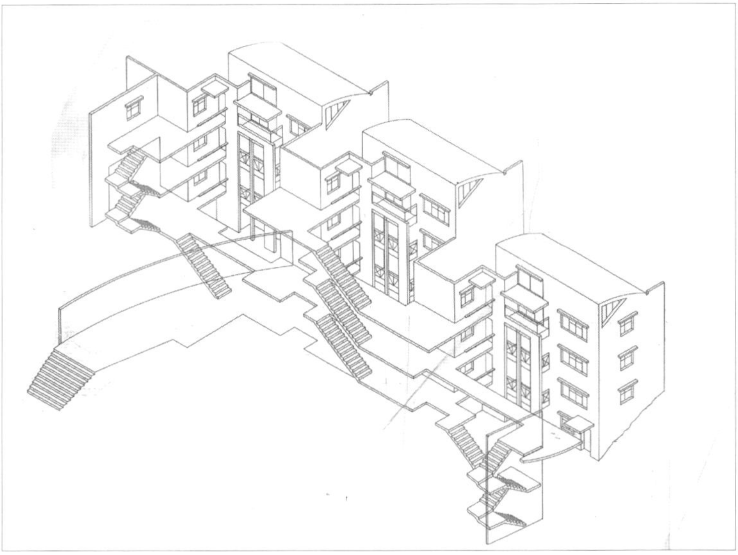

한 집들이 원래 땅의 형상, 전체 지형하고 만나는 관계가 중요한 거거든요. 그 외형이 양옥이냐 한옥이냐는 오히려 그 다음이라고 보는 거죠. 근대기의 전형적인 집장사 한옥으로 이루어진 도심 한복판의 동네를 어떻게 파악할 것인가라고 할 때, 그것을 길하고 마당, 그 두 가지 키워드로 본 거예요. 집집마다 작은 마당이 있고, 그 마당을 거쳐 길로 연결이 되는데 이 길이라는 게 담이 아니라 방의 연결로 형성된 길, 여러 층짜리 건물이 되더라도 그런 도시형 한옥의 구성 방식을 이어 가면서 해석해 보려고 한 거예요. 앞에 편복도 아파트에서도 그렇듯이, 이런 한옥 마을에서도 자연스럽게 옆 집을 스쳐가게 되죠. 서로 생활을, 공유까진 아니더라도 약간은 개입하게 되는…. 사실 아시아 선수촌 단지를 계획할 때는 거기까진 생각이 못 미쳤어요. 물론 전통적인 동네를 염두에 두고 덩어리를 나눈다는 정도의 시도는 했습니다만, 여기 가회동에 와서는 정말 하나하나의 작은 집이나 방들이 어떻게 도시하고 연결되고 만날 수 있나… 하는 걸 고민했습니다. 개인적으로는 도시 주택에 대한 고민의 연장이기도 했습니다. 1989년에 일본에서 전시회(갤러리 마, 도쿄)를 할 때 제가 설계했던 주택들(합정동 주택, 청담동 주택)을 전시하면서 나름대로 이건 주택이라기보다는 엄밀하게 말하면 '도시 주택'이다라고 말했거든요. 그냥 어떤 하나의 주택, 시골에 있는 전원 주택이 아니라 복잡하고 밀도 높은 도시 속에서 사람이 집을 짓고 살 때 어떻게 하면 그래도 조금이나마 나은 삶을 살고 질 좋은 공간 경험을 하게 할 수 있을까에 초점을 두었다고 할까요. 그 때

〔가회동 11번지 계획의 모형과 마당 공간 스케치〕, 조성룡, 1991년. 각 집들은 양옥이지만 위에서 내려다보면 전통적인 ㄱ자 또는 ㅁ자 한옥의 구성을 그대로 따른다. 가운데 마당은 길이자 여러 세대들이 모여 작은 공동체를 형성하는 생활 마당도 되고, 좁은 집들에도 채광과 환기가 고르게 이루어지도록 하는 장치도 된다. 앞에 나온 엑소노메트릭은 가운데 마당을 가로질러 반을 잘라 표현한 것이다.

도시의 신규 택지들이란 것이 대부분 100평으로 분양되어 나와요. 강남도 마찬가지라서 논현동이나 청담동에서 지금도 그 정도 규모의 주택들이 늘어선 것을 볼 수 있습니다. 그러한 100평 기준의 땅에 어떻게 집을 지을 수 있는가를 몇 번 시도하면서 경험을 했고, 그러면서 했던 고민을, 규모는 훨씬 작지만 북촌이라는 마을에 대입한 거죠. 그 고민은 어떻게 하면 전통적인 ㄱ자 집, ㅁ자 집 주택의 공간과 그 공간들이 모인 마을의 생활을 살리면서 지금처럼 자동차로 다니는 도시에서 이웃과 함께 살 수 있을까라는 것이었고, 그 하나의 방식을 제안한 겁니다." 〔다음 장에 계속〕 〔구술 · 채록 2015년 12월~2016년 5월〕

6. 응답하라, 도시 주택 ② **해운대, 분당, 양재, 도곡동**

〔해운대 빌리지 B지구 입면 콜라주〕, 조성룡, 1991~1994년 설계. 위에 덧붙인 사진은 길에서 올라가면서 보이는 모양이다.

〔6-00〕 **질문들로 꽉 찬 이 이야기** 〔1980년대 아시아 선수촌 이후로 '아파트를 설계한 건축가'라는 보기 드문 이력을 출발로 삼은 건축가 조성룡은 다양한 유형의 도시 주택을 고민해 왔다. 그것은 세대 수와 예산에 맞추어 (건축가의 작품이라는 아우라를 덧입히며) 부동산 가치를 높인 상품을 뽑아 내는 일 이상이다. 산과 언덕을 끼고 도시가 형성되어 온 우리 지형을 어떻게 이해할 것인가, 수백 년에 걸쳐 형성된 시골 마을과 달리 외부 공간(도시의 여러 공공 시설)과 내부 공간(집)을 어떻게 짧은 시간에 인위적으로 연결해 (길을) 낼 것인가, 그리고 더 근본으로는 도시에서 살아가는 삶의 가치와 매력은 무엇이며 어려움과 문제는 무엇인가에 대한 여러 고민을 아우른다. 앞 장에서는 초고층 아파트의 출현, 지방 마을의 아파트 단지화, 그리고 북촌 한옥 마을의 연립 주택을 다루었다. 그에 이어 언덕의 연립 주택(부산 해운대 빌리지), 신도시의 연립 주택(분당 전람회 주택), 주택 없이 근린 상가만 있는 동네(양재 283.7), 초고층 주상 복합(도곡동 우성 캐릭터빌) 등을 이야기한다. 원래 이 연재는 〔인문 건축가 조성룡, '서울'의 시간을 '말하다'〕라는 제목으로 서울을 이야기하는 기획이었으나, 도중에 제주, 부산, 분당 등 서울이 아닌 여러 곳들이 등장했다. 의미가 있다고 보아 살린 데 대해 혜량을 부탁 드린다. 이 구술은 수많은 의문문들이 이어지는 시간이었다. 연립 주택은 어째서 아파트를 선택할 수 없는 경우의 차선이 되고 말았을까. 왜 이 도시에서는 아파트가 아닌 삶을 선택하는 순간 놀이터와 공원과 주차장과 가까운 세탁소와 관리 서비스를

[해운대 빌리지 B지구 입면 콜라주와 전경], 조성룡, 1991~1994년 설계. 산이 많은 우리 땅에서 경사진 언덕길에 집을 어떻게 관계 맺게 할 것인가는 마을 전통의 현대적 계승과 관련해서 중요한 과제다.

동시에 포기해야 하는 걸까. 오피스텔이라는 이름의 원룸들이 빽빽하게 들어찬 빌딩이 오늘날 독신자들이 도시에서 생활할 수 있는 주거의 당연한 모습일까. 모든 질문이 그러하듯, 주택, 즉 우리의 생활 공간과 그 작동 방식에 관해 질문을 던지는 행위는 그 자체로 불온하다. 질문으로 인하여, 정치니 권력이니 재벌이니 하는 말들이 추상성을 벗고, 주택이라는 현상을 드러나게 하는, 그 구체적인 욕망과 의도들에 화살처럼 가닿기 때문이다. 그러므로 질문은 이미 화살을 날리는 일이다. 그러나 우리가 질문하는 까닭은 단지 과녁을 적중시키기 위한 것은 아니다. 낱낱의 마디로도, 전체 이야기로도 질문들로 꽉 찬 이 이야기에 대해 삶과 주택에 대한 상상력 가득한 응답들이 도시마다 바람처럼 날아들기를!〕

〔6-01〕 **빌라와 연립은 모두 저층 집합 주택** "그 때(1989년)부터 저층 집합 주거에 대한 생각을 많이 하게 되는데, 1990년대 초에 빌라가… 유행하기 시작한 거예요. 물론 그 전에도 빌라는 있었죠. 1970~1980년대 효성 빌라가 유명하죠. 집장사들이 비싼 재료를 써서 상품으로 성공을 했습니다. 하지만 그건 몇 집을 모아 놓았다 뿐이지 그 집합은 중요하지 않았습니다. 빌라의 조건이 뭐예요? 우리 인식에, 빌라라고 하면 연립 주택하곤 뭔가 다르게 느껴지잖아요. 고급스럽고, 비싼 주거로 여기죠. 그런데 법적으로는 빌라나 연립이나 같습니다. 주어진 대지에 스무 세대 이하로 지은 집합 주택. 열아홉 세대까지만 연립 주택으로 허가가 나는 거예요. 공급 업자도 아예 그런

부산 해운대와 달맞이고개. 1975년 해운대 주공 AID 아파트가 들어설 때까지만 해도 거의 비어 있던 달맞이고개(위)는 1980년대에 빠른 속도로 개발되었다. 바다를 향해서 줄을 세운 듯 빌라가 낮은 담을 이루었고, 2000년대 들어서는 AID 아파트가 초고층으로 재개발(아래 사진 오른편)되면서 경관이 크게 바뀌었다.

규모의 땅을 골라요. 넉넉하지 않은 땅에서 해결해야 되니까, 평면이 복잡하게 되기도 하죠. 그 때 내가 생각한 것은, 이건 하나하나의 세대가 아니라 집합에 열쇠가 있다는 거였습니다. 공간이 얽히면서 새로운 도시가 되는 거잖아요. 한창 지어지고 있는 빌라를 그런 개념으로 보기 시작했습니다. 땅 모양도 위치도 다 다르지만, 주택들이 모여서 서로 어떤 시너지를 얻을 수 있는가, 그걸로 인해서 개별적으로 어떻게 독립할 수 있는가. 그런 고민을 가장 먼저 시작한 것이 실현은 안 되었지만 앞에서 이야기한 북촌의 가회동 11번지 계획이고, 그 다음 부산 해운대 빌리지, 분당 전람회 주택으로 이어집니다."

〔6-02〕**"해운대를 지나서, 달맞이고개에서…"**〔최백호의 노래 〈청사포〉 중에서〕"해운대 빌리지부터 얘기하면, 해운대에서 가장 중요한 게 뭐예요? 해변이지. 그러니까 해변의 모래밭이 집에서 어떻게 보이게 만드는가. 부산의 달맞이고개는 저층 빌라가 많이 들어선 지역입니다. 언덕이니까 어지간해서는 집집마다 해운대 백사장이 보이는 게 당연한데, 앞에 먼저 지은 집들이 일자로 다닥다닥 붙여 지어서 아주 벽을 쌓아 놓았어요. 자기 생각만 하고 뒷집 생각은 않은 거죠. 뒷집은 아주 높여 짓지 않는 한은 바다를 볼 방법이 도저히 없습니다. 그럼 그 뒤에 지어질 집은 더, 더 높여 짓겠죠. 이래 가지고서는 안 되겠다…. 해운대 빌리지는 방향을 옆으로 틀었어요. 달맞이고개 집들의 전형적인 방향과 어긋나게 했습니다. 그렇게 하면 사선으로 멀게나마 바다가, 허헛, 아주 조금 보이게 돼요. 물론 전망도 이

부산 해운대와 달맞이고개와 청사포(지도 위에 스케치).

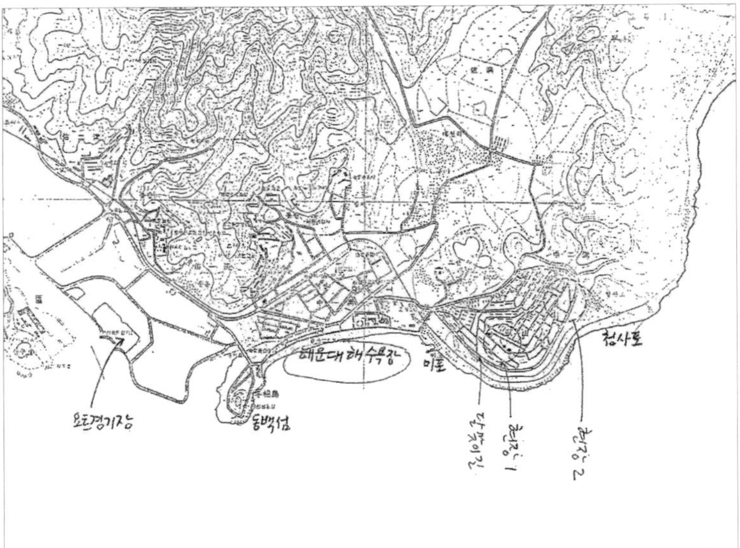

유였지만 그보다는 나부터 반성하자는 마음이었어요. 내가 설계한 집이 뒷집 전망을 조금이나마 덜 가리고, 올라가는 사람들 시선도 덜 막도록 해야겠다 싶었습니다. 언덕 위에, 우리나라에 흔한 구릉지에 집을 지을 때 내 옆이나 뒤를 어떻게 배려해야 되는지를 시도해 본 겁니다."

〔6-03〕"**빌라 동네에 웬 연립 주택 짓는다꼬**!" "두 번째로 그때 해운대에 가 보니 이른바 고급 빌라라는 것이 전부, 그 있잖아요, 만사드 지붕(mansard roof, French roof 또는 curb roof 라고도 한다. 사면이 가파르고 윗부분이 평평한 지붕 즉 상·하부 지붕면 경사를 완급 2단으로 한 지붕으로, 지붕 공간을 다락방이나 완전한 층으로 확보할 수 있다.)에다가 색 타일이며 기와, 비싼 대리석 붙인 집들인 겁니다. 지금도 그런 모양 일색이에요. 울긋불긋 요란하죠. 우리 땅 풍경하고 도무지 맞지도 않고요. 심의를 받으러 갔더니 반드시 그런 자재를 써야 한다는 지침이 있다는 겁니다. 이런 지침은 대체 누가 만들었냐고 물었더니 부산 시장이래요. 시장이나 구청장이 누구냐에 따라서 우리 도시 모습이 그렇게 변해 온 겁니다. 따를 수도 없고 안 따를 수도 없어 마감 재료는 다 정하지 못한 채로 공사를 시작했습니다. 허가받을 무렵 시장이 바뀌었습니다. 새 시장이 되도록이면 무채색을 권하면서 다행히, 괴상한 지침을 안 따를 수 있었습니다. 그런데 이번엔 뒷집 주인이 왜 이런 고급 주택지에다가, 연립 주택 같은 걸 짓느냐면서 한참 싸움을 걸어요. 자기네가 보기에 이건 빌라가 아닌 거죠, 평범해 보이는 무채색 재료를 쓴 집이니…. 그런 정도로 빌라와 연립 주택의 관계가 첨예하던

〔해운대 빌리지 A지구〕, 조성룡, 1991년 설계. 벽돌과 기와를 쓰지 않았으므로 주변 주민들에게 고급 빌라가 아니라 연립 주택으로 낙인찍혔다.〔사진 김재경〕

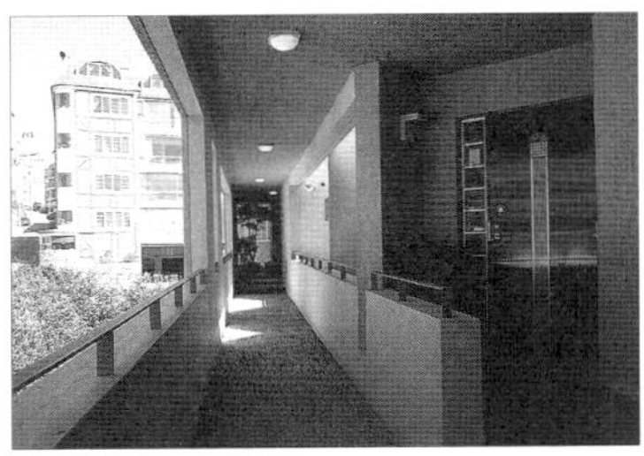

시절이었습니다. 애초에는 같은 길을 따라서 세 단지를 계획했는데 두 단지만 실현되었습니다. 분양할 무렵에 이 일대가 호화스럽다는 비판이 방송에 자꾸 나면서 분양이 제때 안 되었어요. 그래도 해운대 빌리지가 들어서고 난 다음부터 달맞이 언덕의 건물들이 조금씩 바뀌기 시작한 것을 느낍니다. 지역에 선례가 되었으니 의의가 있다면 있다고 생각합니다."

〔6-04〕 **공간에 주름을 주면 시간이 바뀐다** "계속 아시아 선수촌에서 못 했던 걸 해 보려고 애를 쓰던 단계예요. 큰 마당은 아시아 선수촌에서 해 보았지만 그것을 작은 스케일로 다시 나누는 것, 그리고 복층 유니트…. 그래서 해운대 빌리지는 세대 수가 몇 안 되지만 세대별 유니트가 굉장히 다양하고 복잡해요. 재미는 있어요. 북촌도 그렇습니다만 달맞이 고개도 길 자체가 경사져 올라갑니다. 그런 땅에서 바닥하고 집이 관계를 어떻게 맺을 수 있을까요. 또 이런 유형의 집합 주택에서 거주하는 이들의 일상의 접촉이 어떻게 일어날 수 있을까요. 그런 고민을 계속했습니다. 거창한 공동 생활의 부담감보다는 일상에서 여러 가지 사소한 행위가 일어나도록 외부 공간을 구성해서, 그것을 통해서 연대감을 조금씩 느끼게 하는 편이 현실적이라고 생각했습니다. 그 하나가 이런 거죠. 길가하고 단지 안 사이에 걸쳐서 중간 영역이 끼워져 있습니다. 스케일을 조금씩 나누어서 계단과 경사로를 놓아 가면서 공간을 나눴어요. 집이라는 개인 영역하고 공동으로 쓰는 영역 사이사이에 중간 영역을 둔 거예요. 경사를 올라가는 동안 조금

〔해운대 빌리지 B지구 안쪽의 공공 공간〕, 조성룡, 1991~1994년 설계. 공동 주택에서 각 세대의 내부 평면 못지않게 중요한 것이 외부 공간의 계획이고, 거기에서 일상의 공공성이 생겨난다. “흔히 강조하는 프라이버시라는 개념도 〔…〕 내가 필요할 때 주변으로부터 차단할 수 있으면 되는 것이지 벽을 둘러쳐서 고립시키는 개념이 아니다. 이를테면 공용 마당에 면한 거실의 창에 커튼을 설치하면 시선은 막더라도 마당에서 뛰어노는 어린이의 즐거운 소리는 들을 수 있는 것이다.”(조성룡, 「해운대 빌리지」, 1995년.) 〔(위) 사진 김재경〕 〔(아래) 사진 박상일〕

씩 꺾여 가며 작은 공간이 생기면, 올라가는 길이 평평한 것보다 재미있죠. 마치 물고기들이 구불구불하고 수초도 좀 있는 구석에 더 많이 모이는 것처럼, 그렇게 자꾸 주름진 공간으로 만들자. 이게 사람들에게 공감을 줬나 봐요. 실제로 가 보면 여기를 즐겁게 쓰고 좋아들 합니다. 달맞이고개 너머가 청사포잖아요. 거기 바닷가 마을의 석축이 눈에 띄더라구요. 비탈에 바닷돌을 쌓아서 축대도 하고 담도 짓습니다. 그 석축 방식을 가져와서 담으로 쓰려고 했는데, 건설 회사가 부도가 나면서 공사 관리가 잘 안 되어 엉뚱하게 강자갈을 쌓아 놓은 게 아쉽습니다."

〔6-05〕 **분당 신도시가 담을 새로운 주거의 풍경** "그 무렵 서울에서는 분당 신도시로 이주가 시작되죠. 전람회 주택은 분당 신도시를 꾸리던 안건혁(1948~)이라는 도시 계획가가 대한주택공사에 제안을 해서 시작된 프로젝트입니다. 분당은 아파트 중심의 신도시였습니다만, 분양하고 남은 자투리땅을 골라서 '주택 전람회 지구'라는 것을 만들고, 건축가 스무 명에게 연립 주택 설계를 시키겠다는 내용이었습니다. 새로 만들어진 신도시의 아주 평평한 땅이었습니다. 해운대처럼 딱히 경관이 있는 곳도 아니고 북촌과 같은 경사도 없었어요. 그런 대지를 자로 자르듯 딱딱 나눴으니까 땅의 조건에서 풀어낼 개념은 별로 없었습니다. 그렇다고 할지라도 길에서 각자의 집에 어떻게 들어가는가를 고민했습니다. 단지 안에 작은 길을 냈어요. 그런 다음 모든 세대가 그 길에서 자기 집에 곧

〔분당 연립 주택 모형〕, 조성룡, 1993년. 10세대를 위한 연립 주택 단지로, 언뜻 단조로워 보이지만 가운데로 낸 길을 중심으로 각 집이 서로 다른 길로 들어가고, 각자의 마당이나 외부 계단을 지닌다. 모든 세대는 복층형으로 1층에 방처럼 독립된 거실 등을 두고, 2층에 개인 공간을 두어서 가족 안에서도 공공 공간과 개별 공간을 나누었다. 한 집에 사는 가족이지만 각자 서로 다른 생활을 추구하고 그에 따른 영역을 원하는, 새로운 시대의 생활 방식을 고려한 것이다. 이 단지가 지금의 분당구 분당동 화목빌라다.

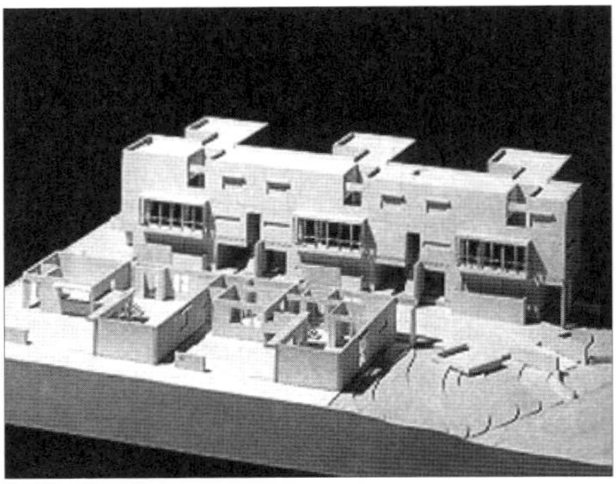

바로 들어가게 한다는 원칙을 세웠어요. 집합된 단지지만 각각의 집은 마치 단독 주택이나 마찬가지로 느껴지게 하면서, 그러면서도 외부 공간에서 접촉이 일어나도록 풀어 내려고 애를 썼습니다. 북촌 가회동 11번지에서 시도한 걸 계속 실현해 보려고 한 겁니다. 물론 분당은 북촌보다 집이 넓다는 차이는 있지만 어쨌든 여러 세대가 하나의 길을 공유하면서 살 방법을 찾으려고…, 아이고, 이건 설계해 놓고선 후회도 좀 했어요. 평면이 워낙 복잡해서, 실시 설계를 할 때 너무 힘든 거야. 보통은 아파트나 연립이나 그렇잖아요, 방 위에 방 위에 방 위에, 변소 위에 변소 위에 변소…, 그렇지 않게 만들려고 한 거지요. 1층은 전부 자기 마당을 두었고, 2층 세대는 마당이 없는 대신에 테라스를 많이 냈어요."

〔6-06〕 **양재 개발 잔혹사** "강남 개발이 압구정동에서 시작해서 강남역까지 먼저 되고, 거기에서 동쪽으로는 역삼동 삼성동으로, 서쪽으로는 서초동으로 해서 남부 순환선을 타고 사당역까지 이어집니다. 그렇게 강남역을 중심으로 양쪽으로 퍼져 나갈 때까지도 그 남쪽, 양재 쪽에는 거의 뭐가 없었어요. 〈말죽거리 잔혹사〉(2004년)라는 영화도 있지만, 말죽거리는 개발 시대의 투기 열풍이라는 부정적 느낌이 있는 지역이었죠. 그런데 테헤란로도 좀 채워지고, 올림픽 하면서 잠실까지 얼추 이어지고 나자 그 다음에는 양재 쪽으로 넘어갑니다. 양재에는 아파트보다는 주로 100평짜리 주택지가 많았어요. 나도 그 때 개발 루트를 함께 따랐죠. 근린 생활 시설을 하

토지 초과 이득세는 토지 공개념에 기초해 1989년에 정부에서 토지 투기를 막기 위해 도입한 세제였으나, 그 내용과 과정의 부실함으로 부작용을 낳고 몇 년 지나지 않아 유명무실해졌다. 강남 땅부자들은 부실한 가건물이라도 지어 세금을 슬쩍 피하거나, 빈 땅에 골프 연습장이니 스포츠 센터를 세워 회원권을 팔면 그만이었다. 결국 난립한 건물들이 미래의 가치를 앞당겨 허비하고 만 셈이다. 토초세로 유령 건물이 양산되던 상황을 보도한 1993년 1월 26일자 『경향신문』 기사.

(21) 第14653號

「유령빌딩」量産 부르는 土超稅

江南등 월평균 40~70건씩 나대지 신축신청

역삼·양재洞등 주변 空室率 50% 웃돌아

판촉전 불꽃…임대료 최고50%까지 "뚝"

오늘의 기상예보

<26일·수도권>

오전에는 정체가능성이 다소 있겠으나 오후에는 흐름이 원활하겠다.

대기환경상태

〔양재 287.3〕, 조성룡, 1991년 설계. 이 건물은 준공 이후 2006년까지 조성룡도시건축〔UBAC〕의 사무실이자, 건미준, 서울건축학교가 시작된 곳이기도 하다. 〔사진 제공 조성룡도시건축〕

나 설계하고, 역삼동에서 양재동으로 사무실을 이사하게 됩니다(양재 283.7, 1992년). 근린 생활 시설이란 건, 주택가 주민들이 늘 필요로 하는 시설, 이를테면 잡화 가게, 미장원, 바둑 두는 기원, 또 뭐가 있을까? 조그만 사무실나 학원 등이 들어가는 건물이죠. 그런데 양재에는 주택도 없는 빈 땅에 근린 생활 시설만 자꾸자꾸 들어서는 거예요. 거기 땅을 강남 사는 사람들이 꽤 샀을 텐데, 자기 집은 벌써 강남에 있으니까, 아직은 거기까지 이사와서 집 짓고 살 사람이 별로 없는 거예요. 그 때 정부에서 세금을 물려요. 땅을 소유하고 있으면서 건물을 안 지으면, 토초세? 토지 초과 이득세라는 이름이에요. 매년 세금이 굉장히 높아서, 어, 이거 한두 번은 괜찮았는데 몇 번 쌓이니까 커지네, 그렇게 세금으로 낼 바엔 대충 작은 건물이라도 짓자…, 그렇게 우후죽순처럼 상가 건물이 들어선 데가 지금 양재동이에요. 옛날에 내가 '양재동 텍사스'라고 부른 적도 있지만, 근린 생활 시설만 모여 있는 참 이상한 동네다…, 그런 생각이 들었어요. 자고 나면 건물 하나씩 서는 거야. 옆에서 계속 짓고 있으니 먼지 잘 날이 없고, 시끄럽고, 그게 1990년대 초 양재동에서 일어나던 일이에요."

〔6-07〕 **도곡동, 주상 복합 시대** "그렇게 도시가 팽창되고 시설들이 많이 들어서는데, 아, 좀 잘하면 좋을 텐데…, 싶었어요. 하지만 정작 일감은 좀처럼 안 들어와서 '건미준〔건축의 미래를 준비하는 모임. 건축계의 불합리한 관행과 제도를 개선하고자 1993년에 건축가들이 꾸린 기구. 사무국장을 맡았다.〕 운동'이니 '서울건축학교'〔SA. 새로운 시대의 건축가 교육을 천명하

〔도곡동 우성 캐릭터빌 모형〕, 조성룡, 1993~1997년. 기능에 따라서 입면을 세 덩어리로 구분해서 바깥에서도 내부의 기능을 알아볼 수 있게 했다.

며 1994년 시작된 워크숍 중심의 비제도권 학교. 초대 교장을 지냈다.〕를 할 땝니다. 그 즈음에 하게 된 일이 26층짜리 도곡동 주상 복합 건물이었습니다. 우성 캐릭터빌. 도곡동이나 양재동이나 그렇게 멀지 않은 곳이죠. 지금의 타워팰리스 바로 앞입니다. 20만 제곱미터쯤 되던가? 5만 평이 업무·상가 복합 지역으로 도시 계획상 정해졌대요. 그러니까 준주거 지역이고 주상 복합이 가능한 건데, 당시에는 아무 것도 없는 벌판이었어요. 타워팰리스니 대림 아크로빌도 안 들어섰을 때죠. 그런 큰 건물들은 대형 설계 사무소에다 시키고 나보고는 제일 작은 땅을 하래요. 850평짜리…, 이걸 가지고 끙끙거리고…. 그런데 일을 시작하고 나서 우성건설이 부도가 나 버렸어요. 공사 도중에 은행 관리 들어오니까 재료 선택도 제대로 안 되고 해서 시공에서 좀 실패한 건물이에요."

〔6-08〕 **도시의 길을 고층까지 끌어온다** "땅이 그렇게밖에 안 되는데, 업무 시설하고 주택을 한 건물에 집어 넣어야 한다는 게 조건이에요. 우선 아래부터 세 토막으로 나눴어요. 밑에는 은행하고 업무 시설, 그 다음에 복층형 아파트, 맨 위 20층부터는 전망용 펜트하우스입니다. 포스트모더니즘의 영향이 좀 있죠. 그 양식에서 항상 입면을 세 부분으로 나누잖아요. 머리하고 몸, 발…. 내부 기능이 다르니까 한 건물이지만 세 부분을 전혀 다른 재료로 표현했습니다. 나에게 이 프로젝트의 과제는 공중에 떠 있는 주거였습니다. 어차피 업무 시설이나 상업 시설은 도시와 가까운 아래 쪽에 있어야 되니까 주거가 위

〔도곡동 우성 캐릭터빌 주택 부분의 안쪽 복도〕, 조성룡, 1993~1997년. 보통 아파트와 달리 넓고 천장이 높은 편복도 안쪽으로 복층형 2층 발코니가 튀어나와 있다. 오른쪽으로는 큰 창을 터서 날씨 변화를 느끼게 했다. 복도가 오로지 내 집을 가기 위한 통로가 아니라, 마치 2층 주택가의 골목길처럼 풍부해진다. 〔사진 박규빈〕

로 올라갈 수밖에 없잖아요. 아파트는 아무리 고층이라고 해도 그나마 땅에서부터 차곡차곡 쌓여지는데, 이건 붕 띄워서 위에다가 짓는 거예요. 공중에 떠 있는 주택을 어떻게 길과 연결할 것인가…. 내가 지금까지 계속 길-마당, 그런 소리를 했는데 이제 어떡할거냐 말이죠. 나름대로 해결은 했죠. 위에다 마당 하나 두고 길을 만들자, 엘리베이터를 타고 올라 오면 일단 땅같은 데 도착하게 하자, 그게 공중 정원이에요. 거기서부터 주택으로 올라갑니다. 물론 주민들이야 어차피 엘리베이터로 각자 자기 집에 도착하는 데만 관심이 있을지 모릅니다. 하지만 나는 도시하고의 문제를 생각한 거죠. 어쩔 수 없이 땅에 짓지 못하고 위로 올라갈 수밖에 없을지라도 집에까지 갈 때 동네와 가로에 대한, 어떤 경험을 하게 할 수 없는가."

〔6-09〕 **집으로 어떻게 들어가시나요** "사무소나 식당이 있는 상가 건물에 들어가서 집에 가는 게 아니고, 엘리베이터에서 내려 집 문으로 쏙 들어가는 게 아니고, 그래도 여기가 사람 사는 동네라는 경험을 하게 해 주고 싶었습니다. 접근(access)의 문제라고 본 거죠. 아시아 선수촌하고 같은 고민을 한 거예요. 거기서는 자동차 내려서 주차장에서 자기 집으로 바로 들어가는 게 아니라 얼마간의 중간 영역을 만들었잖아요. 그처럼, 그래도 지금 나는 도시에 기대고 있다라는 감을 주려고 했습니다. 중간의 복층형 아파트를 편복도로 설계했습니다. 편복도에 미쳤나 봐…, 어떻게든 근사한 편복도를 만들어 보고 싶었어요. 이 복도 폭이 1.5미터쯤이 아니라 보통 아파트의 두

〔도곡동 우성 캐릭터빌 주택 부분의 복도 단면도와 스케치〕, 조성룡, 1993~1997년. 지상 1층부터 11층까지는 상가를, 그 위에 옥상정원을 두고 12층부터 21층까지 복층형 주택, 21층부터 26층까지 전망형 주택을 두었다. 복층형 주택은 공중에 있지만 땅에 있는 2층 집의 느낌을 준다. 복도와 집안의 바닥 높이를 조금만 다르게 해도, 편복도식의 장점을 유지하되 집안이 들여다보이는 불편은 막을 수 있다.

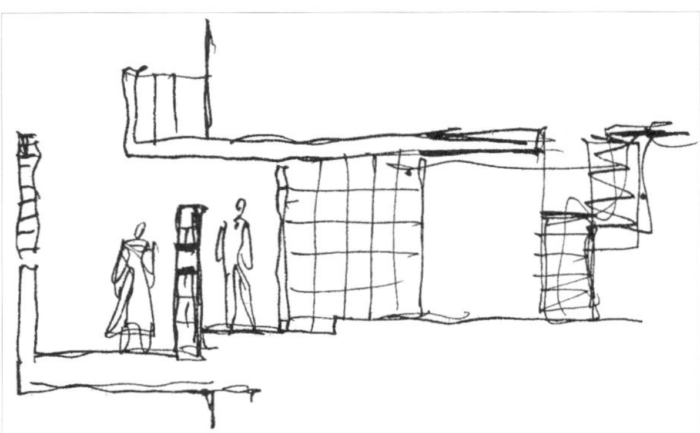

배나 됩니다. 한 세대가 복층형인데 2층의 발코니를 복도 위로 냈어요. 그러니까 복층형이라는 걸 집 바깥 복도에서도 확실히 알 수 있죠. 건물 안이지만, 이건 복도가 아니라 길, 거리라고 생각했어요. 그러니까 마치 2층집이 이어진 골목길을 걷는 것처럼, 중간 영역을 만든 거지요. 바깥의 날씨를 느낄 수 있도록 중복도가 아니라 외부로 창을 냈어요."

〔6-10〕 **한국적 변종, 주상 복합** "주상 복합이라는 건 업무 시설이나 상업 시설하고 주거 시설을 합쳐 놓은 거잖아요. 합치면 용적률을 조금 더 올려 준다는 거지요. 그 인센티브 때문에 건설 회사들이 너나없이 돈벌이로 뛰어들었습니다. 그런데 원래 주상 복합이란 건, 미국에서처럼, 대도시에서 쇠락한 도심 안을 살아나게 하려고 만들어 낸 형식입니다. 교외로 나가 버린 주거 기능을 도심 안으로 다시 끌고 들어와서 출퇴근 부하도 줄이고 도심이 야간에 텅 비는 현상을 없애려고, 그걸 권장하려고 인센티브를 주는 겁니다. 어차피 유럽은 아래 층에 가게가 있고 그 위에 주거를 두는 전통이 있었잖아요. 그런데 당시 서울의 주상 복합은 그와는 전혀 상관이 없었습니다. 우선 전부 도시 외곽에 지어요. 제일 많이 지은 데가 허허벌판이던 도곡동이라든지, 대방동 보라매 공원 근처에 공군 본부가 빠져나가면서 갑자기 생긴 빈 땅, 그런 곳이에요. 그러니까 애초에 없던 도시를 만들겠다는 거죠. 상당히 한국적인 상황에서, 인센티브가 주어질 뿐만 아니라 건설 회사가 분양 금액도 마음대로 정할 수 있다는 겁니다. 주택, 아파트는 분양가 상

이은종, 〈그린시 시티(GreenSee City) #422-4〉, 153×188cm, Pigment Print, 2014**년.**
사진가 이은종은 〈그린시 시티〉 연작에서 확장되는 도시와 자연이 마주치는 경계에서 대도시 서울의 새로운 경관을 포착하고 있다. 우성 캐릭터빌(사진 한가운데)**의 준공 당시에는 앞쪽의 아파트 단지만 있었을 뿐 뒷면이 허허벌판이었는데 이제 타워팰리스 등 초고층 초호화 주상 복합 건물이 키 큰 숲처럼 빽빽하게 들어찼다.**

한제라는 것이 있었잖아요. 상한선이 평당 삼백만 원이라면, 아무리 땅값이 비싸도 그 이상은 책정하지 못했습니다. (민간 택지에 분양하는 아파트에 대한 상한제는 2015년 4월에 폐지되었다.) 근데 주상 복합이라는 건 상한선이 없다고 하니, 굉장한 호재죠. 아파트 상한제를 피하면서 조그만 땅에도 비싼 돈을 받을 수 있는 금덩어리, 그게 오피스텔, 우리 나라 주상 복합의 시작입니다. 큰 건설 회사가 이런 짓을 하는 거예요. 주택 보급률도 꽤나 높아져 갈 무렵이에요. 그런 상황에서 더 부가 가치를 뽑을 데가 없나 머리를 쓰는 겁니다. 준주거 지역이라는 건 상업 지역이나 거의 마찬가지인데, 텅 빈 땅을 그렇게 정해 놓고 거기다 다시 주거를 끼워 넣는다는 거잖아요. 지금 우리의 주상 복합은 필연적으로 발생한 도시 시설이 아니라, 돈을 벌기 위한 수단으로 태어난 기형적인 형식입니다."

〔6-11〕 **주택 200만 호와 제1기 신도시** "분당 신도시도 그 무렵에 개발이 되죠. 1980년대 말부터 1995년 사이에 서울의 외곽이 확장되고, 신도시가 들어서면서 갖가지 문제가 생겨요. 재료는 전부 품귀, 인건비는 엄청나게 상승하고요. 양재동도 공사 일할 사람을 못 구하는 거야. 제대로 된 기능공도 양성하지 못한 채 임금만 뛰고, 모래도 부족하니까 바닷 모래 퍼서 써서 부실하다느니, 그런 얘기가 나올 때입니다. 개발이 가장 폭풍 같던… 무렵이에요. 신도시에 20만 세대를 지었습니다. 일산도 있고 중동도 있지만 그 때 가장 인기가 높던 데가 분당이죠. 그런데 신도시라는 곳이, 특히 분당은, 완전히 자동차

분당 신도시 공사 당시, 1992년. 노태우 정부 시절 주택 200만 호 건설 계획에 따라 조성된 제1기 신도시는 분당, 평촌, 산본, 중동, 일산의 다섯 군데였다. 신도시에 30만 호의 주택이 공급되면서 주택 보급률은 1997년 82%로 크게 높아졌다. 특히 기존 도시 조직이 없던 평지에 조성된 분당과 일산은 쾌적한 주거 환경으로 큰 인기를 끌었지만, 반대로 주변 지역의 극심한 난개발과 교통 체증을 유도하는 등 많은 부작용도 낳았다. 〔사진 : 정부 e영상자료관〕

도시예요. 물론 어차피 자동차 시대가 되었기는 하지만, 1990년대의 도시 계획이니까, 그 전에 비해서 계획 기법이 나아지거나, 다른 나라의 실패를 참조할 수도 있으련만 오히려 그 실수를 그대로 반복합니다. 강남에서 했던 것처럼 둔덕은 다 밀어 버렸고요. 사람이 살기에 오히려 좋은 도시가 아닌데도 다른 데 비해서 자동차가 뻥뻥 뚫리고 길이 넓으니까 가치가 있어 보이는 겁니다."

〔6-12〕 **시원하고 넓은 길** "그런데 자동차 길이 넓다는 그것이 안 좋은 점이에요. 흔히 넓은 길이 좋다고 생각하지만 옛날에 어느 유명한 건축가가 얘기했듯이, 길을 가다가 건너편에 오는 사람의 얼굴을 보고 최소한 '아. 누구다' 알아볼 수 있을 정도가 좋은 길이라, 그 폭을 넘어서면 이 쪽하고 저 쪽하고 관계가 없는 거죠. 분당도 그렇지만 신도시에 가 보면 밤에 혼자 걸어갈 때면 사람은 별로 없고, 양쪽 인도가 멀리 떨어져 있어서 안도감이 안 생기거든요. 상점은 있는 데만 죄다 모여 있고, 아파트 근처는 컴컴해요. 조닝 플랜(zoning plan)으로 만들었기 때문에, 섞이지 않는 겁니다. 그런 척도가 아쉬운 거죠. 멀찍이 보면 쾌적한 느낌으로 보일지언정, 그 쾌적함은 시각적인 거지, 심리적으로는…. 물론 서울에 비해서 길이 넓으니까 쾌적하다고 보는 사람도 있을 겁니다. 그건 학습된 거죠. 미국이야 대중 교통이 좋지 않으니 차도가 넓어야 합니다. 하지만 지하철이나 버스를 이동의 기준으로 삼는다면 반드시 도시를 그렇게만 만들 필요는 없는 거죠. 모든 사람이 자가용

신도시의 아파트 단지들은 넓은 대로에 둘러싸여 자동차를 이용한 접근에 가장 알맞게 조성된다. 그로 인한 폐쇄성을 단지 내의 더 훌륭한 조경이며 편의 시설로 상쇄하려 하면서, 단지의 고립성은 더욱 강화된다. 대로에 둘러싸인 근린 주구(neighborhood unit)의 부작용은 이미 1930년대 미국에서 지적되었지만, 2000년대의 한국 신도시에서는 꾸준히 추구되어야 할 가치 있는 목표였다. 사진은 제2기 신도시 중 하나인 파주 운정 신도시의 공공 임대 아파트 단지. 〔사진 김재경〕

모는 것도 아니고, 우리 나라처럼 이렇게 좁은 지역에 몰려 살 때 꼭 그럴 필요는 없는 것 같습니다."

〔6-13〕 **아파트는 되지만**… "토건 국가잖아요. 부동산 붐을 계속 일으켜야지. 건설 회사가 계속 뭘 해야지. 그게 1970년서부터 거의 지금까지 이어져 온 겁니다. 지금은 더 이상 개발할 땅이 없을 정도가 된 거지요. 1992년도에 건미준(건축의 미래를 준비하는 모임)에서 그런 말도 안 되는 법이나 제도의 개선을 건의했습니다. 대통령 표창까지 받았지만 정작 아무 것도 안 고쳐지는 겁니다. 그대로 유지해야만 돈을 버는 사람들이 있는 거죠. 규정을 허술하게 만들어야, 앞뒤가 덜 맞아야 빠져나가는 거죠. 지금까지도 안 고치는 것 많아요. 앞에서 연립 주택하고 빌라 이야기를 했습니다만, 연립 주택과 아파트 문제도 똑같다고 봅니다. 아파트하고 연립이 뭐가 달라요? 거의 똑같이 생긴 두 단지라고 해도 5층이면 아파트로 허가를 받을 수 있고, 4층이면 안 되는 겁니다. 그러니까 누가 저층을 짓겠어요. 그 이야기는 나중에도 하겠지만, 지난 몇십 년 동안 아파트가 열풍인 이유입니다. 연립이나 주택은 후진 거로 아예 인식을 굳혀 버려야 너도나도 아파트로 가려고 들 거 아녜요. 그렇게 해야 돈을 버는 누군가가 있는 거고요. 저층 연립도 살기 좋다, 이런 시도를 하면, 바보…. 주상 복합도 마찬가집니다. 고층 오피스텔이라면 하나짜리 박스로 쫙 올라가서 아주 멋있어 보이게 설계해 줘야 하는데 주택하고 상가를 겉으로 드러나게 구분을 했다? 그들이 보기에는 할 필요도 없는 짓이

대한민국 건국 이후 한국의 주택 정책은 민간 공급에 위임되어 운영되어 왔다. 넓은 택지를 분양받을 수 있는 민간의 대형 건설 회사가 모델하우스를 지어 놓고 미래의 입주민들에게 아직 생겨나지 않은 물품의 대금을 미리 걷었고, 그렇게 지어진 고층 아파트 단지 내부에서라야 상하수도와 냉난방, 주차와 방범 시설이 아파트의 브랜드 이름으로 실현되었다. 그것은 곧 국가와 지방 정부의 공공 영역을 사기업에게 위임하는 관계에 의해 성립하는 것이었고, 기업 브랜드의 보호를 받지 못하는 개인 단독 주택(다가구 포함)이나 소규모 연립 주택(다세대 포함)은 꾸준히 이러한 공공 서비스로부터 배제될 때만 가능한 모델이었다. 〔사진 김재경〕

고, 오히려 말이 안 되는 거죠. 돌이켜 생각해 보니 그래요. 그때는 내가, 아 이렇게 고심한 걸 왜 모를까, 싶었는데, 하면 안 되는 거였던 겁니다. 난 그렇게 생각해요. 질문이 없잖아요."

〔6-14〕 **오피스텔에는 누가누가 사나** "주거와 업무, 그 밖의 시설이 복합되는 현상 자체는 앞으로 도시에 짓는 건물이라면 계속되어야 한다고 봐요. 도시라는 곳이 그렇게 사는 곳이잖아요. 그런데 복합이 제대로 되어야 하겠죠. 거기에 사는 사람들이 도시에서 얻을 수 있는 여러 이익을 복합된 상태에서 누리고, 복합되어 있으니 정말 좋다라고 느껴야 되는 거잖아요. 그러려면 수영장이나 헬스 클럽 같은 운동 시설도 들어가야 하고, 그것뿐이 아니겠죠. 그런데 대부분 주상 복합이란 것이 고작 밑에 상가 몇 개 두는 게 다란 말이에요. 생활하고 맞아들어가려면, 소호(SOHO, Small Office Home Office) 같은 기능이 들어가서 필요한 사람은 가까운 거리에서 일도 할 수 있어야 되고, 아이들 있는 사람을 위한 데이케어 센터(daycare center)나 유치원, 놀이 시설, 주부 커뮤니티도 섞여야 할 겁니다. 업무 시설하고 주택을 한 건물에 모아 넣었다 뿐이지 그 주택과 업무 시설을 따로따로 쓴다면 그런 건 복합이 아닌 거죠. 도심으로 사람들이 돌아와서, 일터하고 자는 데가 가까워지고, 그 안에 삶의 과정마다 필요한 다양한 요소들이 고루 들어가서, 굳이 외곽으로 안 나가도 좋은 질의 생활을 할 수 있다, 그러면 바람직하겠죠. 우리의 주상 복합은 그 목적에 안 맞기 때문에 문제인 거죠. 이건 저층 고층으로 해결될 문제는 아니라고 봅

소형 가구, 1인 가구가 급증했고, 이명박 정부 들어 도시형 생활 주택과 오피스텔이 여러 규제 완화에 힘입어 우후죽순으로 늘어났다. 오늘날 도시 상황에서 1인 가구는 그 자체로 빈곤에 연결될 여지가 다분하고, 여러 보호 장치의 사각 지대에 놓이기 십상이다. 이른바 원룸은 단순히 잠잘 곳의 범주를 넘어서지 못한다. 소규모 주거에서 새로운 삶의 방식을 어떻게 담아낼 수 있을까, (어쩌면 그것을 좇아 가족 제도를 포기했을지도 모를) 개인의 개성과 삶의 질은 어떻게 보장될 수 있을까. 질문은 이제 겨우 초보 단계에 불과할지 모른다. 〔사진 김재경〕

니다. 고밀도 저밀도의 문제도 아닌 거 같습니다. 아주 컴팩트한 건물에서도 가능하다고 봐요. 그런데 본질이 아닌 형식만 빌려 와서 부동산 논리로 가져가 버리기 때문에 문제가 해결되지 못하는 거죠."

〔6-15〕 **도시의 삶에 대한 우리의 사소하고 섬세한 상상력들**

"오피스텔이 많아지고 있으니까 세대 내부는 좀 나아졌을지 어떨지 모르겠어요. 그런데 지금 대도시에서 그 건물이 지어진다고 보면, 지금의 여러 사회 문제들—젊은 사람들이 결혼하기 어려운 상태라든가, 미혼모도 많고, 노인들 문제며, 싱글 패밀리가 늘어나는데 그 사람들이 어떻게 다양하게 자기 선택을 할 수 있는가, 그 기회들을 만들어 줘야 될 겁니다. 그런 상상과 고민을 하다 보면 지금 시대에 맞는 새로운 형태의 주거 공간이, 도시 주택이 나오게 된다고 봅니다. 우선 상당 부분을 공유해야 된다고 봐요. 함께 쓰는 부분을 넉넉히 할애해서 서로 간에 공간이며 설비의 낭비를 줄이고 그러면서도 잘 유지가 될 수 있도록 고민을 해야겠죠. 자연스런 형태의, 그… 요즘(2016년) 대통령이 이야기하는 바람에 그 낱말을 쓰기가 그렇지만, 노멀리제이션(normalization)이 이루어지게 만들어 줘야 될 겁니다. 완벽하게 해결은 안 되겠지만 지금 할 수 있는 걸 하고 시대가 바뀌면 또 조금 고치고, 그런 거죠. 완벽한 게 어디 있겠어요, 사회는 끊임없이 바뀌는데요. 그러니까 단지 안에 지금까지 없던 수영장 시설을 공급하는 게 중요한 게 아니라, 거기 어떤 사람들이 수영장을 어떻게 쓸 건가

〔도곡동 우성 캐릭터빌 지상1~2층 상업 공간 개념 스케치〕, 조성룡, 1993~1997년.

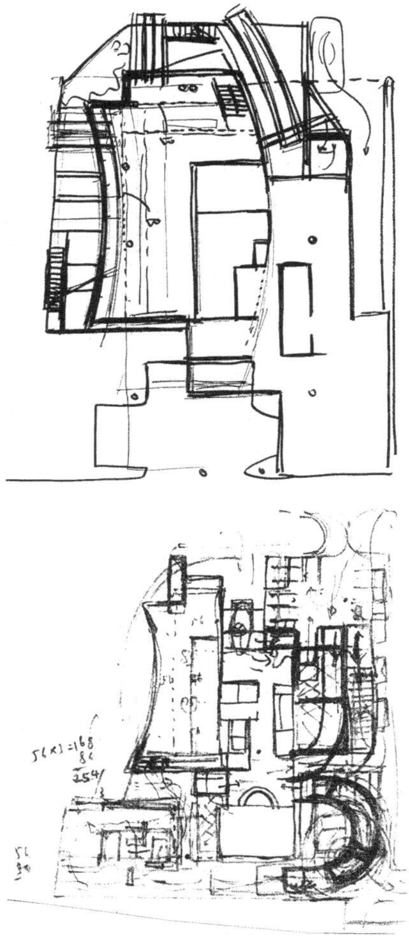

를 더 섬세하게 생각해야 되는 거죠. 아줌마들이 쓰는 건지, 아침저녁 직장인이 많이 쓸 건지, 아이들인지…, 그에 따라서 달라져야 하겠죠. 무조건 어떤 시설을 두었으니 좋다, 나쁘다, 이렇게 나눌 수는 없는 겁니다. 그렇게 보면 건축가가 할 일이 얼마나 많아요. 근데 그걸 지금 못 하고 있다는 게…."

〔구술 · 채록 2016년 5월~7월〕

7. 이화마을 잔혹사 ① 서울 산동네의 '가지 못한 길'

〔이화 마을 재개발 정비 모델 조감도〕, 조성룡도시건축+기용건축, 2007년. 전체적으로 남향 저층 아파트가 계단식으로 이어진다. 동과 동 사잇길은 마을의 옛길을 따른다. 단지 아래쪽은 차량이 드나드는 출입구와 상가, 스튜디오 형 주택들이 들어가는 포디움(podium, 기단)이 된다. 지하 주차장에 주차하고 각각의 집으로 엘리베이터로 들어갈 수 있지만, 성곽으로 이어지는 옛길을 지금처럼 그대로 산책할 수도 있다.

〔7-00〕 **개발의 시간, 인간의 시간** 〔대학로의 동쪽 낙산(駱山) 기슭에 이화마을이 있다. 이승만(李承晩, 1875~1965) 전 대통령의 사저, 이화장(梨花莊)으로 더 익숙한 이름의 동네다. 100가구 남짓이 살고 자동차도 들어가지 못하는 작은 마을은 블로그에서, SNS에서 사진이 예쁘게 나오는 벽화 마을로 조금씩 이름을 알렸다. 아직도 남아 있는 추억의 달동네로 명소가 되었고, 텔레비전 방송을 타면서 한류의 성지가 되었다. 대학로에서 서울 성곽까지, 또는 동대문에서 서울 순라길을 따라, 고어텍스에 등산 스틱, DSLR 카메라를 갖춘 이들이 올라온다. 멸종 위기의 산양이라도 찾으러 나선 사냥꾼처럼, 희유한 장면들을 포획하며 사람들은 기뻐한다. 가난의 장면, 난개발의 장면. 추억에 사로잡히거나 신기해 하거나 동정하거나—그들이 버렸던 과거의 장면들이다. 더 처절할수록 감탄사는 커진다. "세상에 아직도 이렇게 사네!" 이화마을에는 세상에 아직도 이렇게 사는 사람들이 산다. 그 곳에서는 현재도, 미래도, 과거의 모습이어야 한다. 그 과거는 개발 이전의 이상향이 아니라 개발의 착오다. 누구도 원치 않았던 잘못되었던 과거에 십 년이 지나도 이십 년이 지나도 머물러 있어야 하는 것이 그들의 몫이다. 한때 이화마을은 지금과 조금은 다른 길을 갈 수 있었다. 이제와 돌이키는 것은 지난 사랑을 아쉬워하는 것마냥 어리석어 보이지만, 영악한 사냥꾼의 전승담 대신 그 쓸쓸한 되씹음질에 인간의 시간이 있을 것이다. 산동네는 어떤 모습이어야 하는가, 사방이 산으로 둘러싸인 도시에서 구릉지는 어떤 경관으로 확장될 수 있는가, 이 땅의 도시 주거가 사

이화마을 입구, 서울 종로구 이화동. 가파른 계단은 이 마을의 입구이자, 마을의 폭과 일치해, 계단이 끝나는 곳에 한양 도성이 펼쳐진다. 이화마을의 상징 같은 존재가 된 '꽃그림'은 2006년 '공공 미술 낙산 프로젝트'의 일환으로 제작되었다. 이후 여러 차례 다시 그려져 지금의 모습과 다르다. [사진 : 서울시 공식 관광 정보]

회적 약자의 삶을 어떻게 끌어안을 수 있는가, 한양 도성과 벽화 마을과 한류 관광은 어떻게 우리를 할퀴는가, 공공이 해야 할 것과 할 수 없는 것은 무엇인가. 우리가 결국 이 도시에서, 함께 살아 가고 살아 남기 위해서, 남겨야 할 것은 무엇이고 그럴 수 없는 것은 무엇인가. 불편하고 아쉬운 이야기는 몹시 길었다. 이번 편에서는 이화마을을 시범 사례로 연구했던 '구릉지에 적합한 재개발 정비 모델'을 소개한다. 다음 편에서는 벽화 마을, 성곽 마을, 국민 주택 단지로 관광화되는 노후 주거지와 거기서 일어나는 삶의 문제에 대한 더 깊은 대화가 이어진다.]

〔7-01〕 **강남에서 강북으로** "1970년대 중반서부터 강남에 살다가, 〈아시아 선수촌 아파트〉 생기면서 잠실로 이사 가서, 거기서 지금까지 30년 살았고, 일터도 15년 정도 강남에 있었습니다. 그러다가 2006년에 정기용(鄭奇鎔, 1945~2011) 선생이 큰 병에 걸려서 힘들어졌을 때 강북으로 사무실을 옮겨 왔어요. 정기용 선생은 그 전까지 강북 명륜동에 있었고 나는 양재동에 있었는데, 한 장소로 합친 거죠. 운영은 따로따로 하지만 동숭동에서 시작했습니다. 그리고 이듬해, 2007년에 나란히 성균관대학교 석좌 초빙 교수로 초대가 되었고요. 그 후로 한 5년 동안 정기용 선생하고 한 공간에서 지내게 됩니다. 일할 때도 같이 있고, 학교도 같이 가고…, 재미난 일도 많았죠. 공식 이름은 아니지만 그 때 동숭동 사람들은 동네를 '동촌'이라고 부르곤 했습니다."

〈수선전도〉(부분), 1861년, 서울역사박물관 소장. 왼쪽에 백악과 경복궁, 가운데 종묘와 이어진 창덕궁이 있고 그 위로 성균관이 보인다. 오른쪽의 산이 타락산(駝酪山), 즉 낙산이고, 오른쪽 맨 아래쪽에 흥인지문(興仁之門, 동대문)이 있다.

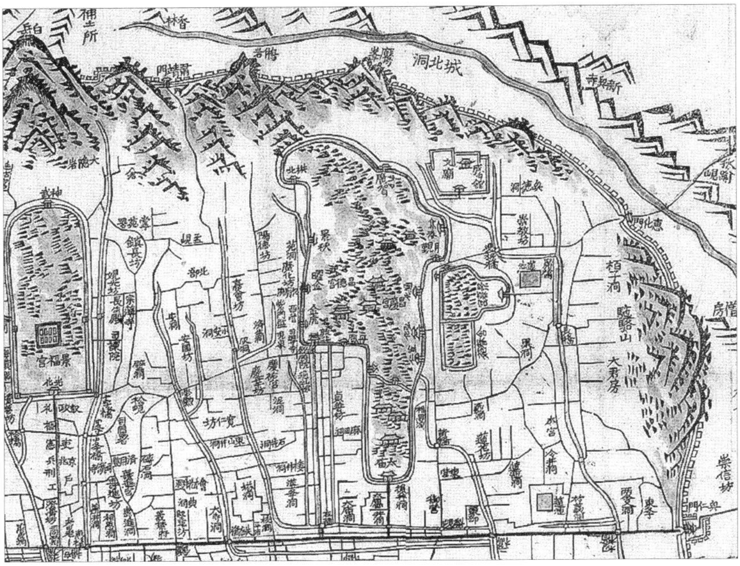

〔7-02〕 **성균관에서 낙산까지** “성균관대학교에서 수업을 시작한 첫 해(2007년), 3월 개강 첫 주에 1학년 학생들 데리고 낙산 답사를 갔어요. 성균관을 설명하고 대학로를 거쳐 동숭동, 이화장도 보고, 이화동으로 올라갔습니다. 서울 성곽에 올라가려고 한 거죠. 거기서 보면 북악산에서 성균관, 낙산으로 이어지는 서울의 지세가 잘 보이니까요. 그런데 성곽 밑의 마을을 지나면서 보니까 재개발… 주민 회의? 이런 포스터가 붙어 있는 겁니다. 이 마을을 재개발을 한다? 그 날 학생들하고 아주 기분 좋게 답사하고 내려왔지만, 아무래도 마음에 걸렸습니다. 그 1년 전에 ‘공공 미술 낙산 프로젝트’라는 것이 있었습니다. 어찌 보면 이화동 벽화 마을의 시작이죠. 70여 명의 작가가 참여해서 벽화만이 아니라 조각, 설치 미술 비슷한 것도 했습니다. 마을을 대각선으로 나눠서 성곽으로 올라가는 길을 산책길로 정하고 계단에 물고기나 해바라기를 그리고, 아랫길은 산업을 주제로 잡아서 봉제 노동자들을 그렸습니다. 주민 어르신들에게 초상화를 그리게 해서 도자기로 구워 벽에 붙이기도 했고요. 제가 아는 분은 아니지만, 그 일을 계획한 이태호 교수(경희대)가 그림 그리는 사람이면서도 도시적 상황을 제대로 읽은 겁니다. 봉제 노동자들 그린 것도 좋았어요. 주민 성격을 이해한 거니까요. 동네에 잘 맞고, 공공 미술의 이름에 걸맞아서 유심히 보았는데, 마침 그 무렵이에요.”

〔7-03〕 **낙산 꼭대기에 고층 아파트**? “돌아와서 같은 대학에 있는 신중진 교수한테 전화 걸었어요. 마을 만들기를 전공한

이화마을과 서울 전경, 2007년. 마을의 대부분은 서향집으로, 길게 이어진 한 지붕 아래 건물을 마치 복도형 아파트처럼 여러 가구가 나누어 쓰는 구조다. 남쪽으로 높이 솟은 두산 타워와 멀리 남산 타워가 한눈에 들어온다. 〔『구릉지에 적합한 재개발 정비 모델 연구』〕

분이죠. 마을 만들기는 마을을 새로 만든다는 뜻이 아니라 원래부터 있던 마을이 살다 보니 쇠락해졌을 때 거기 들어가서 우리 마을이 좋은 마을이 되려면 어떻게 해야 되는가를 궁리하는 분야입니다. '이화동이 재개발 예정지로 되어 있다는데 무슨 얘기냐?' 물어 봤더니 맞다는 겁니다. 나보고 '관심이 있냐'고 물어요. '이거, 함부로 재개발하면 안 되지.' 그랬더니, '그럼 잘 됐다, 그렇잖아도 서울시 도시건축위원회에 심의가 올라오는데 안이 좋지 않아서 번번이 반려당한다.'는 겁니다. 11층 아파트를 계획하고 있다고 했습니다. 그 산꼭대기 위에 11층을 지으면 성곽은 어떻게 되며…, 말이 안 되잖아요. 도시건축위원회에서 보기에 통과시킬 수가 없었나 봅니다. '아이디어가 떠오르더냐?'고 물어요. 그럼, 아이디어가 있지, 당연히…. 그런 마을을 개발하는 방법은 달라야지. 그렇게 해서, 프로젝트가 시작된 겁니다. 〈구릉지에 적합한 재개발 정비 모델 연구〉라는 이름으로 도시설계학회와 공동으로 연구 용역을 받았습니다. 정기용 선생도 연구원으로 들어와서 함께 작업을 시작했습니다."

〔7-04〕 **강북의 고개를 뒤덮은 아파트 장벽** "구릉지를 개발하는 것 자체가 문제는 아닙니다. 방법이에요. 서울 약수동, 금호동 산동네를 아파트로 개발했잖아요. 생각할 것도 없이 산비탈을 뚝 잘라서 우선 평지로 만듭니다. 자동차가 올라가기 쉽게 만든 다음에 고층을 올립니다. 그래야 설계도 간단하고, 이윤이 많이 남으니까요. 그런 아파트 단지가 서울 곳곳에 들

성북동 쪽에서 바라본 돈암 한신아파트. 평평한 과수원과 농경지이던 서울의 강남과 달리 이미 사람이 살 만한 평지에는 빈 땅이 남아 있지 않던 구 도심에서 더 나은 주거 형식을 편의적으로 대표하던 아파트 단지를 손쉽게 지을 땅은 산꼭대기밖에 없었다.

어섰습니다. '이게 정답이다.' 하면서 와, 하고 지은 거죠. 그 정점을 찍은 것이 한성대입구역 위에 서 있는 돈암 한신아파트입니다. 조감도만 보고 심사할 때야 상상하기에 근사했겠죠. 드디어 이 낙후한 산동네에 초고층 주거 단지가 들어서나 보다…, 그런 생각으로 시행 허가를 마구잡이로 내 줬을 텐데, 막상 실물이 산 위에 우뚝 올라가는 걸 보니 공무원들조차 경악한 겁니다. 그 때부터 서울시의 고민이 시작됩니다. 낙산은 정말 안 된다, 그럴 무렵에 답사를 나갔던 거죠."

〔7-05〕 **거주라는 풍경** "1980년대의 일입니다. 외국 건축가들하고 한강을 건너서 도심으로 들어가는데 옥수동을 지나게 되었습니다. 아직 개발되기 전이라 달동네였는데, 일본에서 온 어느 건축 역사학자가 그 경관을 엄청나게 좋아하는 거예요. 설명하기를, '유럽을 가 봐라, 그리스나 이탈리아 산악 지대를 가면 마을이 산 위에 올라가 있다.' 농촌에서는 알프스 산 속 마을처럼, 자연 풍경 속에 집이 드문드문 펼쳐진 풍경을 만나죠. 그런데 도시로 오면, 언덕 위를 집들이 빽빽이 감싼 그 자체가 도시의 풍경이라는 겁니다. 물론 그리스 산토리니(Santorini Island)같은 곳이 유명했지만 그건 그 쪽 문제라고 생각했어요. 집이라는 게 평지에 있어야지, 낭만이 있을지는 모르지만 그 달동네, 산동네가 뭘 그렇게 좋다고…, 나는 내심 그런 기분인데, 그이는 '이야, 서울은 저 지형과 경관을 잘 살리면서 주거지를 개량하면 기가 막히겠다.'고 감탄하는 겁니다. 재개발한다는 발표는 이미 나 있었죠. 그 때만 해

스미슨 부부(Alison and Peter Smithson), 거주의 정의. 시골에서는 거주지가 풍경 속에 있지만(Habitat 'in' Landscape) 도시에서는 거주지가 풍경을 이룬다(Habitat 'is' Landscape). 앨리슨과 피터 스미슨은 영국 런던의 공공 건축가로 있을 때 만나 함께 일하게 되었고, 다수의 집합 주택을 계획하면서 1960년대 브루털리즘 사조를 이끌었다.

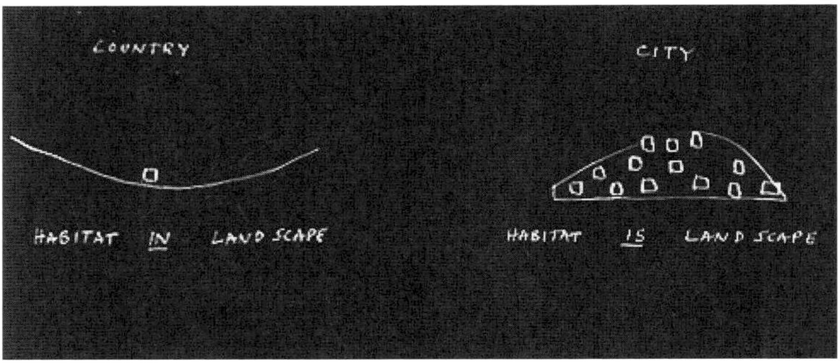

〔이화 마을 실측 도면〕(부분), 2007년. 그 전까지 실측과 기록은 문화재의 개보수 때만 일부 이루어지는 수준이었으나, 지역성과 역사성을 재개발 과정에 반영하고자 실측 도면을 작성했다. 석축과 계단, 석축 위에 세워진 주택의 배치 상태와 모양을 한눈에 알아볼 수 있는 이 도면은 이후 이화마을 연구에 중요한 자료로 여러 연구자에게 활용되기도 했다. 〔『구릉지에 적합한 재개발 정비 모델 연구』〕

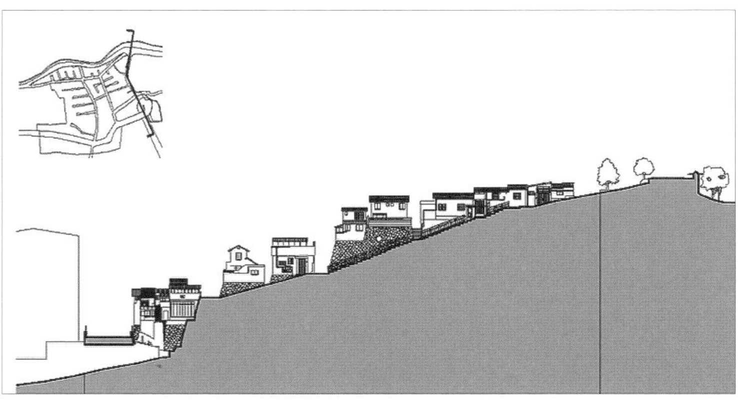

도 저는 달동네가 없어지면 거기 살던 사람들 다 어떡하나, 하는 걱정은 했어도, 한 도시의 경관을 이루는 특징이 사라진다는 생각은 깊이 못 했어요. 우리가 그만큼 모르던 상태에서 재개발이 마구 이루어진 거예요. 강남 땅 밀고 개발하자, 강남이 성공하니까 이제 산으로 올라가자. 산허리를 마구 잘라 버린 겁니다."

〔7-06〕 **사라질 마을을 기록해 나가다** "이화마을에 다시 갔을 때 그 기억이 떠오르면서 구릉지라는 게 새삼 중요하다 싶었습니다. 절대적으로 좋은 연구를 해서 서울시에 선례를 보여주겠다는 마음을 먹고 학생들하고 작업을 시작했습니다. 맨 처음 한 일은, 석 달 동안 마을 중요한 부분을 실측한 겁니다. 마을에는 땅도 있지만 계단도, 축대도 있죠. 그리고 사람이 살고요. 골목길은 각 집의 대문과 어떻게 만나는가, 문 앞은 어떤 모양으로 해 두었나, 화분을 놓는다든지, 이런 것까지 실측하는 겁니다. 산으로 이어지는 성곽 밑까지 오르는 길들은 가파릅니다. 그런 급한 경사지에서 사람들이 집을 어떻게 지었는가도 흥미로운 주제였습니다. 마침 정기용 선생이 그런 조사에 익숙했습니다. 프랑스에서는 일상적으로 하던 과정이니까요. 의견이 맞았어요. 그 전에는 재개발할 때 부술 곳을 이렇게까지 실측하는 경우가 없었습니다. 그런데 우리는 알아야 했죠. 그 지형과 길을 보존하려고 했으니까요. 그러려면 길의 높이와 모양, 집과 연결된 상태를 파악해야 했습니다. 그러나 모두를 살리면서 작업할 수는 없었어요. 공사하려면 일단

〔이화 마을 골목 풍경〕, 2007년. 차가 들어오지 못하는 골목 모퉁이가 자연스럽게 아이들의 놀이터가 되고, 노년층 주민들은 그 아이들의 지킴이가 된다. 특별한 것이 없어 보이지만 인류의 공동체는 이런 지혜로 유지되어 왔다. 이 현상을 서구 학계에서 '자연스런 감시(natural surveillance)'니 '방어적 디자인(defensive design)'이니 하며 용어로 이름 붙여야 우리는 비로소 뒤늦게 수입한다. 〔『구릉지에 적합한 재개발 정비 모델 연구』〕

땅을 파야 하니까요. 하지만 완공되었을 때 다시 그 전과 가까운 지형으로 되돌리기로 한 거고요, 적어도 이런 정도 노력은 해야 된다고 보았습니다. 골목길의 경관을 유지하고, 물론 새로 들어서는 집의 형태는 달라지겠지만 비탈진 땅과 꼬불꼬불한 길의 모양에 집의 입구를 일일이 맞추기로 한 거예요. 설계가 힘들었죠."

〔7-07〕 **가장 낙후한 곳에 동네가 남아 있었다** "주민 인터뷰도 했습니다. 이러한 물리 환경에서 사람들이 그 동안 어떻게 살아 왔고 지금 어떻게 살고 있는가를 알아야 실제 이용에 가까운 답을 낼 수 있지 않겠어요? 실측하면서 담장 안 마당을 슬쩍 들여다보기도 하고, 동네 사람들은 어디 모여서 얘기를 나누는가, 완벽하게 못 해도 흉내는 내어 보았습니다. 그러면서 꽤 파악을 했죠. 길마다 면한 대문을 들어가면 일본의 나가야〔長屋(장옥)〕 같이 생긴 건물에 여러 세대가 나뉘어 살고, 그런 건물들마다 나름대로 커뮤니티가 있는 거예요. 이화마을은 워낙 산비탈이라서 마을 안에 마땅한 공터가 없습니다. 자동차가 못 들어가는 마을이에요. 가게 앞이 마을 마당이 되고, 할머니가 평상에서 채소 다듬고 있으면 고 앞 골목에서 애들이 자전거 타고 왔다갔다 하지요. 동네죠. 이런 가파른 지역에서드 그렇게 살고 있더라고요. 어떻게든 이걸 유지하자, 그 분위기를 살려 내자, 200쪽 되는 보고서의 거지반이 그런 내용이었습니다."

북쪽에서 남쪽으로 조감한 서울 도심과 내사산, 한양 도성이 줄로 그어져 있고, 왼쪽 낙산 바로 아래가 이화마을이다.〔『구릉지에 적합한 재개발 정비 모델 연구』〕

〔7-08〕**고층일 때의 용적률을 적용해 저층을 지어 봐라**? "그런데 이미 건설사에서 들어와서 11층으로 짓기로 하고 재개발 밑 작업을 했을 때 용적률이 190 몇 퍼센트였어요. 서울시에서 건 조건이, 그 건설사에서 제시한 용적률하고 비슷하게 설계하라는 것이었습니다. 이 연구의 주된 목적은 계획인데, 용적률이 다르다면 새로운 안을 내기가 쉽잖아요. 같은 땅에, 고층일 때와 들어가는 세대 수나 각 세대의 면적은 비슷하고, 단지 모양만 다르게 하라는 조건이었습니다. 중산층 이상을 대상으로 한 단지는 아니어서 넓은 세대는 없었어요. 4~5개월 연구했는데, 우리가 결국 이 보고서에서 고층 장벽을 안 세우고 5층 아파트로 하면서도 185퍼센트쯤으로 제안했어요. 서울시에서 놀라서 믿질 않는 거예요. 이 수치가 맞느냐, 건축직 공무원한테 일일이 확인을 시켰어요, 그러고서야 시장한테 보고할 수 있었습니다."

〔7-09〕**한양의 윤곽선** "서울을 둘러싼 산계는 내사산(內四山)과 외사산(外四山)이 있습니다. 외사산은 북한산하고 관악산, 용마산, 행주 쪽에 있는 덕양산, 이렇게 크게 둘러친 산들이고, 내사산은 그 안에서 서울 성곽을 이루는 네 개의 산입니다. 마운틴 서클이죠. 내사산은 북악, 인왕, 남산, 낙산 자락이 있는데, 북악산(342m)이 제일 높고, 그 다음이 인왕산(338m), 남산(262m), 낙산(124m)은 거의 백 미터로 제일 낮고요. 이 네 개의 산과 이를 잇는 성곽은 옛날부터 서울이라는 도시의 경관을 가장 크게 결정한 요소입니다. 이화동은 그 한

〔이화마을 실측 과정〕, 2007년. 실측 조사와 함께 마을 사람들의 생활도 관찰했다. 평상이나 화분, 장독대의 위치와 크기(스케일)까지 꼼꼼히 조사했다. 새로운 주택 단지가 들어섰을 때도 그 삶의 방식이 이어지게 하기 위한 이 같은 조사는 그 전에 거의 없었다. 〔『구릉지에 적합한 재개발 정비 모델 연구』〕

양의 내사산 자락에 생긴 마을입니다."

〔7-10〕 **근대기에 새로이 개발된 혜화동과 대학로** "일제 강점기에 낙산 밑에 경성제국대학이 들어오면서 근처에 일본인 촌이 형성됩니다. 그 때는 혜화동에 일본식 집이 많았고, 그 중심으로 혜화동 로터리가 새로 개발되었죠. 북악산의 성균관 쪽에서 흘러내리던 물이 대학천입니다. 대학로가 복개되기 전에는 서울대 병원하고 본관을 잇는 다리를 '미라보 다리'라고 부르고, 그 천변도 '마로니에 공원'이라고 하면서, 약간 프랑스를 흉내낸 이미지도 있었습니다. 일제 강점기에는 이른바 모던 보이니 모던 걸이 드나들고, 청춘을 상징하는 지역이었겠죠. 이화동 집도 꽤 일본식이에요. 가운데 비탈진 계단을 올라가면서 양쪽으로 등고선을 따라 길게 집이 나 있는데, 2층으로 된 구조하며, 완전 일본 나가야예요. 경사가 급하니까 집을 지으려면 석축을 쌓아야 되잖아요. 일본 석축하고 한국 석축은 구별할 수 있는데 골목길에 보이는 형식이 일본풍 석축이에요."

〔7-11〕 **낙산 자락에 살았던 사람들** "고려 때는 서울을 남경(南京)이라고 했죠. 이성계(李成桂, 1365~1408)가 정도전(鄭道傳, 1342~1398)이랑 해서 한양에 도읍을 정할 때, 남경에 원주민이 살고 있었습니다. 천도하면서 그 원주민들을 성 바깥으로 내쫓았다고 해요. 대부분은 멀리 가지 못하고 성벽에 기대서 움막을 짓고 살았다고 합니다. 창신동 언덕배기 같은 곳이죠. 물론 이

1960년 무렵의 서울대 문리대와 그 뒤의 낙산. 지금의 대학로 마로니에공원과 예술가의 집이 있는 곳이다. 서울대 뒤는 낙산 시민 아파트가 아직 들어서지 않아 바위산인 채로 남아 있고, 그 오른편 산기슭에는 이화마을의 길게 늘어선 주택들이 보인다.

1976년경 낙산 시민 아파트. 강남과 여의도에 계획된 아파트 단지와 달리, 1960년대 말 강북 산기슭에 우후죽순으로 세워졌던 시민 아파트들은 저소득층을 수용할 부실 건물들이었다. 낙산과 성벽을 완전히 가린 낙산 시민 아파트는 화장실을 공동으로 사용하고 연탄으로 난방을 했다. 급한 산비탈은 오르기 힘들었고 동 사이가 다닥다닥 붙어 햇빛이 제대로 들지 않는 집도 많았다. 아직도 인근 주민들은 '아무도 이사 들어가 살고 싶지 않아 했던 곳'으로 기억한다. 이 자리가 1997년 낙산공원으로 바뀌었다.

화동은 성 안이기 때문에 그렇게 산 이들이 많지는 않았겠지만, 6.25 이후에는 피난민들이 몰려 들고 이 근처에다 판잣집을 마구 지으면서 마을이 생겼을 겁니다. 1960년대 들어 서울의 산자락과 언덕마다 시민 아파트가 세워졌습니다. 와우 아파트가 제일 유명합니다만, 여기 낙산 밑에도 엄청난 규모의 시민 아파트를 세웠습니다. 건물이 이십 몇 동이나 되었다고 하죠? 그게 낙산을 아예 가리고 있었습니다. 그 시민 아파트가 1997년에 공원화 사업을 시작하면서 헐어지고 지금의 낙산공원으로 바뀐 겁니다. 이화 재개발 지구는 바로 그 낙산공원하고 이어지는 곳입니다. 북쪽은 낙산공원, 남쪽은 충신동 재개발 지구하고 만나는데, 충신동 쪽은 굉장히 복잡한 동네죠. 서쪽으로는 이화장과 경계를 이루고요. 이화장 근처 사람들하고는 서로 윗동네, 아랫동네라고 불러요."

〔7-12〕 **이야, 경치 좋네**! "이화동은 높은 곳에 있기 때문에 건너편에서나 어디에서든 훤히 보이지요. 밖은 성벽으로 둘러싸여 있고, 산세가 연결되다 보니 밑에서도 잘 보이는 마을입니다. 어떤 마을의 독특한 풍경이 멀리서도 보이고…, 이 마을에서 보면 또 거기서 서울이 내려다보입니다. 북악산, 남산까지 펼쳐지고 성균관이니 서울대 병원도 보이고, 조선 시대 흔적부터 현대의 것들까지 한꺼번에 눈에 들어옵니다. 역사적 의미도 있지만 현재의 도시 경관으로도 중요한 의미를 지닌다고 보았습니다. 어떻게 보면 본론일 수도 있는데, 우리 나라 땅은 구릉지가 한 50퍼센트쯤 됩니다. 경기도 땅의 절반 정도

(왼쪽) **이화마을 급한 계단을 숨차게 오르다 보면 어느 사이 하늘과 나무, 그리고 서울 성곽이 눈앞에 펼쳐진다.** (오른쪽) **내려다보면 서울 도심과 내사산이 한눈에 들어온다. 서울 산동네 주거에 공통된 이 근사한 경관은 잠시 미화되지만 결국 언젠가는 버려야 할 낭만을 넘어서지 못했다. 이 조건을 잘 살리면서도 삶답게 살 만한 주거 환경을 이 도시의 보통 사람들은 겪어 보지 못했다.**

가 집을 지을 수 있는 언덕입니다. 지금은 서울의 달동네로 여겨지지만, 구릉지에 적합한 주거 유형을 만들어서 앞으로 잘 해결하면, 경관과 지형을 살리는 본보기를 만들 수 있겠다고 생각했습니다."

〔7-13〕**벽화 마을이 아니라 사람의 마을로, 난 길** "대학로에서 이화마을 안을 통과해서 성곽으로 올라가려면 길이 두 개밖에 없습니다. 경사도가 조금 다르긴 하지만 하나는 해바라기가 그려진 계단길, 또 하나는 물고기가 그려진 계단길이죠. 계단을 올라가면 서울 성곽에 닿아요. 이 마을 안은 경사가 워낙 급해서 자동차가 들어가지 못합니다. 차가 다니는 도로는 마을 위와 아래를 감싸며 남북 방향으로 두 개 나 있는데, 윗길이 동대문 쪽에서 성곽을 따라 낙산 공원 꼭대기까지 마을버스가 오가는 길이고, 밑길은, 충신동 쪽에서 올라가다 보면 한 바퀴 빙 돌아가는 길이 있어요. 우리 연구원들끼리는 '달팽이 길'이라고 이름 붙였죠. 난 이화동을 벽화 마을로 본 게 아니었어요. 마을을 주변과 연결하는 오래된 길의 가치를 본 겁니다. 성곽에 닿는 두 계단길은 서쪽 방향, 동숭동 쪽으로 북악산이나 성균관에서부터 흘러내려 오는 역사의 흐름과 이어집니다. 서울대나 대학로, 이런 것들이죠. 반면 남쪽 방향의 동대문과 연결되는 길에는 산업의 의미가 담겨 있습니다. 옆에 있는 충신동은 주민의 80퍼센트 이상이 동대문 시장을 배후로 생계를 하고, 이화동에도 그런 주민이 꽤 있습니다. 어쩌다 생겨난 게 아니죠. 조선 시대에 삶터에서 쫓겨난 원주민,

달팽이 길. 충신동에서 이화마을로 차가 들어가는 유일한 도로. 급격한 경사를 해결하기 위해서 한 바퀴 돌게 길을 냈다. 초행길에는 걷기에도, 큰 차를 운전하기에도 숨이 차는 이 도로를 지나 마을 안까지 드나들며 일감과 먹을거리를 나르는 것은 오토바이다.

6.25 때 모여든 피난민들이 오랜 세월 동대문하고 먹고 살아온 겁니다. '달팽이 길'로 오토바이가 올라와요. 원단이며, 부자재를 오토바이로 나르거든요? 이쪽 집에서 단추 구멍을 낼 때 저 사람이 단추 같은 부자재를 나르는 겁니다. 자동차를 이용하지 않아요. 그런 특수한 도시 조건이 지금 동대문을 부흥하게 만들었고, 그 주역이 바로 지금 여기 사는 사람들인 거예요. 제일 중요한 것은, 누가 여기 사느냐, 이 지역이 좋아지면 누가 좋아지며 무엇이 좋아지냐를 먼저 생각해야 되는 겁니다. 당연히 도시 계획하는 사람들, 도시를 운용하는 사람들, 사회학자들 다같이 생각해야 될 텐데, 그런 움직임이 별로 없어요."

〔7-14〕 **땅마다 답이 다르다** "이 마을의 특수한 상황을 어떻게 풀 것인가. 그 때, 오래 전에 일본 건축가들이 해 준 그… 이야기가 떠올랐어요. 산을 따라 집을 짓자. 최대한 저층으로, 언덕 모양을 따라 야트막하게 올라가는 일자형 아파트를 네 개 동 정도 계획했습니다. 그렇게 하면 우선 모든 세대가 남향이 됩니다. 그 전까지는 등고선을 따르다 보니 서향이었거든요. 더해서 성벽 쪽으로 올라가는 옛 계단길을 살릴 수도 있었습니다. 아파트의 1층도 땅을 따라 계단식으로 올라가지만 꼭대기도 계단식으로, 어디서나 5층이 되는 겁니다. 실제로 설계를 시작하니 풀기가 너무 힘들었어요. 용적률을 185퍼센트까지 올리자면, 땅 높이가 서로 다른 지점마다 그 지점에 맞는 법규를 적용해 가며 하나하나 계산한 다음 짜 맞춰야 했어요.

〔이화마을 재개발 정비 모델 조감도〕, 조성룡도시건축+기용건축, 2007년. 아파트 단지가 상업화된 도로와 만나는 부분은 포디움(podium, 기단과 같은 저층부)으로 설정했다. 단지의 지하 주차장으로 차가 드나드는 입구이자 상가, 그리고 젊은이들을 위한 스튜디오 형 소호(SOHO) 주거 건물이 된다. 그 옥상은 평평한 땅이 거의 없는 이 단지에 넓고 안전한 공터를 제공한다. 어린이들이 놀 곳이 있으면 젊은 가족들도 들어오게 된다.

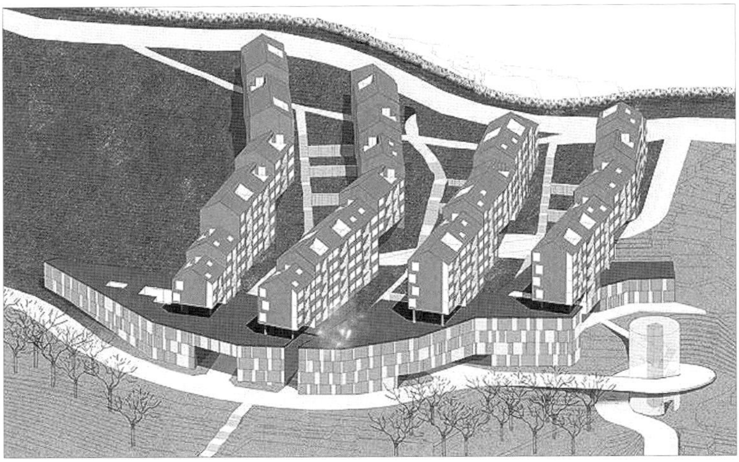

넓은 면적을 뭉뚱그려서 계산하면 그 용적률이 안 나오는 겁니다. 권웅규〔당시 조성룡도시건축 차장, 현 도시건축집단성북동 소장〕 씨가 담당이었는데, 그거 푸느라고 죽었다 살아났어요. 그나마 그렇게 정교하게 계산했는데도 용적률을 맞출 수 없었습니다. 고민 속에 아래쪽 도로를 들여다보게 되었어요. 그 길에는 당시 벌써 미장원이니 쌀가게, 그런 것들이 다 들어와 있었습니다. 자동차도 다니는 길이니까 조금 다르게 풀었어요. 3층 정도의 큰 덩어리를 끼웠어요. 중간중간에 바람과 햇빛 들어가게 뚫어 가면서, 일종의 중정형 주택을 만들었습니다."

〔7-15〕 **노인 주거, 어떻게 해결할 것인가** "이렇게 만든 이유는 앞에서 말한 인문적 조사에서 나온 것입니다. 여기에 여태까지 누가 살았느냐, 지금 누가 살고 있느냐, 앞으로 또 누가 살 거냐 하는 질문이에요. 살 사람을 생각해야 되잖아요. 이화마을은 따져 보면 노인이 많습니다. 일할 만한 젊은 사람들은 불편하다고 떠나는 마을이에요. 남은 노인들은 넓은 집이 필요도 없고 유지하기도 어려우니, 재개발이 되어 봤자 팔고 나갈 거라고요. 어떻게든 그 사람들이 정착하게 할 방법을 고민했습니다. 보통 재개발을 하면 지분이 더 나옵니다. 원래 스무 평 가지고 있었다면 서른 평을 준다거나 하는 식이죠. 그 반만 살 집으로 하고, 나머지는 임대를 주게 할 수 없을까 생각해 보았습니다. 노년에 조그만 주택에 살면서, 길가 쪽 스튜디오를 임대해 준다면 생활이 될 겁니다. 마침 아랫길은 대학로와 면하니 학생도 많고, 연극인, 아티스트도 들어올 수 있어요.

기존의 이화마을 배치도(왼쪽). **건설사에서 고층으로 재개발하고자 한 안**(가운데). **여느 재개발 단지가 그렇듯 옛길과 땅의 형상이 완전히 사라진다. 〔이화마을 재개발 정비 모델 배치도〕**(오른쪽과 아래), **조성룡도시건축+기용건축, 2007년. 서향이던 집들을 남향 아파트로 정리했다. 동과 동 사이에 마을의 옛길을 모두 살렸다.**

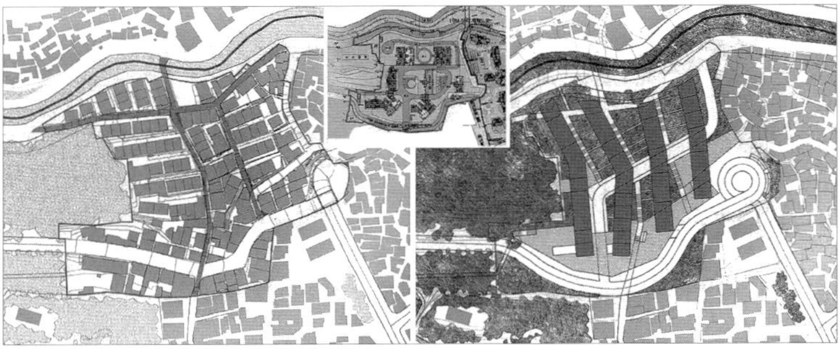

그런 사람들 중엔 주택가 아파트보다는 재택 근무가 가능한 공간이 필요한 사람도 있을 거라고요. 반듯한 땅이 적은 이화마을인데, 포디움 덕분에 평평한 옥상이 생기니까 거기를 어린이 놀이터로 만들었습니다. 그러면 단출한 젊은 가족도 들어올 수 있겠지요. 그렇게 대학로라는 주변 지역과 관련된 다양한 사람들이 들어올 여지를 만들면 자연히… 이 단지의 커뮤니티가 풍성하게 형성되겠지요. 사실 같은 면적을 두 세대로 쪼갠다는 것이 2007년 당시 현행법으로 어렵긴 했습니다. 당장 안 되더라도 제안은 던져 보고 싶었습니다. 현실에서 낫게 살아 갈 방법이 있다면, 그러면 제도를 바꾸도록 제안해야죠. 요즘 얘기하는 셰어 하우스(share house) 비슷한 시도라고 할까요."

〔7-16〕 **옛길이 살아 있는 새 아파트** "여기 원래 있던 집들은 거의가 일자형으로 서향이었습니다. 등고선을 따라서 계단식 논처럼 지은 거죠. 저는 그걸 남향으로 틀자고 한 겁니다. 그것이 왜 중요하냐? 도시에서 성벽 쪽을 올려다보는 경관을 트기 때문입니다. 아, 저기가 성곽이다, 저기가 낙산이다. 그걸 통경축〔通經軸, 시야를 확보할 수 있는 열린 공간〕이라고 합니다. 그렇게 트인 부분이 단지 가운데를 지르며 올라가는 옛길인 겁니다. 그 길은 산에서 내려오는 바람이 통하는 길도 됩니다. 집은 모두 남향이면서, 옛길을 살려 내고, 골목에 담긴 기억이나 생활도 살려 내고, 이화마을의 상징처럼 된 벽화도 살려 내고, 대학로에서 걸어서 성곽까지 올라갈 수도 있죠. 계획으로 끝난 일이지

〔이화마을 재개발 정비 모델 통경축〕, 조성룡도시건축+기용건축, 2007년. 길을 오르내리며 예전 이화마을에서 보던 것과 비슷한 경관을 보게 된다. 이 풍경의 통로는 주민뿐 아니라 도시민과 방문자 모두에게 열려 있다. 새 단지의 주민들이 옛길을 잊지 않듯, 아래 대학로를 지나치는 이들은 산세와 성곽을 문득 새긴다.

만, 이 개념을 발전시켰다면 꽤 좋은 아파트 단지가 되었을 거라고 생각합니다. 공동 주택 계획의 새로운 방법을 두루 제시하고자 한 점은 나름대로 의미있게 생각합니다. 실현되면 나도 이사 오려고 했죠. 지어지고 난 다음에 갑자기 이질적인 풍경이 아니라 그 땅과 거의 일체화된 풍경이 이어지는…. 안을 가지고 도시계획위원회의 심의에 들어갔습니다. 그 까다롭던 걸 한 번에 통과했어요. 원래 건설 회사가 했어야 할 걸 못 풀어 내니까 서울시에서 시의 돈을 들여서 안을 만들고 풀어서 마을 주민들한테 준 겁니다. 그런데 건설 회사에서 보기에는 원래 자기들이 하려고 했던 안에 비해서 공사비가 많이 드는 거예요. 그러니 트집을 잡고, 주민들은 주민들대로 별 관심이 없었어요. 한 이 년을 끌었을 거예요. 그러던 어느 날, 재개발 지구가 해제되어 버렸다는 겁니다. 그 무렵부터 슬슬 카페가 생기고 공방이 들어오기 시작하더라고요." 〔구술 · 채록 2017년 3월〕

8. 이화마을 잔혹사 ② **건축과 민주주의**

〔이화마을 재개발 정비 모델〕 중 기존 현황 실측 도면(부분), 조성룡도시건축+기용건축, 2007년. 최근 여러 연구자들의 이화동 국민 주택 연구는 대부분 이 때의 실측 자료를 바탕으로 이루어졌다.

〔8-00〕 **건축과 민주주의** 〔지난 달에는 서울 성곽을 낀 산동네인 이화마을 재개발 구상(2007~2008년)을 소개했다. 그 재개발은 이루어지지 않았다. 가(可)와 부(否), 둘 중에 어떤 것이 나은지(또는 덜 나쁜지)가 아니라, 무엇이 중요한지가 우리에게 남은 이야기일 것이다. 재개발이 무산된 다음, 이화마을에서는 다른 일이 벌어졌다. 이번 회에는 조성룡 선생의 제자로 이화마을을 조사하다가 이 마을의 주민이 되었고, 이 마을의 갈등을 연구하여 논문을 쓴 이승민 씨가 함께했다. 이 연재를 정리하는 내내 대중적으로 대다수가 칭찬하는 공공 사업에 다른 관점을 제시하는 일의 부담이 묵직하게 깔렸다. 단합해서 부정 적폐 세력을 청산하고 새 시대를 열자!는 기치에 어깃대는 것처럼 보이기도 할 것이다. 이만하면 좋은데 별 까탈이라고 할지도 모른다. 하지만 우리가 바라는 것은 이름으로 드러나는 민주주의, 멋진 공간, 나은 도시가 아니라, 더디고 눈에 띄지 않더라도 진정코 민주적인 방식으로 세워지고 운영되는 삶의 공간이고, 그 민주적인 방식이 곧 전통적인 방식과 멀지 않으리라는 믿음이, 조성룡 선생이 유지해 온 섬세한 가치라고 믿는다. 삶의 방식과 사회 체제가 공간 안에 녹아들고 표현될 수 있다면, 민주주의는 건축과 도시의 가장 큰 주제여야 옳다. 우리가 도시에서 산다는 것은, 바로 숱한 사람들이 함께 점유하고 부대끼는 이 도시 공간에서 더 드러나는 민주적 가치에 대한 믿음을 키우는 일이다. 이 연재는 서울의 자연 지리와 인문 지리, 전통과 근대의 여러 문제를 조성룡 선생이 공간을 만드는 작업 안에서 어떻게 녹이고 풀어 냈는지, 그

〈인평대군방 전도(麟坪大君坊全圖)〉, 조선 시대 1649~1659**년. 인평대군은 조선 인조의 셋째 아들이자 효종의 동생으로, 청나라에 볼모로 잡혀 갔다 돌아온 후인** 1641**년에 건덕방**〔建德坊, 조선 시대 한성부 동부 7방 중 하나. 현재의 원남동, 인의동, 연건동, 연지동, 효제동, 종로5~6가 일부와 충신동 일원에 해당한다.〕 **타락산**〔駝駱山, 낙산(駱山) 또는 낙타산(駱駝山)의 다른 이름. 고려 시대에 우유를 담당하는 우유소(牛乳所)라는 기관이 조선 시대에 타락색(駝酪色)으로 바뀌었는데, 낙산 일대에 우유를 보급하던 왕실 직영 목장이 있어 타락산으로도 불렸다.〕 **아래**〔지금의 이화동, 서울사대부중과 방통대 일대.〕**에 궁집을 지었는데, 장안에서 크고 화려하기로 이름났다. 그 맞은편이 되는 숭교방**〔崇敎坊, 조선 시대 한성부 동부 7방 중 하나. 현재의 명륜동1, 2, 3가와 혜화동 일부, 효제동.〕**에는 인평대군의 형인 봉림대군(鳳林大君)의 하어의궁(下於義宮)**〔현재의 연지동 연지공원 근처, 훗날 효종으로 즉위했으므로 용흥궁(龍興宮)이라고도 부른다.〕**이 있었다. 동쪽을 보는 하어의궁에는 아침 볕이 잘 드는 조양루(朝陽樓)가 있었고, 이에 화답하듯 인평대군의 궁집은 해질녘 경관이 으뜸인 석양루(夕陽樓)로 유명했다. 지금도 석양 무렵 이화마을의 정취는 감탄을 자아내니 상상할 만하다. 이화동사무소 앞에 석양루 표석이 세워져 있다. 인평대군방은 이후 장생전(長生殿)**〔왕실에서 쓰는 관을 제작·보관했던 곳.〕**으로 쓰였고, 이화장이 세워질 때 맞은편에 장생전 일부가 남아 있었다고 한다. 그림의 가장 왼쪽이 종묘의 숲이고, 맨 오른쪽이 낙산이다.**

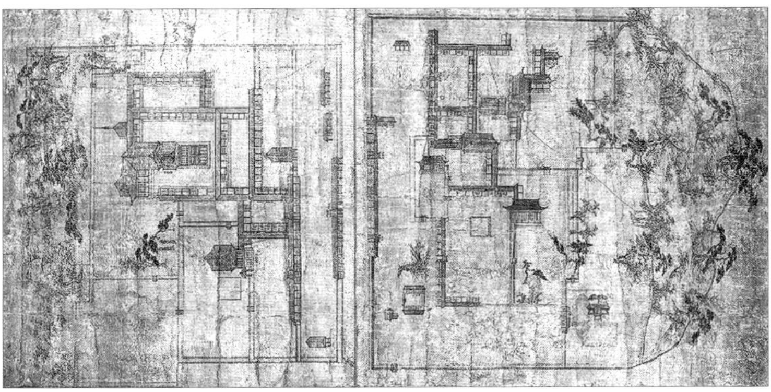

이야기를 듣는 즐거움에서 출발했다. 듣다 보면 신기하기도 하고 감동스럽기도 했다. 새로움과 미래로 가득찬 듯한 도시화와 개발, 건축과 건설 같은 낱말 안에 오래되고 보이지 않는 것들에 대한 마음이 켜켜이 깔렸을 때, 그러한 공간은 우리에게 전혀 다른 느낌과 움직임을 자아낸다. 모더니즘의 형태가 전통을 담아 낼 수 있고, 인간이 손을 댐으로써 남기고 보존할 수도 있다는 경험을, 조성룡 선생은 지금까지 보여 주었고 지금도 보여 주고 있다. 당초에 기획했던 서울의 이야기를 채 반도 하지 못하고 연재를 마무리하게 되었다. 계획했던 이야기 중에 **선유도공원과 한강**, **경의선 숲길과 서울의 철로**, **무허가 정착촌과 정릉골 개발**(계획안), **서소문공원**, **동대문운동장과 DDP 현상 설계**, **성균관과 반촌**, **성북천과 성북동** 등이 다루어지지 못한 채로 남았다. 그 동안 불규칙한 연재를 실어 준 『웹진 민연』과, 애정을 가지고 읽어 준 독자들에게 감사 드린다. 남은 이야기가 새로운 모습으로 이어지기를 바란다.〕

〔8-01〕 **이화동에 땅을 사라**? 〔조성룡〕 "하루는 누가 뜬금없이 전화를 해요. 이화동에 집을 사라는 겁니다. 건축가 누구누구도 벌써 샀다고 해요. 제안해 놓은 계획안이 진행되기를 기다리고 있는데, 무슨 소리냐. 그 동네가 어떤 데인지 아는데, 거기 집을 어떻게 삽니까. 아마 그 때 주민들은 더러 팔고 떠났을 거예요…. 공방도 만들고 카페도 한대요. 그러더니 벽화를 관광 상품으로 해서 사람들이 오고, 오니까 카페가 늘어나고, 늘어나니까 또 많이 오고, 엄청나게 관광객이 몰려 들었습

「이화동 벽화 마을에 꽃과 물고기가 사라졌다」(『중앙일보』 2016년 4월 25일자), 신일섭 기자의 사진 인용. 이 기사에서는 벽화를 지운 원인을 이같이 추정한다. "재생 사업 계획 중 '꽃 계단'이 있는 중심 지역만 일반 주거 지역으로 설정되는 것으로 잘못 알려지면서 이 중심 지역 거주 주민이 반발했다. 일반 거주 지역이 되면 기존 주택이 카페나 다른 업태의 영업 장소로 변경될 수 없다. 결국 상업 지역이 된 벽화 마을 주변과 달리 일반 거주 지역 주민들은 주택 매매 등에서 경제적인 손해를 보게 된다."

니다. 중국인 관광객들까지 와요. 별로 남아 있지도 않은 주민들 생활이 더 힘들어지게 됩니다. 마구 대문 열고 집안을 들여다보니까요. 참다 못한 주민 몇 분이, 밤에 몰래 벽화를 지워버렸습니다. 난리가 났지요. 나는 속으로 '야, 잘 했다, 저거, 벽화 가지고 팔아 먹는 건 아니었지.' 생각하고 있는데, 웬걸? 주민 사이에서 불평도 나오는 겁니다. 관광객이 안 온다고요. 갈등이 생긴 겁니다. 지운 사람은 고소당해서 조사받고, 또 몇몇 주민은 그림을 복원해 달라는 청원서를 냈대요. 저는 이것은, 서울시에서 도시 정책을 잘못했기 때문이라고 봅니다. 벽화 마을 전에 주민을 먼저 생각했어야 했습니다. 미리 못 했으면 문제가 생겼을 때라도 해야 했어요. 어떻게든 주민이 살 방법을 찾으면서 가야 하는 건데, 사람 사는 마을을 관광 1번지로 만들어 버린 겁니다."

〔8-02〕 **이화마을 연대기** 〔이승민〕 "이화마을 재개발 이야기가 나온 배경은, 그 땅이 주민 소유가 되면서부터예요. 마을과 인접한 낙산 시민 아파트와 장수마을 일부의 대규모 철거가 있어요. 낙산 시민 아파트는 1990년도 초반부터 안전성 문제가 나와서 1996년에 「서울시 공원 녹지 확충 5개년 계획」에 따라 1998년 12월부터 철거가 시작됩니다. 그 자리엔 낙산공원이 조성되기 시작했고 그 후에도 성곽 산책로를 개선하면서 성곽과 인접한 지금의 삼선동 장수마을의 1/3도 철거가 결정되지요. 그리고 이화마을 북쪽 가장자리 집 대부분이 공원 부지에 맞물려 있어서, 같이 철거 위기에 있었어요. 이 때 이 마

한양 도성길의 드라마 촬영지들. 서울시에서 운영하는 '한양 도성 문화제' 블로그에서는 성곽 주변의 여러 마을을 '관광 명소'로 소개한다.

〈도성도〉, 타락산 부분, 1750년대, 규장각 소장.

을 주민들이 자신들은 국민 주택을 분양받아 몇십 년을 살았는데 왜 그 집이 서 있는 땅은 서울시 소유냐고 문제를 제기해요. 2번의 소송 끝에 시효 취득으로 대지에 대한 소유권을 갖게 됩니다. 주민들은 바로 옆의 낙산 아파트가 무너지는 걸 직접 봤고, 나중에 또다시 일방적인 힘이 우리 집을 허물지 모른다는 생각이 들었던 거예요. 그래서 '주민 스스로 환경 개선을 하겠다'는 명목으로 재개발 추진 위원회를 구성해요. 보통 재개발을 하는 마을과 다르지 않게 재개발로 인한 금전적 보상도 바랐지만, 정말 '살기 불편함'을 개선하고 싶은 의지가 컸다고 해요. 사는 집이 무너질 지경인데, 하나의 건물로 연결되어 있어서 각자 집을 새로 지을 수도 없고, 길은 좁고 비탈졌으니까요. 꼭 아파트라야 한다는 것은 아니었어요. 시공사인 현대건설에서 제안한 11층 아파트 단지가 계속 심의를 통과하지 못했어요. 단지 고층이어서는 아니고, 바로 이어지는 공원이나 서울 성곽과 연결을 고려하지 않았다는 등이 이유였어요. 그러던 차에 이 〈구릉지에 적합한 재개발 정비 모델 연구〉(조성룡도시건축+기용건축)가 이루어졌어요. 개발은 하고 싶은데 방법을 못 찾던 마을 주민에게는 개발이 되고, 시공사에는 사업이 되고, 서울시에서 원하는 기준에도 모두 맞는 공동 주택 설계를 풀어 낸 거예요."

〔8-03〕 **낙후한 동네를 살리는 착한 벽화의 허구** 〔이승민〕 "작년(2016년)에 사라진 물고기 계단을 비롯해서 지금의 이화마을을 '벽화 마을'로 만든 벽화들을 흔히들 2006년에 문체부에

동숭동 쇳대박물관(관장 최홍규)에서는 '이화동 마을 박물관'이라는 이름으로 매년 봄 마을 전체에서 여러 이벤트를 연다. 빈 집을 수선해 만든 작은 박물관 곳곳에서 마을 주민의 세간 살림살이와 쇳대박물관(최가철물점)에서 수집한 근대기 유물을 선보이며, 작가들이 전시회를 열기도 한다. 해설을 들으며 마을을 '투어'할 수도 있다. 민간의 자발적 주도로 낙후 마을을 문화적으로 재생한 사례로 각광받는다.

서 주관한 공공 미술 사업으로 알고 있지만 실은, 그 때 그려진 벽화는 주민들 민원으로 없어지거나(이승기 날개 벽화) 다른 단체들이 와서 덧그리면서 많이 사라졌어요. 2006년의 공공 미술 사업도 마을에서 '소외 지역을 대상으로 한 생활 환경 개선'이란 목표의 사업이었어요. 당시 재개발로 마음이 들떴을 주민들에게 그 사업이 어떻게 보였을까요. 아무튼 그 때 진행된 공공 미술 중 마을에 남아 있는 건 '꽃 계단' 정도예요. 꽃 계단도 원형이라기보다는 페인트로 칠해진 벽화가 많이 지워지니까 몇 년 전에 모자이크로 다시 리모델링 한 '신상' 벽화인 셈이고요. 그렇다면 지금 그려져 있는 벽화는 뭐냐, 2014년 즈음, 이화마을에 관심을 가진 외지인들이 돈을 걷어서 새로 그린 거예요. 마을의 밑에서부터 끝까지 대대적으로 작업합니다. 그러니까 주민들이 직접 기획한 것도 아니고, 역사가 오래된 것도 아닌 거예요. 사실 지자체도 주민들이 아니라 외지인이 주도한 벽화라는 것을 알아요. 그런데 주민들이 민원을 넣으면 종로구에서 응답하는 내용은, '너희가 원해서 벽화마을로 만들어 놓고 왜 지금에 와서 불편하다고 하느냐' 하는 논리예요. 주민들이 그런 답을 듣고 생각한 것이 '우리는 벽화를 그린 적이 없다, 그런데 만약 우리가 그렸다고 주장한다면, 지우는 것도 우리 마음대로 해도 되겠네'였어요. 그래서 항의의 의미로 지운 거예요. 지자체는 마을이 관광지화되면서 주민들이 불편을 호소하는 민원을 많이 받고 있으면서도 마을 자체가 슬럼화되는 것을 원하지는 않거든요. 그러니 차라리 관광지로 바뀌도록 지원하고 있어요. 한류 드라마인 〈옥탑방

사적 제497호 서울 이화장(梨花莊). 초대 이승만 대통령이 거주했던 곳으로 현재 '대한민국 건국 대통령 이승만 박사 기념관'을 운영하고 있다. 1990년대 촬영한 사진 속 건물 뒤쪽으로 지금은 사라진 낙산 시민 아파트가 보인다. 이화장은 원래 사회 사업가 황온순(黃溫順, 1900~2004) 여사가 1931년부터 조성했는데, 해방 후 미국에서 귀국한 이승만을 위해 독지가들이 모금하여 이 집을 구입했다. 이승만은 1947년 11월부터 1948년 7월 대통령 취임 전까지 8개월, 그리고 1960년 4월에 4.19 혁명이 일어난 후에 하와이로 망명하기 전까지 한 달 동안 이 곳에 머물렀다.

왕세자〉 촬영지라는 동판을 박아 넣거나, 중국인이나 동남아 사람들이 찾는 관광 회사 홈페이지에 내용을 정리해 소개하는 일 등도 공무원들이 주도해요. 공공 미술 사업이 시작되던 2000년도 중반까지만 해도 사진 찍는 동호인들이 주기적으로 오기는 했어도 '관광지'는 아니었죠. 그런데 날이 갈수록 마을을 관광지로 알고 오는 사람들이 늘어나고 급기야 외국인까지 닥치니 주민들은 의아하기도 하고 불쾌하기도 했죠. 도대체 다 허물어져 가는 우리 집을 왜 보러 오냐. 물론 벽화 마을이 되고 나서 집값이 올랐으니 좋은 거 아니냐 하지만, 마을을 떠날 준비가 된 사람들에게만 유효하죠. 그리고 그런 것들이 사람들을 떠나게 하는 촉진제가 되기도 하고요. 주인집 아주머니 말로는 큰 계단가에 붙은 집들은 다 내놨다고 보면 된대요. 주말마다 집 보러 오는 사람도 무척 많았어요. 부동산 중개사랑 아주머니들이랑…, 주로 마을에 살기 위해 오기 보다는 사업을 목표로 오는 사람들이었죠."

〔8-04〕 **이화장이라는 국가 문화재** 〔이승민〕 "주민들이 땅의 소유를 인정받고 2004년에 재개발 조합 인가를 받았어요. 그 사이에 기획 부동산이 들어오고, 세를 들어 살던 젊은 사람들은 이사를 가고 부분 부분 폐가가 생겼어요. 그런데도 개발이 진척되지 못했어요. 2009년에 이화장이 전직 대통령 가옥으로 국가 문화재〔사적〕로 지정이 된 것이 큰 이유였어요. 시공사 입장에서는 겨우 서울시의 기준을 맞춰 놨는데 이제는 문화재청의 허가도 받아야 했죠. 사업성이 없는 거예요. 거기에

「벽화 훼손 1년, 인적도 지워진 벽화 마을」(『한국일보』 2017년 4월 12일자), 신상순 선임 기자의 사진과 신은별 기자의 기사 인용. "서울중앙지법은 올 2월 이들에게 유죄를 선고, 총 2,100만 원의 벌금형을 내렸다. 〔…〕 법원은 공공의 자산을 훼손했다는 점에서 결코 사안을 가볍게 볼 수 없다고 꼬집었다."

더해서 서울 성곽을 유네스코 유산으로 등재하려고 하니 위아래로 기준을 맞추면서 개발하기가 거의 불가능해진 거죠. 재개발 조합 주체들도 서울시와 시공사, 주민들 사이에서 소통을 원활하게 할 만한 뾰족한 수를 못 만들고 흐지부지 흩어졌대요. 마을이 점점 헐어져 가는데, 재개발이 언제 될지 안 될지 누구도 정확하게 이야기해 주지 않은 채 시간이 가는데, 2011년부터 외부인이 들어오며 마을의 집을 하나둘 사더니 집을 아주 멋있게 고치기 시작해요. 저 사람은 무얼 믿고 저렇게 돈을 들여 집을 고치나 하며 반목하기도 했고, 어떤 주민들은 외부인의 행보를 지지하며 적극 참여하기도 했어요. 주로 마을에서 장사하던 사람들 중심으로요."

〔8-05〕 **이화동 마을 박물관 아래 숨은 갈등** 〔이승민〕 "그렇게 들어온 외부인은 마을의 집을 하나씩 계속 사들입니다. 성곽 가까이에는 이제 거의 '사람 사는 집'은 없어요. 마을이 좋아지면 주민들이 관광 사업을 할 수도 있다는 계획을 세운 다음 주민 몇 분과 행사를 진행하기도 했지요. 그런 주민들이 모여 주민 협의체를 만들어요. 밖에서 보면 작은 일 같지만 마을 안에서는 큰 변화이고 큰 갈등이었어요. 길가의 화분이나 난간 교체하려고 지자체에서 지원받으려면 주민 협의체 이름으로 신청을 해야 하거든요. 그런데 오래 산 주민들은 협의체 같은 게 있는지도 잘 몰랐으니까요. 주민 협의체에 속하지 않은 사람들은 마을이 빠르게 변하고 있고 그 계획에서 '배제'됐다는 느낌을 받았어요. 아직 재개발 해지도 안 됐는데 다른 일이

〔이화동 국민 주택 모델 하우스〕, 서울 미래 유산 홈페이지. 서울시의 해설에 따르면, 1958년에 세워진 이 주택들은 중앙산업에서 생산했던 시멘트 블럭을 재질로 사용하고 현대적 방식의 슬레이트 기와를 얹는 등 "서구적 양식을 구현해 큰 호응을 얻었다." "2014년 서울특별시 미래 유산으로 선정된 주택들은 '봉제 박물관 수작'과 '최가철물점' '이화동 마을 박물관' '박물관 개뿔' 등 4개 동이다."

벌어지고 있는 것 자체를 이해 못 할 일로만 보는 사람도 있었죠. 지원받는 사업이 거의 관광에 관련된 내용이라는 이유도 컸어요. 주민은 부서진 계단이나 난간이 더 시급한데 저들은 성곽 주변을 미화하고 관광객을 부르는 데 초점을 맞추니까요. 그런 안건을 꺼내려고 협의체 회의에 가려고 해도 끼워 주지 않는다고요. 한 쪽 방향으로만 마을이 변하고 있던 거죠."

〔8-06〕 **국민 주택 모델 하우스** 〔이승민〕 "그건 그렇다 치고 마을 밖에서도 변화가 생겨요. 학계에서 이화마을이 국민 주택 단지로 중요하다고 거론하기 시작한 거예요. 논문도 나와요. 청량리 이후에 국민 주택 단지 원형이 남아 있는 곳이 거의 없다면서…. 「서울 성곽 마을 기본 사업 계획」에도 이화마을이 국민 주택 단지로서 소개돼요. 이런 과정에서 맨 처음 주민들이 살기 불편해서 재개발하고 싶었던 이야기는 어디론가 사라졌어요. 지금은 구릉지에 적합한 집합 주택 이야기를 꺼내기라도 하면, 다들 국민 주택 단지가 얼마나 중요한데, 조성룡 선생 같은 어른 건축가가 그것도 모르고 재개발하려고 했단 말이냐, 이야기가 그렇게 흘러 버려요. 조성룡 선생 팀에서 하려고 했던 그런 시도는 도시 재생이 아니라는 거예요. 재생의 기준이 뭔지 궁금해져요. 저는 사람들이 여기 이 땅에 살 수 있는 한 계속 사는 것, 거주지로서의 기능을 지속하는 게 재생이라고 생각했거든요. 그게 마침 경관도 안 망가뜨리면 훨씬 좋은 거구요. 그런데 지금 시에서 진행하는 재생 사업은 물리적 조건을 유지하는 데 집중하지 삶의 불편함이라든가

1960년 4월 27일에 하야 성명을 발표하고 이화장으로 돌아가는 이승만 대통령 차량과 구경 나온 주민들. 6.25 종군 사진가로도 활약했던 미국의 다큐멘터리 사진가 존 도미니스(John Dominis, 1921~2013)가 찍었다. 길 옆의 2층 국민 주택 너머로 낙산 언덕의 주택들이 어렴풋이 보인다.

거주지에서 관광지로의 변질은 그다지 고려하지 않아요. 서울시에서는 주택을 헐겠다고 했다가, 안 된다고 하고, 보존을 이야기하는 것이 문제가 된다는 생각을 별로 안 하는 것 같아요. 시에서 마을의 앵커 시설로 빈 집을 몇 개 사서 리모델링을 해요. 앞으로 국민 주택이라면 이렇게 고치라는 기준을 보여 주는 모델 하우스 같은데, 주거지로서 대안이라고 보긴 힘들죠. 어떤 공간으로 쓸지 주민과 협의 과정 없이 일단 만들어 놨어요. 지금도 운영 주체가 모호해서 비어 있는 경우가 더 많아요. 차라리 청년에게 임대해 주는 주택으로 고치거나, 주민들이 자기 집을 고칠 때 잠시 쓰는 순환 주택으로 활용했으면 서울시가 말하는 '도시 재생'의 진정성을 느꼈겠죠."

〔8-07〕 **이화장과 국민 주택** 〔이승민〕 "이 마을에서 조합장 할아버지가 가장 오래 사셨대요. 60년 이상 사셨는데, 자기가 처음 왔을 때는 토막집이 많이 들어선 동네였다고 해요. 일본 순사가 들이닥치면 집을 헐었다가 바로 다시 짓던 동네였고, 해방 후에도 경찰이 오면 집을 헐었다가 다시 지었대요. 자기도 그렇게 살았는데, 고향 삼촌이 서울 올라와서 그걸 보고 눈물을 흘리면서 집 지을 목재를 사 주셨다고 해요. 그 때는 창신동이나 충신동도 그렇고 낙산 전체가 그랬어요. 그런데 이승만 전 대통령이 이사 오면서 너무 보기 흉하니 이화장 뒤편 일부만 정비를 한 거예요. 시민아파트 지을 때 잘리고, 성곽 도로 낸다고 잘리기 전까지는 낙산에 이런 국민 주택이 꽉 차 있었어요."

역대 정부 수반의 가옥이 문화재로 지정되기 시작한 것은 그 자체로 뛰어난 한옥 유산이던 안국동 윤보선(尹潽善, 1897~1990) 가옥를 제외한다면 근대 건축물로서도 가치가 있었던 장면(張勉, 1899~1966) 가옥(2007년 지정)이 처음이다. 곧 이은 2008년에 신당동의 박정희(朴正熙, 1917~1979) 가옥(위)과 최규하(崔圭夏, 1919~2006) 가옥이 등록 문화재로 지정되었다. 박정희 전 대통령이 3년 남짓(1958년 5월~1961년 8월) 머문 이 가옥은 "1930년대 신당동에 대단위로 조성된 '문화 주택'(아래) 가운데 오늘날 유일하게 남은 집으로 우리 주거사의 흐름을 그대로 간직하고 있어 건축사적으로 보존 가치가 있다."는 설명이 붙어 있다.

〔8-08〕 **국민 거주 공간의 지표** 〔조성룡〕 "1960년대 국민 주택은 원조 받아서 지은 거예요. 갈현동, 청량리…, 동네마다 있었어요. 당시로서는 우량 주택이었습니다. 조선주택영단〔朝鮮住宅營團, 1941~1948년, 후에 대한주택영단을 거쳐 대한주택공사가 된다.〕이 지었다고 해서 '영단 주택'이라고 했죠. 그 형식이 나중에 시민 아파트로 바뀐 거고요. 국민 주택은 국민이 살려면 최소한 이 정도 규모가 되어야 한다는, 그런 단위입니다. 내 기억으로 12평, 15평이 있었어요. 15평이면 방 2개, 거실, 부엌으로 이루어집니다. 화장실은 밖에 있고요. 다른 데도 마찬가지지만, 내가 살던 국민 주택은 벽이 6인치 블록으로 되어 있었어요. 15센티미터쯤 되죠. 요즘 법규를 따르면 40센티미터라야 하죠. 그러니까 당시 법이 허용하던 가장 얇은 두께의 벽을 블록 한 겹으로 쌓은 다음에, 바깥면에는 페인트 칠을 하고, 안쪽 면에 그냥 벽지를 발라요. 단열재가 하나도 없어요. 게다가 블록은 중간에 구멍까지 뚫려 있잖아요. 비만 피하는 거지, 밖이나 똑같아요. 모양만 모던 주택일 뿐, 그런 집이었어. 연탄으로 난방하고, 부엌은 바닥에서 한 단 내려가요. 옛날 한옥은 문이 창호지니까 바닥은 뜨끈뜨끈 해도 자리끼가 얼잖아요. 그런 삼칸집을 그대로 블록 구조로 짓고 지붕을 슬레이트로 얹은 셈이죠."

〔8-09〕 **새로운 서민 주거** 〔이승민〕 "저는 싼 집을 구하고 있었어요. 그래서 이 곳이 더 주거지로 남겨졌으면 좋았을 텐데 하는 마음이 들어요. 지금 이화마을에는 월세를 놓는 집보다 게스트 하우스를 하려는 집이 훨씬 많아요. 집을 구할 때 제

1963년 상도동 국민 주택 단지. 일제의 재산을 귀속하면서 발생한 귀속 자원 처리 적립금, 미국 등에서 들어온 원조 자금이나 재건 자금으로 정부에서 공급한 주택으로, 지역에 따라 10~18평 규모로 지어졌다. "1954년부터 1961년에 이르는 기간 동안 대한주택공사의 전신인 대한주택영단이 공급한 주택을 살펴보면, 아파트와 더불어 국민 주택, 부흥 주택, 시험 주택, 재건 주택, 희망 주택, 시범 주택, 개량 주택, 외인 주택, 상가 주택, 난민 주택, 자조 주택, ICA 주택 등이 등장한다. [⋯] '행복 주택'과 마찬가지로 사회적 문제인 주거 문제를 해결하고 구체적인 기대를 밝히기 위해 주택 앞에 다양한 명칭을 붙인 것이다."[박철수, 블로그 연재 「한국 주택 백과」의 '국민 행복 시대와 부흥 주택(復興住宅)' 중에서] 사진은 입주를 앞두고 있는 상도동 주택 단지 풍경(1963년 11월 9일).

형편에서 최저 기준을 보증금 500만 원에 월세 30만 원이라고 봤어요. 그런데 서울 안에서는 그 돈에 들어갈 집이 없는 거예요. 아현동 옥탑을 가 봤더니 욕실 크기가 변기 하나만 꽉 찰 정도라거나, 창문을 열면 50센티미터도 안 되는 데에 다른 집 안방 창문이 나 있다거나…. 그러다 대학원 연구 프로젝트로 이화동을 와 보게 되었어요. 만약에 수익을 목적으로 임대업을 하는 주인이었으면 월세를 이 가격에 내어 놓지 않았을 거예요. 그런데 제가 살게 된 집 주인은 같은 집에 오래 살았고 직장에 다니는 분인데, 마침 남는 방을 세 놓은 거예요. 오래된 원주민이 많은 마을이 중요한 게, 그 원주민들은 임대를 주목적으로 하는 게 아니라 부수입으로 하기 때문에 월세가 상대적으로 안정적이라는 거예요. 만약에 이 분들이 나가고 다른 주인에게 팔린다면 새 주인은 여기서 살지도 않겠거니와 월세도 엄청 올리겠죠."

〔8-10〕 **삶의 방식** 〔조성룡〕 "딩크스(DINKs)라는 말이 있죠, 더블 인컴 노 키즈(Double Income, No Kids). 부부 두 사람이 같이 버는데 아이는 없는 집. 예전에 일본이나 미국에서 쓰던 말인데, 지금 우리 사회에 그 현상이 도래했죠. 부정적인 면도 있지만, 현상인데 어쩌겠어요. 극복하도록 노력도 하고, 좋은 점도 보자고 이름을 만드는 거죠. 우리 나라에서 그 비슷한 말이 뭐죠? 맞벌이. 둘이 번다는 뜻이죠. 그 다음에는 악착 같이 모아서 아파트를 산 다음 집값 올려야 한다는 뜻이 숨어 있죠. 같은 말이라도 돈으로 볼 뿐, 사회화하지 못하는 겁

공사 중인 이화마을의 한 주택(왼쪽)과 수선을 마치고 박물관이 된 빈 집(오른쪽), 2015년. 차가 들어 오지 않다 보니 동네와 인근의 인부들이 몸으로 지어 나른 자재로 난방 설비를 하고 문을 달아 안락한 원룸이나 투룸으로 고쳐 나간다. 산동네답게, 창밖으로 넓은 하늘과 햇살이 쏟아지고 동대문과 서울 시내가 발아래 내려다보인다. 누가 어떻게 고치느냐에 따라 청년이나 외국인 노동자의 쉼터가 되기도 하고, 정취 있는 카페나 박물관이 되기도 한다. 구차한 삶의 흔적들이 별안간 향수를 자극하는 박제품이 된다.

니다. 도시화되고 공동 생활이 보편화되면서 전에 없던 가족 형태가 나타납니다. 거기서 일어나는 여러 현상들을 일단 꺼내 놓고 학자들이 연구도 하고 언론에서 여론화시켜야 된다고 봅니다. 우리는 소호(SOHO, Small Office Home Office)라는 말도 잘 안 쓰죠, 뭐라 그래요? 오피스텔. '스몰 오피스 홈 오피스'란 말하고 오피스텔은 개념이 다르죠. 오피스하고 호텔을 합쳤다? 이건 공급자 논리고 부동산 상품이에요. 그런데, 어떻게 그게 '오피스하고 호텔'입니까? 이런 이름이 정착한 건 정부가 그렇게 몰아간 것일 수도 있고, 기득권층에서 자기들 관심사대로 그렇게 볼 수도 있죠. 라이프 스타일이라는 말도 그래요. 신문 주말판에 나오는 인테리어니 명품, 여행, 그런 게 라이프 스타일인 것처럼 되어 버렸어요. 요즘 젊은 사람들은 라이프 스타일이라는 말조차 안 쓰고 트렌드라고 하던데요. 트렌드는 라이프 스타일의 부분일 뿐 아닌가요? 스칸디나비아 스타일이라든가 이런 말은 있지만 정작 라이프에 대한 이야기, 그러니까 사회의 변화에 따른 삶의 방식에 대한 이야기는 별로 하지 않는 것 같습니다."

[8-11] **삶의 커뮤니티** [이승민] "이런 동네는 노인 회관을 중심으로 커뮤니티가 형성이 되는데, 이화마을 아랫동네는 따로 노인 복지 회관이 있어요. 아랫동네와 윗동네에 각각 회관이 있으니까 따로 커뮤니티가 있고, 다만 아주 오래 사신 분들은 주로 새마을금고를 중심으로 이웃 동네까지 교류해요. 장수마을은 이화마을과 전혀 다른 커뮤니티예요. 성곽 마을이

한양 도성의 낙산 구간. 오른쪽이 성의 바깥 장수마을(삼선동)이다. 근대기까지는 성 안과 성밖의 경계가 엄격했지만, 이제 어디든 가난하고 개발되지 못하는 산동네일 뿐이다. 성북구 삼선동 장수마을은 마을 활동가가 중심이 되어 주민 생활을 위한 환경 개선 사업을 가장 먼저 실천한 곳 가운데 하나다.〔사진 이정환〕

라는 같은 이름으로 묶으려고 하지만 성곽 마을은 마을을 위해서 붙여진 이름이 아니라 성곽을 위해서 붙은 이름이잖아요. 성곽이라는 것은 어차피 지형적으로 높은 데 담을 쌓은 거니까 삶의 향상을 위한다고 해도 성곽 안팎의 마을을 잇는 일이 있을 수가 없거든요. 물론 성곽 마을 네트워크라는 이름으로 정책을 만드니까 도움이 되는 부분도 있어요. 다른 성곽 마을 방문해서 사례를 본다거나 하죠. 하지만 생활권으로 이어지지는 않아요. 그러니까 성곽 마을이라는 커뮤니티는 사실 없는 거예요. 행정 편의를 위한 거죠. 이전부터 부르던 '산동네'라는 말이 지금 사는 사람들의 삶의 양식이나, 주거의 물리적 상황, 그들만의 문화, 서울의 근현대 서민 주거의 역사 등을 훨씬 잘 반영하고 있다고 생각해요. 억지로 만든 마을의 정체성은 혼란스럽기만 합니다."

〔8-12〕 **성곽 마을의 허구** 〔조성룡〕 "말 자체가, 성 안 마을이든지, 성 근처 마을일 수는 있지만, 성곽 마을은 아니겠죠. 단지 위치가 성 근처에 있을 뿐이지 성곽으로 인해 생겨났거나 그 자체로 성곽을 이루는 마을은 아니니까요. 오히려 성너머 마을이라면, 그 정도는 근사하겠네요. 유네스코 세계 유산이니 그런 걸 빙자해서 관광 상품을 만든 것입니다. 성곽 둘레길도 이상한 말이에요. 옛날에 그런 말 안 썼지요, 순랏길이지. 원래가 보초 서는 이들이 순라(巡邏) 돌던 길이에요. 사람 사는 마을에 성곽이라니…. 한 마을에 어떤 개념이나 정체성을 설정하려면, 계속 같은 얘기입니다만, 여기 주민이 누구냐,

이화마을 담벼락에 붙어 있던 한양 도성 마을 커뮤니티 사업 소개 포스터. 한양 도성을 유네스코 세계 유산에 등재시키기로 하면서 성곽 주변의 마을에 '커뮤니티'를 조성하고, 성곽이라는 '자원'의 활용을 지원하는 다양한 사업이 서울시 주도로 재빠르게 생겨났다. 2007년부터 「세계 유산 위원회 전략 목표」에 '지역 사회(community)'가 추가되었기 때문이다. 내사산〔內四山, 사대문 안에 있는 네 곳의 산, 즉 북악산, 인왕산, 남산, 낙산을 말한다. ; 외사산(外四山)은 북한산, 덕양산, 관악산, 용마산이다.〕 기슭에 22군데의 성곽 마을이 지정되었고, 무허가 불량 주거의 온상처럼 취급받던 성북동 북정마을, 이화동 이화마을, 삼선동 장수마을은 그 대표 사례가 되었다.

어떻게 살아 왔냐, 그 사람들이 앞으로 어떻게 살 거냐에서 출발해야 된다고 생각합니다. 지금 시에서 성곽 마을에 하는 일을 보면 물리적 개선에 초점이 맞춰져 있습니다. 길 넓히고, 질척거리는 데 포장해 주는 것은 좋지만, 삶에는 별 관심이 없어 보여요. 물론 마을이 낙후하니 그런 것도 필요합니다. 하지만 살지 못할 정도로 노후한 집을 개발 못 하도록 묶어 놓은 대신 그런 데에만 예산을 쓰는 것은 균형에 맞지 않아요. 오히려 주민들은 기대는 마음만 생길 수도 있고요. 내가 사는 마을이 어떤 곳이라는 자부심이랄까, 그게 나쁘든 좋든, 정체성을 심어 주는 노력이 별로 보이지 않는 겁니다. '아, 성곽 마을 지정되면 관광객 많이 오나 보다.' 주민이 스스로 관광 상품의 원숭이같이 되어 버리는 거예요. 캐치프레이즈 위주로 가는 부작용이죠. 낙후한 마을 외관을 뻰질뻰질 살려 주면 잘 하는 건가? 자존심이라고 생각해요. 그 성곽 마을이 그렇게 중요하다면 왜 중요한지를 알도록 공유하는 게 더 좋은 거죠."

〔8-13〕 **다시, 산에 사는 사람들** 〔이승민〕 "이화마을은 1980년대까지 지적 정리가 전혀 안 되어 있었어요. 지금 같은 지도는 1980년대 이후라야 찾을 수 있어요. 그 전 지도에는 그냥 산으로 표시되었어요. 이화마을 주민이 보기에는, 모든 주거 정책이 무허가 밀어내기 위주지, 사람들이 제대로 정착해 사는 문제에 책임을 지지 않는 거예요. 그런 걸 지금까지 계속 끌고 온 끝판이 이화마을이예요. 2013년 무렵부터 주민들도 조금씩 고치기 시작했어요. 집을 고쳐야 되나 보다, 재개발이 안

(왼쪽) **정릉**, 1970**년대**. 〔**사진 후지모토 다쿠미**(藤本巧, 1949~)〕 (오른쪽) **금호**, 2000**년대. 옛 한양을 둘러싼 구릉지들은 서울이 확장되는 과정에서 빈민들의 판자촌으로, 달동네로 바뀌었다가 다시 고층 아파트 단지로 개발되면서 경관을 가리는 장벽이 되었다. 정릉의 산자락은 이제 아파트에 가려 같은 지점을 조망하는 것 자체가 불가능하게 되었다.**

되나 보다, 싫어지면서죠. 제가 지금 사는 집도 2014년에 고친 거예요. 2014년까지는 화장실도 재래식이고 정화조가 없는 집이었대요. 선생님이 지형 말씀 많이 하시잖아요. 전에는 구릉지를 형태라고 생각했어요. 그런데 우리 나라 주거 정비 제도는 모두 평지를 가정해 놓고 개발이 된 거란 말이에요. 정작 재개발을 해야 하는 곳은 모두 산동네면서요. 도시의 공동 주택을 우리 지형과 함께 연구를 해 본 사례가 없어요. 산에 사람들이 산다는 것 자체가 자연스러운 게 아니잖아요. 서울의 산동네라는 것이, 서울이 도시화 · 산업화되는 과정에서 이주민들이 만든 하나의 주거 문화라고 생각해요. 도시로 오게 만들었으면서도 나라가 그 사람들을 책임지지 않았잖아요. 이화마을이든 어느 산동네든 어려운 상황에서도 나름의 질서를 만들어 터를 잡고 살았다는 것 자체가 중요한 거라 생각합니다. 단순히 골목길이나 산동네의 낭만으로 끝나는 박물화된 마을 이야기가 아니라요. 그 사람들은 계속 그 곳에 '살고' 있으니까요. 역사와 문화를 존중한다면 구릉지에 지금과 같은 고층 아파트 단지를 쉽게 짓진 못할 거라 생각해요. 지금까지는 산동네라는 서민 주거의 역사를 지우고 불량 주거지 정비라든가 주택 개량, 합동 재개발 등 주택의 양을 늘리는 것에만 집중했지만요. 이런 상황에서 〈구릉지 재개발에 적합한 정비 모델 연구〉는 단순히 지형을 고려한 주거가 아니라 그 땅과 사람에 대한 이해와 존중이 있어 가능했다고 생각해요."

〔8-14〕 **산에 짓는 집** 〔조성룡〕 "와우 아파트가 무너진 게 1970

와우 아파트 붕괴 사고, 1970년 4월. 지금의 홍대 뒤쪽인 마포구 창전동 와우 지구 시민 아파트가 순식간에 무너져 아파트 주민 33명과 아래 판잣집 주민 1명이 사망하고 40명이 부상당했다. 불도저로 불리며 서울의 골짜기마다 고가 도로를 놓고, 산등성이마다 숱한 부실 시민 아파트를 지었던 김현옥 서울 시장이 이 사건으로 시장 자리에서 물러나게 된다.

〔구릉지에 순응하는 단면 개념〕, 조성룡도시건축+기용건축, 2007년. 위 그림은 기존에 고층 아파트로 개발하려던 안의 단면도다. 아래 그림은, 땅을 모조리 깎아 내고 산세(자연)와 성곽(인문) 풍경을 모두 가리며 고층 아파트를 세우는 방식에서, 땅의 형상에 따라 낮게 올라가는 집합 주택으로 바꾼 것이다. 어찌 보면 지극히 상식적이고 간단한 이 변화가 아직 우리 도시에 이루어지지 못한다. 아현동과 만리동, 금호동과 은평에서는 고층 장벽이 올라가고, 뉴타운이 해제된 지역은 노후 주택 문제로 쩔쩔맨다.

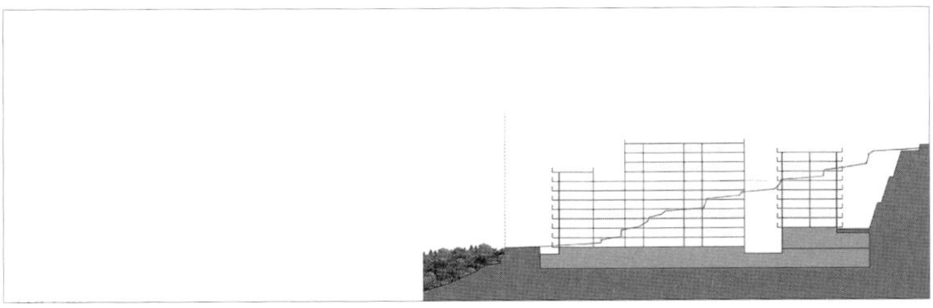

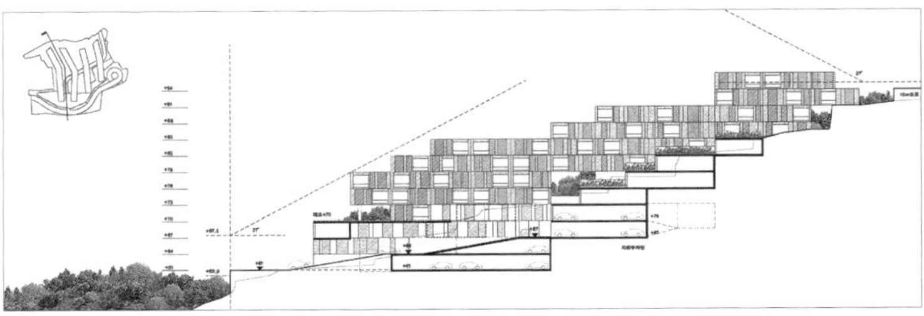

년이잖아요. 그게 무너진 게 구릉지에 대한 생각을 안 하고 지었기 때문이에요. 와우 아파트는 경사에 지으면서 하중을 견디지 못하고 밀릴 것을 계산하지 않았던 겁니다. 구릉지에서는 그게 중요한 거죠. 서울의 경우에는 집을 지을 수 있는 경사지가 엄청 많아요. 너무 많기 때문에 앞으로 잘 해야 되는 부분인데 연구가 없는 겁니다. 경사지는 그냥 각도의 문제가 아니에요. 땅의 각도에 따라서 집의 유형과 배치가 달라져야 합니다. 안전해야 하니까."

〔8-15〕 **마을 사는 사람들** 〔이승민〕 "이화마을에는 연극하는 사람도 조금 살고, 원래 사는 주민의 자녀, 학생도 많아요. 외국인도 살고요. 국민 주택이 편복도형 아파트랑 같은 구조예요. 슈퍼 하나 빼면 마을에 마당이 없으니 서로 만나기가 어려워요. 미용실이 있지만 젊은 사람이 드나들지 않고, 카페는 관광객 중심으로 운영되고요. 조성룡 선생님 작업에서 가장 중요했던 것은 사람들이 사는 꼴을 아주 성실히 조사하여 설계 내용에 반영한 것이라 생각합니다. 노인이 많이 살고 있으니 용돈이라도 벌 수 있게 스튜디오형 임대 주택을 넣자, 사람들 모일 수 있는 커뮤니티 공간을 마련하자, 창신동에서 이화마을 계단을 통해 아이들이 등교하는 길을 살리자, 전 세대에 빛이 골고루 들어오는 따뜻한 집을 짓자…. 건축가가 새 집을 지을 때 할 수 있는 모든 마음을 써서 만든 안이라 생각합니다. 아쉬운 것은 건축 자체가 도시의 해결이 되지는 못한다는 거지요. 다시 생각해 보니, 그 때 좋은 기획자가 주민들의 합의

〔이화마을 재개발 정비 모델에 따른 풍경축 스터디〕, 조성룡도시건축+기용건축, 2007년. 건물과 건물 사이로 서울 성곽이 보일 때, 그 풍경은 아파트 주민만의 것이 아니라 혜화동과 동숭동을 오가는 모든 이들의 공유하는 기억이 되고, 삶터의 자연스런 멋이자 자부심이 될 수 있다.

를 잘 모으는 구실을 맡았다면 상황이 달라졌을 거라 생각합니다. 재개발에 대해 무기력해지는 이탈자를 줄이고, 이 문제를 여론화시킨다거나…. 주민들과 관계를 쌓고 행정과 연결해 주는 기획자의 몫이 매우 아쉬운 프로젝트입니다."

〔8-16〕 **도시 집합 주거, 공동성에서 공공성으로** 〔조성룡〕 "제가 지금까지 하려고 했던 이야기는 결국 이것입니다. 이화동의 집합 주택을 만든다고 할 때, 자연 조건이나 인공 환경 때문에 생기는 그 지역만의 특질이 기본적으로 있겠죠. 거기에 앞으로 불특정 다수의 사람들이 새로 입주해서 기존의 단독 주택보다 밀도 높게 살아가야 한다면, 물리적 시설 등에서도 그 주민들이 공유하는 어떤 공동성이 전제가 돼야 할 겁니다. 그 공동성이 발현되게 계획하면, 그걸 바탕으로 공공성이 생겨난다고 봅니다. 그게 우리가, 혼자 사는 게 아니라 같이 모여 사는 의미인 겁니다. 그 동안 우리 나라 아파트 단지에서 이 부분을 제대로 풀지 못해 왔습니다. '아파트가 무슨 공공적인 거냐, 사적인 재산이지'라고 외치는 사람도 있겠죠. 지금까진 '합동 재개발'이라는 사적 방식으로 개발될 수밖에 없지만, 언제까지 이럴 건가…. 어떻게든 공동성을 잘 드러내면 결국 그것이 이 도시에서는 공공성을 구현하는 방법이 될 겁니다. 사유 공간인 집 앞을 나설 때 이웃집과 만나는 부분, 골목에서 길이 살짝 넓어지는 공간, 이런 작은 공간들이 전부 열쇠가 됩니다. 이화마을의 경우에는 가장 중요한 것이 오래된 길이었고요. 그 길의 상징성과 역사성으로 자기 동네에 대한

〔이화마을 재개발 정비 모델 중 마을길과 옥상 정원 개념〕, 조성룡도시건축+기용건축, 2007년. 주민들이 오래 걸어 왔고 여행객들에게도 익숙한 마을 계단은 유지된다. 급경사라는 대지 조건은 오히려 집합 주거에서 장점으로 활용된다. 옥상이 어느 집의 테라스로, 또는 어린이 놀이터나 할머니들의 텃밭으로 활용될 수 있을 것이다. 전체 조감도는 「〔7〕 이화마을 잔혹사 ① 서울 산동네의 '가지 못한 길'」 참조.

〔이화마을 재개발 정비 모델 중 단면 개념〕, 조성룡도시건축+기용건축, 2007년.

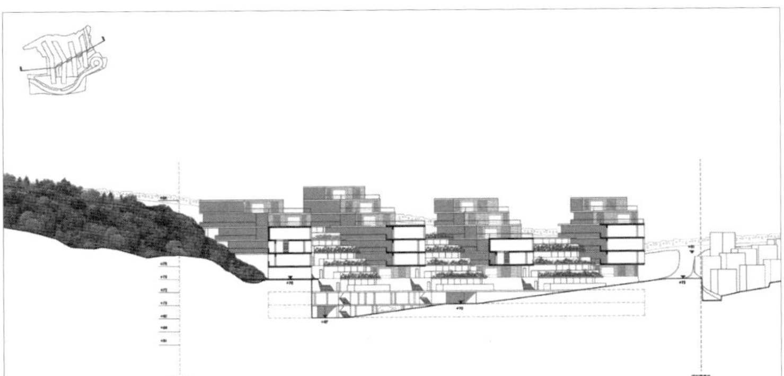

정체성을 갖게 되는 겁니다. 집은 새로 바뀌었지만 '우리가 오랫동안 걸어 다녔던 이 길이 지금도 이 마을의 근간이다, 우리가 계속 걷는 이 길이, 이 큰 도시와 성벽을 잇는 시각적인 축이 된다.'는 것입니다. 이 마음을 동네 사람들이 유지해야만, 이화동에서 사는 것이 자부심이 되지 않겠어요?"

〔8-17〕 **우리는 어쩌면 도시라는 섬에 살고 있지 않습니까?**
〔조성룡〕 "이화동을 계획한 것이 2007년이니까 10년이 되었습니다. 요즘 구릉지 집합 주택을 계획하는 이들 사이에 당시 저희가 만든 보고서가 바이블처럼 돌아다닌다는 말을 들은 적이 있어요. 제게는 강남에서 강북으로 올라와 처음 한 일이었습니다. 〈아시아 선수촌 아파트〉에서 시작해서 가회동이나 분당의 연립 주택을 계획했던 경험, 그 과정에서 이렇게 했으면 좋았을걸, 하는 교훈들이 합쳐진 작업이었지요. 사실은 도전이었습니다. 상대적으로 강남의 부자 동네, 넓고 평평한 땅, 잘 닦인 도로가 조성된 단지를 작업하다가 이렇게 자동차가 올라갈 길도 없고 경사는 급한 조건의 아파트 단지를 처음 맞닥뜨린 것이었으니까요. 그런데 그 전까지 제가 설계한 공동 주택은, 도시와 연결되어 있다고 볼 수 없었어요. 전부 섬이었죠. 〈아시아 선수촌 아파트〉도 섬, 제주의 화북 주공 단지도 섬. 주변하고 배제되어 있잖아요. 이화동은 나가면 바로 충신동이고, 대학로입니다. 아시아 선수촌 아파트는 그렇지 않잖아요. 아무 것도 없던 빈 땅에 지었고, 단지 안에서 자급자족이 되기 때문에 주변에 별 신경을 안 쓰죠. 그리고 울타리가

조성룡, 2013년부터 작업 중인 소록도 마을 현장에서, 2016년. [사진 성균건축도시설계원]

쳐져 있고요. 이화동은 울타리가 없어요. 그런 점에서 그 동안에 이야기해 온 도시 주택의 종합판이라고 할 수 있습니다."

〔8-18〕 **연재를 마치며** 〔우리가 이 도시에서 산다는 것은 무슨 의미일까, 어떤 자세이고, 개인에게 어떤 마음이며, 사회 속에서 어떤 문화일까. 조성룡 선생은 인간들이 모여서 어떤 집합을 이루는 모든 곳에서 도시적 속성을 발견하지만, 굳이 도시가 아니어도 마찬가지다. 한반도 땅으로 시야를 넓히면 우리가 나누어야 할 더 많은 삶의 공간 이야기들이 있다. 5.18의 현장에서, 동학 혁명의 격전지에서, 땅끝의 유배지에서, 피난민의 마을에서, 한센병 환자의 섬마을에서, 조성룡 선생은 영웅적인 건축이 아니라 드러나지 않은 것들을, 땅 속에 새겨진 것들을, 흙과 바람이 되어 버린 것들을 고심한다. 건축이 소멸해도 좋다는 듯이. 2017년 5월, '서울로 7017'이 개장했다. 새파란 형광 불빛으로 앞 사람 얼굴도 분간할 수 없는 그 곳은 우리에게 역사를 잊고 현실을 잊고 방방 점프를 뛰라고 부추긴다. 코앞의 남산도, 남대문도 제대로 보이지 않았다. 5월의 밤, 반짝이고 흥청이는 고가 위에 서서, 조성룡 선생께 "서울역 고가에 대해서 바르게 생각할 기회를 주셔서 감사드린다." 고 편지를 썼다. 또는 DDP에서이기도 했고 한강을 건널 때나 광화문에서도, 강남을 지날 때도 문득문득 말이다. 뒤숭숭하게 떠밀리는 뒤통수에 어느 노인의 목소리가 따갑게 꽂혔다. "다 빵점이야!"〕 〔구술 · 채록 2017년 3월 ~ 5월〕

9. 우리가 도시에서 산다는 것은 **성북동 덴뿌라에서** 〔심세중〕

조성룡, 성북동 덴뿌라에서, 2016년.〔사진 이정환〕

〔9-00〕“『보그』가 무슨 뜻이에요? 유행요? 유행 얘기부터 할까요. 요즘 건축계의 유행은 ‘도시 재생’입니다. 뭐든지 재생이래요. 유럽에서 유행이니까 우리도 그렇죠. 좋습니다, 그런데 우리가 도시 재생을 얘기할 만큼 도시를 진지하게 생각해 보았을까요? 작년(2015년) 가을에 〈서울건축문화제〉라는 게 열렸는데 그 주제도 ‘도시 재생’이었어요. 나도 어쩌다 참여하게 되었는데, 과정이 힘들었어요. 전시 현장을 가 보니 건물을 철거하면서 1층 기둥 몇 개만 남겨 뒀는데… 아, 저런 게 도시 재생의 유행을 따르는 건가 보다, 하고 생각한 걸까요? 요즘 동네 카페 화장실도 페인트 칠하다 만 듯한 빈티지로 하는데 말이에요.”〔성북동 덴뿌라, 잔의 막걸리가 조금씩 가라앉아 말개진다. 건축가 조성룡 선생은 5년 전(2011년)부터 토요일 저녁이면 얼추 여기 앉아 계시곤 했다. 성균관대 대학원생, 연구원들, 스태프도 있었고 건축과 별 상관이 없는 이들도 적지 않았다. 그러는 동안 ‘덴뿌라 없는 덴뿌라’의 사장님은 청국장을 끓이고, 문어를 썰어 내거나 과메기를 다듬는다. 덴뿌라는 한성대 입구에서 삼청 터널 방향으로 뻗은 성북동 길의 터줏대감이다.〕

〔9-01〕〔이 길에는 얼마 전(2016년 여름) 작지 않은 사건이 있었다. 성북동 길 초입의 오래된 플라타너스 두 그루를 어느날 구청에서 말없이 잘랐다. 좌회전 차선을 확보한다는 명분이었다. 길가의 젊은 예술가, 활동가들이 그 날로 일어섰다. 포클레인을 랩으로 감싸는 설치 미술을 행하는가 하면, 잘려 나

월간 『뮤인(MUINE)』 2015년 7월호에 실린 「서울역 고가 이대로?」 (글 김만나)

Issue

EDITOR 김만나

서울역 고가 국제 지명 현상 공모에서 2등을 한 조성룡팀 안의 전경 CG.

서울역 고가, 이대로?

조성룡 건축가는 서울역 고가 프로젝트에서 2등을 했다. 세상에 알려질 일이 없어 이 글을 쓴다

한국 사회에 '건축가 조성룡'이라는 존재는 과분하다 이런 생각을 여러 번 했다 곰곰이 연유를 따져보니 그의 태도 때문이다 건축을 대하는 그의 태도, 열렬한 태도, 그의 작품 중 선유도 공원을 가장 좋아한다 선유도 공원에 가본 사람은 알 것이다 무슨 말이 필요한가? 시간이 갈수록 더욱 좋은데, 좋은 건축물이 우리 곁에 존재하는 일, 선유도 공원이 태어난 것이 '기적'에 가까운 일이었다는 것, 그땐 몰랐다

서울뿐 아니라 이런 도시가 많다 역사 문화 자원을 '관광지화'하기 위해선 '명품'을 만들어야 한다고 생각하는 병에 걸린 도시들, 명품은 스타 건축가가 만들 확률이 높다 DDP는 자하 하디드가 설계했고, 이번에 서울역 고가 프로젝트의 당선작은 MVRDV의 대표, 위니 마스의 설계작이다 여기서 첫 번째 질문, 우리의 공공 공간은 왜 꼭 명품이 되어야 하는가? 명품 건축물로 관광지화되면, 우리의 삶은 나아지는 걸까?

평균 13~17미터의 높이로 지상에서 떠 있는, 840미터 길이의 장소가 있다 서울역 앞의 고가 도로다 낙후되어 보수의 필요성이 있었다 보수를 하면서 시속 60킬로미터로 경험하던 차도를 걸어서 건널 수 있는 곳으로 바꿔보자 처음의 의도는 이토록 단순했다 공모전을 실시했다 외국인 4명을 포함해 총 7명의 건축가와 조경가 팀을 '초청'한 지명 설계였다 가장 유력한 후보는 MVRDV였고, 한국의 차세대 건축가를 밀어주자는 의도를 생각하면 조민석의 가능성도 높았다 결과는 MVRDV팀이 1등 조성룡팀이 2등 조민석팀이 3등이었다 1차 심사에선 조성룡팀이 가장 높은 점수를 받았다가 최종 심사에서 순위가 바뀌었다 조성룡팀은 생각 외의 복병이었다 설계안은 서울역 고가-모두를 위한 길' 크게 네 가지 내용을 담고 있다 1 기존의 다리를 잘 파악해 재활용하면 비용을 줄이면서도 여러 개의 길을 잘 만들 수 있다(엔지니어 쪽의 심사를 담당하는 이들이 혀를 내두른 기가 막힌 기획이었다 교각 위에 거더(Girder)라는 철골 구조물을 이용해 네 개 층의 서로 얽히는 길 시스템을 고안해냈다). 2 구조 보강 예산을 줄여 공공 시설에 투입하면 도시 재생 효과를 높일 수 있다(실제로, 총예산 320억원 중 70%인 260억원을 차지하는 고가도로 보수비용을 반으로 줄이는 안을 구체적으로 포함시켰었다). 3 우리 역사와 지형을 끌어안으며 미래적 가치를 담은 모두를 위한 길을 만들 수 있다(서울 성곽에서 시작해 남대문 시장 양동 남산 자락이 자연스럽게 이어지도록 도심 속에 만든 '일곱 개의 매듭'을 제안했다). 4 제안과 완성 과정은 건축이나 조경뿐 아니라 여러 분야와 시민들에게 열린, 민주적 방식으로 이루어진다(조경가와 구조 엔지니어 등 건축 관련 전문가는 물론이고, 작가와 평론가 시인들이 80여명 모였다 다들 지원해서 오고, 그 사람이 또 누군가를 끌고 왔다). "공공성의 사전적 정의를 보면, 공동체의(Common), 공동의(Public), 널리 공개된(Opened) 같은 성질들이 포함됩니다 그런데 놓치고 있는 것이 있어요, 우리가 같은 세계에 살고 있음을 자각하고, 같은 세계 안에서 벌어지는 다양한 사안을 함께 논의하며 민주적으로 풀어가야 한다는 것이죠."

MVRDV의 서울 수목원' 설계안은 이보다 화려하고, 돈도 아낌없이 팍팍 쓴다 서울역 고가를 주변 17개의 보행길과 연계해 하나의 '공중 정원'을 만들겠다는 설계안이다 서울시에 식재되어 있는 수목을 가나다순으로 심고, 그 과정에서 시민의 참여를 유도한다는 내용을 담았다 잘은 모르지만, 우려가 되는 두 가지, '가나다순'으로 식재한다는 말이 도대체 무슨 발상에서 나온 건지, 공중에 나무를 심어 길러내는 데 들어갈 천문학적인 비용은 계산되어 있는지, 승효상 심사위원장은 말했다 "미니 바스의 설계안은 서울역 고가의 확정적인 미래상이 아니라 밑그림으로 기능할 것입니다 서울시는 프로젝트가 완료될 때까지 지역 주민 설명회 등을 통해 지속적으로 의견을 수렴하며 당선안을 구체화할 것입니다." 구체적인 협상을 진행하고 6월 중으로 계약을 체결할 것이라 했는데 이 기사가 나갈 즈음엔 이미 계약을 체결했을 것이다 계약을 확정하기에 앞서 어떤 의견 수렴을 거쳤는가 고가 계획이 처음 발표된 것은 지난해였는데 그 이후로 지금까지, 단 한 번의 시민 공청회도 열리지 않았다 아까와 이어지는 또 다른 질문이다 공공 건축물은 누가 사용하는가? 어떠한 절차와 과정으로 만들어져야 하는가?

58

간 둥치에 간절한 글귀를 써 붙이기도 했다. 고작 나무 두 그루가 아니었다. 온 동네가 술렁였다. 어르신들까지 뜻을 모으면서 구청에서는 사과를 하고 더 자르려던 것을 멈추고 교통계획을 조정하기로 했다. 나는 이야말로 올해(2016년) 서울에서 일어난, 진정 짜릿한 사건이라고 여긴다. 조성룡 선생은 오늘도 그 나무 둥치에서 밤송이처럼 작은 잎이 다시 오르는 것을, 그리고 누군가 써 놓은 글귀들을 응원하고 올라오는 길이다.〕 "서울역 고가도 똑같아요. 뉴욕 가니까 하이라인이 멋있더라, 우리도 그걸 흉내내 보자고 했죠. 하이라인하고 서울역 고가는 상황도, 쓰는 사람도 달라요. 지금, 인구 천만이 넘는 도시 서울에서 그렇게 해야 하나." 〔조금 격앙된다. 그럴 것이다. 조성룡 선생이 한강의 버려진 공장을 재활용해서 선유도공원으로 재탄생시킨 것은 뉴욕의 하이라인(The Highline)보다 더 전의 일이다. 그러나 서울역 고가는 그 선선한 선유도공원이 아니라 하이라인을 벤치마킹한다. 우리는 우리가 어쩌다 이루어 낸 근사한 스타일을 드러내는 데 늘 주춤한다. 그보다는 뉴욕, 파리나 도쿄에서 들여와야 마음이 놓인다. 그러나 태가 나지 않는 것은 당당하지 못해서다.〕 "좌절을 많이 했어요. 이제 뭘 해야 되지? 적어도 이건 유행은 아닌 것 같아. 짝퉁이지. 안전하지 않아서 폐쇄한다는 고가 위에다 무거운 화분을 올리고, 물을 땅에서 퍼 올려서… 거기다 나무를 가나다 순서로 심는다니…." 〔당선된 네덜란드의 위니 마스(Winy Mass, 1959~) 팀은 한글에 대한 오마주라고 했다. 나무가 별처럼 빛날 거라는 기사가 보도되었다.〕 "나무는 땅에서 자라는 거잖아

〔성북동 장인의 거리 조성 사업 조감도〕, 조성룡+성균건축도시설계원, 2015~2018년.

요. 왜 나무를 못살게 굴어요." 백 년 된 서울역 앞을 가로지르는 오십 년 된 고가는 내년(2017년) '수목원'〔서울로〕이라는 이름으로 화려하게 개장할 것이다. 우리는 역사를 잊고 즐겁게 나들이를 갈 것이다, 청계천 때도, DDP 때도 그랬듯이.

〔9-02〕〔성북동 사람들은 아름드리 플라타너스 두 그루를 살린 것에 기뻐하지만 조성룡 선생의 뜻은 거기에서 멈추지 않는다.〕"저기 밖에 성북동 길 잘 봐요. 왜 이 쪽 길에는 가로수가 있고 저 쪽 길에는 없는지 알아요?"〔그러고 보니 그렇다. 생각도 못 했는데 이제야 보인다.〕"성북동 길은 원래 계곡인데, 천을 복개한 거죠. 쌍다리 쪽은 마침 복개되지 않은 채 남은 곳입니다. 여기를 메워 주차장을 만들겠다는 게 성북구청의 아이디어였어요. 안 된다. 이거야말로 성북동의 보물이거든요. 쌍다리를 잘 보면, 예전 물길 뒤로 마을이 있고, 마을 초입으로 좁은 길이 나 있어요. 조선 시대부터 있던 길이에요. 옛 마을 어귀 물가에 포플러나무가 서 있던, 그런 오솔길이야. 지금도 동네 노인네는 항상 그 길로만 다녀요. 차가 안 다니고 마을에서 가장 순순히 내려오는 길이니까요. 물길의 흔적도 보존하고, 사람 사는 길도 살려야죠."〔무얼 하지 말자고 3년을 설득했다. 관광지를 조성하면 동네가 살 거라는 장밋빛 구호보다, 동네가 멋있어지면 사람들이 알아서 모이는 법이다.〕"지겨울 거예요, 맨날 똑같은 이야기. 구청에 들어갈 때마다 옛날 물길에다 지금 지도를 겹쳐서 보여 줬어요. 물은 똑바로 흐르지 않아요. 이쪽 저쪽 굽이치며 내려가죠. 이 편은 도로

〔이응노의 집 생가 기념관〕, 조성룡도시건축, 2008~2012년. 〔사진 김재경〕

아래 물이 흐르지 않으니까 나무가 자라요. 물이 저 쪽으로 굽어 흐르는 구간인 거죠. 공무원들에게 물은 이해시켰는데 나무는 아직 이해를 못했나 봐….” 〔잘려 나간 플라타너스는 이 길이 아스팔트가 아니라 강둑이었을 때부터 자라던 나무들이다. 성북동 길을 따라 이 쪽 저 쪽 울창한 가로수들은, 검은 아스팔트 밑에 지층처럼 남아 있는 물길을 살아서 증언해 왔다. 조잘대며 흐르던 물소리를 너른 잎에 머금어, 산에서 흘러내리는 바람을 따라 우수수 운다.〕

〔9-03〕〔성북동 길뿐일까. 조성룡 선생은 언제나, 설계한 건축물보다 주변 풍경 이야기와 앞뒤 역사 이야기가 먼저고 더 길다. 의재미술관과 선유도공원이 그랬고, 어린이대공원 〈꿈마루〉도, 홍성 〈이응노의 집〉도 다르지 않다. 그래서 누군가는 ‘풍경의 건축가’라고도 하고 요즘은 ‘인문 건축가’라고도 하는 모양이다. 인문 건축가라니, 어불성설이다. 이 우주에 인문 아닌 건축이 어디 있는가. 아니, 현대 건축만큼 사람 살 냄새와 사람의 욕망에 철저히 봉사하는 분야가 없다. 중력과 풍화의 자연 법칙을 거스를수록, 계절의 순환을 막아 낼수록, 도시는 더 빛나며 유행의 숭앙자들을 꼬드긴다. 반짝이는 초고층과 휘황찬란한 쇼윈도야말로 인문, 곧 인류 문명의 등대라고 말이다. 허나 조성룡 선생은 옛 지관(地官)처럼 땅을 읽고, 물길을 살핀다. 사람 손이 닿은 길이 아니라 물이 흘러서 내는 길, 그것은 바람이 흐르는 길이고, 나무들이 이어지는 길이다. 그 방향에 인간과 생명들이 되도록 순순하게 포개어

조성룡, 성북동 덴뿌라에서, 2016년. [사진 이정환]

(왼쪽부터) 박상일, 이정환, 김유정, 권웅규, 이주영, 이명섭, 문유진, 구아영, 이철호, 홍진아, 최은진, 이현식, 이승민, 심세중, 김경완, 조성룡.

지도록 그는 건축을 한다. 풀들이 다 스러진 겨울날의 선유도 공원이 황량하게 아름다운 까닭도, 입장객 하나 없는 한밤 별빛 아래 〈이응노의 집〉이 장관인 것도 그래서다. 그러니까 조성룡의 작업은 당연히 '인(人)문 건축'도 되지만, 그보다 '천(天)문 건축'도, '지(地)문 건축'을 아우른다. 테이블 냅킨을 한 장 척 놓더니 가슴주머니에서 만년필을 꺼내 동그라미를 하나 쓱 그린다.〕"이 동그라미가 서울 성곽. 북쪽부터 돌아가면서 북악, 인왕, 남산, 낙산이지."〔가운데를 가로로 그어 종로를 낸다. 그 위에 경복궁, 오른쪽에 창덕궁, 종묘, 성균관, 왼쪽에 사직을 둔다. 얼굴에 눈코귀가 난 것 같아진다.〕"여기가 종각이에요. 종각에서 남쪽으로 길이 이렇게 휘어서 나요. 그 끝이 남대문. 지금 똑바로 난 길은 일제 시대에 뚫은 거예요. 네 방향의 산을 가장 효율적으로 이은 게 서울 성곽이지. 가장자리에 산이 있으니까 종로 위로는 북쪽에서 남쪽으로 물이 흘러내리고, 남산에서는 물이 북으로 흘러요. 그게 청계천으로 모여서 한강으로 빠지지."〔오늘도 어김없이, 술자리에 모인 모든 눈동자가 일제히 만년필 끝을 따라 움직인다. 열 번 스무 번을 봐도 신기한 지도다. 성북동은 그 산 너머, 성 바깥으로 흘러내린 물길 이야기다.〕"그래서 성북동 계곡에는 예전부터 성 안 사람들을 도와 주고 사는 마을이 생겼어요. 서울의 형성 원리를 잘 보여 주는 동네죠."

〔9-04〕〔다 이 지도 이야기에 반해서 시작된 것이다. 지난 몇 년, 우리의 술자리는 늘 그렇게 시작했다. 이 이야기 안에서

조성룡, 성북동 덴뿌라에서, 2016년. [사진 이정환]

(왼쪽부터) 박상일, 이정환, 권웅규, 이현식, 김경완, 심세중, 신영인, 조성룡.

는, 우리가 여기 이 도시에서 지금 사는 모양, 걷고 마시고 쇼핑하고 떠들고 화내고 지루해하는 모든 일들이 어느 하나 이 땅과 하늘, 이 땅의 역사와 연결되지 않음이 없어진다. 그러나 무게에 짓눌려 어깨를 추레하게 굽힐 필요는 없다. 조성룡 선생이 작업한 건축 공간은 그 연결을 억지 강요하지 않는다. 우리의 연애사 애틋하던 밤에 한강 물이 어떻게 찰박거렸는지, 하늘에 손톱 같은 달이 보였는지, 눈이 내리던 날 그 골목 모퉁이에서 잠시 발을 멈출 수밖에 없었는지, 그런 기억을 담을 따름이다. 그 어쩔 줄 모를 만큼 낭만적이고 시크하면서도 외로운 도시의 라이프 스타일 그대로 자연이며 전통일 수도 있다고, 그래야 한다고, 조성룡도시건축은 유일하게 그 가능성을 열어 보이고 있다. 그러므로 이건 건축이나 도시 이야기가 아니어도 좋다. 일흔넷이 되어서도 도무지 젊은 남자들이 따를 수 없을 만큼 롱 오버코트와 끈이 반쯤 헝클어진 컨버스를 멋지게 소화해 낸 수 있는 그 스타일이 어디에서 나오는가의 이야기일 수도 있다.〕"강남에 있었기 때문에, 풍경에 관심을 가지게 되었지. 강남은 아무것도 없으니까. 거기는 평지에 끝없이 건물만 있고 산은 너무 멀죠. 그러니까 그 안에서 만들어져야 돼요, 생각을 할 수 있을 끄트머리가." 〔역설이다.〕"옛날 사대부들이 자기 집을 지을 때 앞에 나무를 많이 심지 않아요. 그저 한두 그루. 강이 보이지 않으면 집 앞에 조그만 못 하나 만들어서 잉어를 키워요. 그러면서 물을 생각한다고요. 꼭 다 드러내 만드는 게 아니에요." 〔풍경은 눈에 보이는 땅의 모양이나 숲의 형상이 아니다. 오히려 그 때의 날씨, 그 때의 당

〔건축의 소멸 : 보안여관에서 소록도를 생각한다〕 전시 외관 정면, 2017년 11월. 〔전시 기획 및 디자인 : 수류산방〕 〔사진 이지응〕

신, 그 때의 마음.〕

〔9-05〕〔조성룡 선생이 요즘 가장 마음을 기울이는 작업 중 하나는 소록도다. 나환자 격리 수용소에서 병원으로 100년의 아픈 역사가 오롯이, 그리고 가장 멋지게 기억되고 기억될 방법을 찾아내는 데 그만큼 적격이 없을 것이다. 그가 소록도 입구 주차장에 버려진 아주 자그만 옛 건물을 고쳐 놓은 것을 보면 벌써 알 수 있다. 그건 그의 평생 가장 작은 작업이고, 또 가장 큰 작업이다. 이번에는 조성룡 선생의 행보가 어떤 정치에도 휘둘리지 말기를 간절히 바란다. 겨울로 들어설 무렵, 우리 술자리의 이야기들이 책으로 묶여 나온다. 세상에, 조성룡 선생의 평생 첫 책이다.〕〔2016년에 나오기로 하고 2018년에야 나온다. 바로 이 책이다.〕 "건축가가 돈 받고 설계해 준 작업 모아서 자기가 서문 쓰면 그건 책이 아니라 회사 소개 브로슈어잖아요." 〔오늘의 술자리 이야기는 외국인에게 서울을 가장 멋지게 보여 주는 법으로 끝났다.〕 "공항에 오후 늦게 도착하는 비행기 편으로 해요. 일단 북한산이나 인왕산 바깥 기슭에 재워요. 그리고 아침 일찍 산에 데려 올라가요. 네 산하고 성곽에 시내가 한 눈에 들어오겠지. 아, 저기를 가 보자, 그리고 시내로 들어가는 거야. 경복궁 옆에 호텔을 둘 게 아니라, 성 밖에 호텔을 두는 게 낫다구." 〔커다란 플라타너스 낙엽이 버스럭거리며 뒹구는 성북동의 밤, 뉴욕 첼시가 부럽지 않을 이야기가 시작되는 것이다. 책 제목은 아마 '우리가 도시에서 산다는 것은'이다.〕
〔『VOGUE』 2016년 11월호, 에디터 윤혜정, 글 심세중〕

0. 조성룡도시건축〔UBAC〕주요 작업 목록

* 볼드체로 된 것은 **당선**이 되거나 건축이 **실현**된 프로젝트입니다.

1983	〔당선〕**아시아 선수촌 및 기념 공원 국제 설계 경기**〔**~1986**〕
1984	〔설계〕**인하대학교 학생회관**〔**~1986**〕
1985	〔참가〕서울올림픽 선수촌 설계 경기 〔당선〕**대한주택공사 초고층 아파트 프로젝트 설계 경기**〔**~1986**〕
1987	〔설계〕**합정동 주택**
1988	〔설계〕**청담동 주택** 〔설계〕**바로크**〔**~1989**〕
1989	〔전시〕마당의 사상 : 신세대의 한국 건축 3인전〔Gallery MA, Tokyo〕
1990	〔참가〕세비야 박람회 한국관 설계 경기 〔설계〕**해운대 빌리지**〔**~1993**〕 〔계획〕용인 근대 미술관〔**~1992**〕

1991	〔설계〕 **양재 287.3 〔~1992〕** 〔계획〕 가회동 11번지 〔전시〕 Metropolis in Transition 〔Axis Gallery, Tokyo〕
1992	〔설계〕 **분당 연립 주택 〔~1995〕** 〔전시〕 4.3 Group : 이 시대, 우리의 건축 〔인공갤러리, 서울〕
1993	〔설계〕 **도곡동 캐릭터빌 〔~1997〕** 〔전시〕 한국의 주거 문화 1994 : 분당 신도시 주택 〔예술의전당, 서울〕
1995	〔설계〕 **뚝섬역 앞 오피스 빌딩 〔~1996〕** 〔참가〕 제주 화북 지구 공동 주택 설계 경기 〔참가〕 서울대 연건 기숙사 설계 경기 〔계획〕 종로 5가 프로젝트 〔**~1996**〕 〔참가〕 영화 기념관 설계 경기
1999	〔당선〕 **의재미술관 설계 경기 〔~2001〕** 〔당선〕 **선유도공원 설계 경기 〔~2002〕**
2002	〔당선〕 **서울올림픽공원 소마미술관 설계 경기 〔~2004〕** 〔설계〕 **파주출판단지 1단계 〔~2004〕** 〔전시〕 베니스 비엔날레 국제 건축전 한국관 전시
2004	〔당선〕 **해인사 신행문화도량 설계 경기** 〔설계〕 **조안리 별서 〔~2006〕** 〔전시〕 조성룡도시건축 : 파주 작업 〔파주출판단지, 파주〕
2005	〔설계〕 **용인 지앤 아트 스페이스 〔~2008〕** 〔전시〕 조성룡도시건축 : 풍경의 집합체 〔의재미술관, 광주〕 〔참가〕 수도박물관 설계 경기
2006	〔참가〕 겸재미술관 설계 경기 〔참가〕 행복도시 첫마을 국제 설계 경기 〔설계〕 **경복궁 부대 시설 프로젝트 〔~2007〕** 〔전시〕 베니스 비엔날레 국제 건축전 한국관 커미셔너

2007	[참가] 동대문디자인파크 국제 지명 설계 경기
2008	[참가] 태권도공원 국제 설계 경기 [설계] **현대중공업 울산 영빈관** [**~2009**] [당선] **이응노의 집 생가 기념관 설계 경기** [**~2011**] [전시] 유럽 순회 단체전 〈S(e)oulscape Towards a New Urbanity in Korea〉 [연구] 이화마을 재개발 [**~2009**]
2009	[당선] **정릉골 재개발 설계 경기** [**~2010**] [설계] **정각사 리모델링** [**~2011**] [참가] 강진 다산기념관 설계 경기 [설계] **청운동 주택** [**~2010**] [참가] 과천 추사기념관 설계 경기 [설계] **발트하우스** [**~2010**]
2010	[설계] **서울 어린이대공원 꿈마루** [**~2011**] [설계] **중앙 M&B 리노베이션** [**~2011**]
2011	[연구] 중구 남창동 재개발 [**~2012**] [설계] **광주 디자인 비엔날레 광주 어번 폴리 : 기억의 현재화** [전시] 어린이대공원 교양관 리모델링 Before+After [꿈마루, 서울]
2012	[연구] 중구 남창동 가로 주택 정비 사업 [**~2013**] [설계] **선유도 이야기 재정비** [**~2013**] [전시] 스물여덟 자의 놀이터 [배재학당역사박물관 특별전, 서울]
2013	[설계] **파주 출판 단지 2단계** [**~2015**] [전시] 선유도 이야기 재개관전 [선유도공원, 서울] [계획] 백사마을 주거지 보전 구역 임대 주택 건설 건축 설계
2014	[참가] 동학농민혁명 기념 공원 설계 공모 [설계] **감천 문화마을 빈집 레지던시** [전시] 감내 풍경 [감천문화마을, 부산] [전시] 장소의 재탄생 한국 근대 건축의 충돌과 확장 [국립현대미술관, 서울] [계획] **안산 프로젝트 : 학교 가는 길**

	〔연구〕 성북동 쌍다리 지역 설계 〔**~2015**〕
2015	〔참가〕 서울역 고가 기본 계획 국제 지명 설계 경기 〔설계〕 **통의동 빈 컬렉션** 〔**~2016**〕 〔설계〕 **성북동 장인의 거리 및 거리 갤러리 조성 사업** 〔**~2018**〕 〔전시〕 올해의 건축가 2014 : 조성룡 전 〔서울건축문화제, 서울〕 〔전시〕 공공성, 교육과 실천 성균건축도시설계원 8주년 기념전 〔성균갤러리, 서울〕 〔설계〕 **논현동 빌딩**
2016	〔연구〕 성균관대 교수회관 개보수·증축, 제2경영관 신축 기본 구상 〔계획〕 성북동 성북로 대표 보행 거리 조성 〔설계〕 **국립소록도병원 100주년 기념 시설물** 〔설계〕 **이웅노의 집 주변 축사 리모델링** 〔**~2017**〕
2017	〔설계〕 **연희동 주택** 〔**~2018**〕 〔설계〕 **국립소록도병원 서생리마을 일대 보존 및 활용** 〔설계〕 **평창 주택** 〔**~2022**〕 〔설계〕 **수원 주택** 〔**~2019**〕 〔전시〕 건축의 소멸 보안여관에서 소록도를 생각한다 〔보안여관, 서울〕
2018	〔당선〕 **잠실 5단지 주거복합시설 국제 지명 설계 경기** 〔전시〕 건축의 소멸 지금 여기에서 소록도를 생각한다 〔서교예술실험센터, 서울〕
2020	〔참가〕 대구 간송미술관 국제 지명 설계 경기

조성룡, 2025년 문화예술발전 유공자 시상식장(모두예술극장)에서, 2025년 11월 7일.
〔사진 심세중〕

조성룡 趙成龍 Joh Sung-yong | 1944년 일본 도쿄에서 태어났다. 인하대학교 건축과를 졸업하고 같은 대학원에서 석사 학위를 취득했다. 우일건축연구소에 근무하다가, 1975년 우원건축연구소를 설립하며 독립했고, 1983년 〈서울 아시아 경기 대회 선수촌 및 기념 공원〉 국제 설계 경기에서 1등 당선했다. 주요 작업으로 아시아 선수촌 아파트, 인하대학교 학생회관, 양재 287.3, 의재미술관, 서울 올림픽공원 SOMA미술관, 한강 선유도공원, 지앤 아트 스페이스, 이응노의 집—생가 기념관, 서울어린이대공원 꿈마루 등이 있다. 서울시 올해의 건축가상(2014), 한국건축문화대상 대통령상(2001, 2013), 서울특별시건축상(1986, 2003), 한국건축가협회상(1993, 2003)과 김수근문화상(2003) 등을 수상했다. 2025년 은관문화훈장을 수훈했다. | 1989년 일본 도쿄에서 〈마당의 사상 : 신세대의 한국건축 3인전〉(Gallery MA)에 참여한 이래 〈4.3 Group : 이 시대, 우리의 건축〉(서울, 1992), 유럽 순회 단체전 〈S(e)oulscape : Towards a New Urbanity in Korea〉(2008), 광주 디자인 비엔날레 〈광주 어번 폴리(Urban Folly)〉(2011), 〈서울건축문화제 올해(2014)의 건축가 조성룡전〉(2015) 등 국내외 여러 건축 전시회에 참가했다. 〈베니스 비엔날레 국제건축전 한국관〉(이탈리아 베니스, 2002) 전시회에 초대됐고, 2006년에는 같은 전시회의 한국관 커미셔너를 맡았다. | sa/서울건축학교 교장(1996~2003), 문화재청 문화재 위원(2004~2009)을 역임했다. 2007년 성균관대학교 석좌 초빙 교수로 취임해 성균건축도시설계원〔SKAi〕을 설립하고 2023년까지 강의했다. 2025년 현재 도시건축집단/조성룡도시건축〔UBAC〕의 대표로 있다. 우리 지형과 역사에서 도출되는 건축의 공공성과 건축 교육의 인문성에 긴 시간을 바쳐 온 그는 소록도 마을 프로젝트 '건축의 소멸', 잠실 5단지 주거 복합 시설 국제 설계 공모 당선작 '잠실대첩' 등의 근작을 통해 더 큰 곳과 더 미미한 곳을 끊임없이 걷고 살핀다.

● 아주까리 수첩 **1** 조성룡 **건축과 풍화** | 趙成龍 **建築.風化** | JOH Sung-yong **URBAN WEATHERING** | 텍스트 © 〔구술 · 서문〕 **조성룡** + 〔정리 · 해설〕 **심세중** | 편집 · 디자인 © **박상일** | ● **Produced & Published by 수류산방 樹流山房 Suryusanbang** | **초판** 01쇄 2018년 05월 29일 | 04쇄 2025년 12월 30일 | **값** 24,000원 | **ISBN** 978-89-915-5559-4 03610 | Printed in Korea, 2025.12.

9 788991 555594 03610

SuRyuSanBang

● **수류산방 樹流山房 Suryusanbang** | 등록 2004년 11월 5일 (제300-2004-173호) | 〔03176〕 **서울 종로구 경희궁길** 47-1 〔**신문로2가** 1-135〕 | **T.** 02 735 1085 **F.** 02 735 1083 | 프로듀서 **박상일** | 발행인 및 편집장 **심세중** | 크리에이티브 디렉터 **朴宰成+박상일** | 편집팀 **전윤혜** | 디자인 · 연구팀 **김나영** | 이사 **김범수, 박승희, 최문석** | 인쇄 · 제본 **효성문화** 〔T. 82.(0)2.2261.0006 박판열〕

SURYUSANBANG A. 47-1 Gyeonghuigung-gil 〔1-135 Sinmun-ro 2-ga〕, Jongno-gu, Seoul, KOREA | T. 82 (0)2 735 1085 F. 82 (0)2 735 1083 | Producer **PARK Sangil** | Publisher & Editor in Chief **SHIM Sejoong** | Creative Director **PARK Jasohn + PARK Sangil** | Editorial Dept. **JEON Yoonhye** | Design & Research Dept. **KIM Nayoung** | Director **KIM Bumsoo, PARK Seunghee, CHOI Moonseok** | Printing&Binding **Hyosung Co., Ltd** 〔PARK Pan-yeol〕 T. 82 (0)2 2261 0006